U0191225

SRv6：

可编程网络技术原理与实践

SRv6:

Principle and practice of programmable network technology

■ 唐宏 朱永庆 龚霞 伍佑明 陈华南 编著

人民邮电出版社

北京

图书在版编目（ＣＩＰ）数据

SRv6：可编程网络技术原理与实践 ／ 唐宏等编著
. — 北京 ：人民邮电出版社，2023.1（2023.5重印）
ISBN 978-7-115-59827-1

Ⅰ. ①S… Ⅱ. ①唐… Ⅲ. ①计算机网络 Ⅳ.
①TP393

中国版本图书馆CIP数据核字(2022)第144126号

内 容 提 要

本书基于 IP 网络与技术的宏观视角，以 SRv6 为主线，深入剖析网络可编程技术，涵盖网络可编程技术原理、数据面技术、控制面技术、协议扩展、硬件实现、头压缩、应用场景及标准化等方面的内容。本书将 SRv6 技术的最新进展体系化、条理化地融合到各个章节中，使读者可以系统全面掌握 SRv6 可编程网络技术原理及实践方面的知识。

本书是作者在网络领域二十多年来研发和实践的总结，主要面向软/硬件研发人员、网络技术人员以及高等院校通信网络相关专业师生。

♦ 编　著　唐　宏　朱永庆　龚　霞　伍佑明　陈华南
　　责任编辑　哈　爽
　　责任印制　马振武

♦ 人民邮电出版社出版发行　　北京市丰台区成寿寺路 11 号
　　邮编　100164　电子邮件　315@ptpress.com.cn
　　网址　https://www.ptpress.com.cn
　　固安县铭成印刷有限公司印刷

♦ 开本：787×1092　1/16
　　印张：17.25　　　　　　　2023 年 1 月第 1 版
　　字数：419 千字　　　　　2023 年 5 月河北第 2 次印刷

定价：149.80 元

读者服务热线：(010)81055493　印装质量热线：(010)81055316
反盗版热线：(010)81055315
广告经营许可证：京东市监广登字 20170147 号

IP 网络技术的发展使得 Everything over IP 已成为现实，IP 网络一统天下的格局基本形成。经过近 50 年的发展，IP 技术已形成一个庞大繁杂的技术体系，IP 网络的运营管理日趋复杂。负重前行的 IP 网络在业务需求日益多样化、个性化和极致化的趋势下，显得越发力不从心。

业界一直在尝试对 IP 网络/技术进行改良或变革，以提升 IP 网络应对各种挑战的能力。无论改良还是变革，人们都希望在对 IP 技术"瘦身"的同时提升 IP 网络的灵活性和智能性。在这样的背景下，分段路由（Segment Routing，SR）技术应运而生。该技术遵循 TCP/IP 技术体系，通过网络可编程方式为 IP 网络的发展注入了新的活力。

SRv6 是 SR 与 IPv6 技术结合的产物。与基于多协议标签交换转发平面的段路由（Segment Routing Multi-Protocol Label Switching，SR-MPLS）相比，该技术具有更为广阔的编程空间，在资源灵活调度、业务快速部署和网络智慧运营等方面更具优势，因而成为业界的研究热点。国内外的网络运营商、设备提供商都积极参与其中。目前 SRv6 的基础协议已经成熟，与运营部署相关的标准尚处于发展阶段。在产业界的大力推动下，SRv6 产业生态正在逐步走向成熟，其应用前景也越来越明朗。

SRv6 作为目前热门的 IP 网络技术，正在成为网络运营商进行网络优化和业务创新的利器。作为国内唯一一支集 IP 网络规划、建设、运营与技术研究于一体的团队，作者全程参与了中国电信 SRv6 技术标准编制、技术方案制定以及现网试点部署等工作，并与业界同仁一起积极推动 SRv6 技术标准的成熟。在 SRv6 技术研究和应用过程中，作者发现业界有关 SRv6 原理和应用方面的书籍很少，且业界对 SRv6 存在不同程度的误解。为了更好地推动 SRv6 技术的发展与应用，作者团队希望将多年在 SRv6 技术研究和现网部署方面的心得付印成册，为有志于从事 IP 网络技术研发的人员以及从事网络建设、运营的工程技术人员提供一个系统学习 SRv6 技术的途径，促进 SRv6 产业链的发展。

本书从 IP 网络和技术发展历程入手，以网络可编程技术为主线，系统介绍了 SRv6 的技术原理与实现。内容涵盖网络可编程技术原理、SRv6 数据平面技术、SRv6 控制平面技术、协议扩展、硬件实现、SRv6 头压缩、多播可编程技术等方面。本书共分为 10 章，第 1

章为绪论，介绍了 SRv6 技术引入的背景。第 2 章到第 4 章介绍了 SR 及 SRv6 的基本原理及网络可编程实现机制，全面揭示了 SRv6 的实现奥秘。第 5 章到第 7 章介绍了 SRv6 在头压缩、运营、部署和应用方面的技术，对 SRv6 的推广应用进行了深入探讨。第 8 章聚焦多播可编程技术，对业界在多播可编程方面的探索进行了介绍。第 9 章介绍了 SRv6 技术在现网的应用案例。第 10 章对 SRv6 技术的发展进行了展望。

尽管 SRv6 技术可以自成体系，但并非一个独立的技术体系。对 SRv6 技术的深入了解和掌握，需要大量的先验知识。为此，本书的附录部分介绍了与 SRv6 相关的一些基础知识，包括 IPv6 报头以及 BGP-LS、PCEP、ICMP 等协议，这些内容可帮助读者更深层次了解这些技术的细节，进一步加深对 SRv6 可编程技术的理解。

为了让广大读者体系化、条理化地了解和掌握网络可编程技术，本书力图从较为宏观的历史和技术视野讲述 SRv6 技术原理。本书的一大特色就是在介绍相关技术时，将各个独立的技术点串接，并且通过思维导图（The Mind Map）、对比表等形式呈现相关技术全貌及其之间的差异，使读者在阅读本书时可有效规避"只见树木，不见森林"的困境，从更高的技术视角把握 SRv6 技术。

本书由中国电信股份有限公司研究院的 IP 网络技术研究团队的成员编写，该团队长期跟踪前沿技术发展，在 SRv6 技术研究、设备评估、现网部署和运营维护等方面积累了丰富的经验。其中，唐宏、朱永庆负责了全书筹划和统稿，朱永庆、龚霞、伍佑明、陈华南等撰写了本书各个章节，杨冰、邓丽洁、赖道宁、黄灿灿等绘制了相应插图。在此书编写过程中，作者也得到了产业界各位专家的指导和帮助。在此，要特别感谢华为公司、中兴公司、新华三公司以及思科公司等合作伙伴在本书编写过程中给予的大力支持和帮助，包括但不限于：华为公司的陈冲、李呈、耿雪松、孔小桃、马广民、李振斌、陈江山、许永胜，中兴公司的张俊、刘尧、吴成文、汤俊、张征，新华三公司的易昀、武伟、程臻，阿里巴巴公司的苏远超，以及思科公司的阎钧等专家。

网络可编程技术是 SRv6 技术最重要的特征。本书紧扣"网络可编程"这一主题，基于作者在网络领域长期的实践经验和技术积累，力求通过准确、生动的讲解和拓展，对 SRv6 的网络可编程原理及实践进行系统、全面的介绍。然而，作为一个新兴技术，SRv6 仍处于不断发展、完善的过程中（在本书编写过程中，作者就由于相关标准的变化而对部分内容多次修订）。因此，本书的内容具有一定的时间局限性，加之作者水平有限，难免存在疏漏和不足之处，敬请广大读者批评指正。

作　者

2022 年 8 月于广州

目 录

第1章

绪 论

随着 IP 网络与技术的迅速发展，Everything over IP 已成为现实，网络由 IP 一统天下的格局基本形成，以 Internet 为主体的全球性网络信息基础设施正在形成。Internet 的发展是一个不断迎接各种挑战的过程。从多网融合到多协议标签交换（Multi-Protocol Label Switching，MPLS）、第 6 版互联网协议（Internet Protocol version 6，IPv6）等技术的出现，日益强大、成熟的生态链条，使 Internet 的网络质量、覆盖范围以及用户体验都得到了大幅提升。

云计算（Cloud Computing）、软件定义网络（Software Defined Network，SDN）、网络功能虚拟化（Network Function Virtualization，NFV）等技术的出现，加速了 Internet 在计算、存储与传送等方面的功能融合进程，催生了大量网络应用。网络能力开放与可编程成为未来云网一体基础设施的关键能力。分段路由（Segment Routing，SR）技术继承了以分布式路由为基础的 TCP/IP 技术体系，并通过网络可编程方式为 IP 网络发展注入了新的活力，因而成为业界研究热点。

本章从网络和技术发展角度系统阐述了 SR 技术产生的背景。为了让大家对网络可编程技术形成全面认知，本章从 IP 网络产业链、网络形态演化过程入手介绍 IP 网络的发展，同时从 MPLS、IPv6、网络可编程等技术的角度全面介绍 IP 网络技术的发展。

1.1 IP 网络发展概述

IP 网络是以 TCP/IP 协议栈为基础，以满足人–人、人–物、物–物通信为目标的融合性承载网络。IP 网络发展与 Internet 密不可分。Internet 源于 1969 年美国国防部高级研究计划局（Defense Advanced Research Projects Agency，DARPA）为军事目的而组建的 ARPA 网（Advanced Research Projects Agency Network，ARPANET），而 1981 年第 4 版互联网协议（Internet Protocol version 4，IPv4）的推出则标志着 Internet 进入了发展的快车道。经过 40 年的发展，Internet 从最初的数据通信网络演变为"万物互联（Internet of Everything，IoE）"网络，已成为与水、电等同样重要的信息基础设施。IP 网络的发展主要体现在其产业链与网络形态的演化上。

1.1.1　IP 网络产业链演变

IP 网络产业链的演变过程可归纳为"Everything over IP""Ethernet（以太网）一统江湖"格局的形成过程。

1．由"多网分立"向"Everything over IP"演进

在信息技术发展过程中，产生了电信网（主要提供语音业务）、广播电视网（主要提供视频业务）以及互联网（主要提供数据业务）等多种网络。由于技术体制、业务提供方式以及运营模式等方面的不同，上述网络在相当长时间内独立发展。

由于 TCP/IP 协议栈在设计时遵循"以端（End）为中心，网络尽可能简单"的理念及其较为低廉的开发与使用成本，基于 TCP/IP 的 Internet 最终胜出。基于 IP 技术实现"语音+视频+数据"业务的一体化承载也成为业界共识。

3G 技术开始推动移动接口 IP 化。随着 4G、5G 业务的部署实施，"语音+视频+数据+移动"业务由 IP 一体化承载的格局最终形成，"Everything over IP"实至名归。

2．由"IP over Everything"向"Ethernet 一统江湖"演进

Internet 发展过程中，为满足不同的业务需求，存在着 X.25[1]、Frame Relay[2]、ATM[3]等多种网络技术。这些网络技术各领风骚，互相竞争，互联互通非常复杂，导致网络总体成本高昂。

万维网（World Wide Web，WWW）技术于 1994 年出现。自此，以 Internet 为代表的数据业务以 40%左右的速率持续高速增长，网络规模也随之快速扩张，"IP over Everything"成为大势所趋。在此背景下，Ethernet、X.25、Frame Relay 以及 ATM 等均成为 IP 网络的底层连接技术。为了规避产业链过于分散而导致的网络互联成本高昂的问题，业界开始积极寻求成本低廉且能保持网络高可用、大带宽、易维护、易扩展等特性的技术方案。

作为一种数据链路层技术，Ethernet 规范简单、易于实现、价格低廉，最终从众多的数据链路技术中脱颖而出。目前，Ethernet 速率已从最初的 10Mbit/s、100Mbit/s、1Gbit/s、10Gbit/s 级别发展到 40Gbit/s、100Gbit/s、400Gbit/s 级别（如图 1-1 所示），在产业链上与其他技术相比，拥有压倒性的优势，成为最具兼容性与未来发展性的一种数据链路技术。

1　由国际电信联盟电信标准化部门（International Telecommunication Union Telecommunication Standardization Sector，ITU-T）定义的面向计算机的数据通信协议，涵盖开放系统互连通信参考模型（Open System Interconnection Reference Model，OSI 模型）的物理层、数据链路层和网络层。

2　帧中继（Frame Relay，FR）。由 ITU-T 与美国国家标准学会（American National Standards Institute，ANSI）定义的数据通信协议，工作在 OSI 模型的数据链路层。

3　异步传输模式（Asynchronous Transfer Mode），由 ITU-T 定义的面向连接的数据通信协议，主要工作在 OSI 模型的物理层和数据链路层。

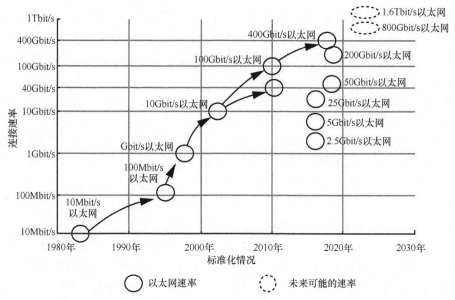

图 1-1 以太网联盟（Ethernet Alliance）发布的以太网速率标准发展路径

1.1.2 IP 网络形态演进

IP 网络形态演进主要表现在网络类型分化与网络功能融合化两个方面，这个过程始于 Internet 的商业化运营。

1. IP 网络类型分化

自 1992 年全球第一张商业化的 Internet 主干网络（ANSNet）组建以来，Internet 由一张主干网络迅速演变为由大量 IP 网络互联而成的全球性计算机网络。由于应用场景、运营主体的不同，IP 网络逐渐分化为多种类型。根据不同的划分标准，对各类 IP 网络进行介绍如下。

（1）基于覆盖范围划分的网络类型

IP 网络按照覆盖范围可划分为广域网、城域网和局域网等类型：广域网（Wide Area Network，WAN），覆盖范围一般为几十到几千千米，通常用于城市、地区甚至国家之间的网络连接；园区网（Campus Network）是在一个局部地理范围内（如企事业单位）组成的计算机通信网络，一般由用户基于其内部网络通信需要构建，通常覆盖范围限于几千米；局域网（Local Area Network，LAN），覆盖范围较园区网更小，典型的 LAN 组网如某研发团队的内部组网；城域网（Metropolitan Area Network，MAN），介于园区网/局域网和广域网之间，是用户与广域网之间的连接纽带，通常以城市或区域为范围组建。

（2）基于用途/功能定位划分的网络类型

按照用途/功能定位，IP 网络可划分为骨干网（Backbone Network）、城域网和互联网数据中心（Internet Data Center，IDC）网络等类型。

- IP 骨干网是用于连接多个区域性或功能性网络的高速网络，属于广域网的范畴。IP 骨干网通常与城域网、IDC 网络相连，实现城域网-城域网、城域网-IDC 网络以及 IDC-IDC 网络之间的互联，从而实现跨区域或跨网络的流量疏导。为了实现更大范围的 Internet 互联，每个 IP 骨干网必须与其他骨干网（数量不少于 1 个）互联互通。Internet 商业化运营以后，IP 骨干网通常由一些大型商业主体（如网络运营商、大型内容提供商等）建设运营。国内典型的 IP 骨干网有中国电信的 ChinaNet、中国联通的 UNINet 以及中国移动的 CMNet 等。

- IP 城域网是指在一定区域（如城市等）范围内组建的，以用户接入、流量汇聚和业务提供为目的的 IP 网络。城域网通常上联骨干网，通过骨干网与城域网、IDC 等其他网络互通。随着 5G、云计算以及扩展现实（eXtended Reality，XR[4]）等技术和应用的发展，部分 IDC 网络逐步下沉到城域范围，城域网开始与这些 IDC 网络直接互联。传统意义上，IP 城域网以接入固网宽带用户为主，实现以无源光网络（Passive Optical Network，PON）为基础的"全光"接入。随着 5G 业务的开展，以基于 IP 的无线接入网（IP-based Radio Access Network，IP RAN）为基础的移动回传（Mobile Backhaul）网络开始纳入城域网范畴。未来，IP 城域网将实现固网与移动用户的高速接入。

- IDC 网络以交换机为主组网，通过服务器、存储等资源为用户提供数据聚合、传送和接入服务。狭义的 IDC 倾向于基于商业目的为客户提供服务；而随着云计算、NFV 等技术的发展，网络运营商与内容提供商以满足自身运营需求或业务增值为目标，构建了数据中心（Data Center，DC）网络。二者的网络架构、功能定位类似，在很多场合下可以混用。

（3）基于建设/运营主体的网络类型划分

基于网络构建/运营主体，可将 IP 网络划分为互联网服务提供者（Internet Service Provider，ISP）网络、互联网内容提供者（Internet Content Provider，ICP）网络、行业专网、客户网络等类型，具体如下。

- 互联网服务提供者网络是由网络运营商建设/运营的网络，也称为 ISP 网络。AT&T、中国电信等均为典型的网络运营商。ISP 网络包括 IP 骨干网、城域网与 IDC 等网络类型，可以向 ICP 以及其他各类用户提供网络服务。

- 互联网内容提供者网络是由内容提供商建设、运营的网络，也称为 ICP 网络。Google、Facebook、腾讯等均为典型的内容提供商。ICP 通常借助 ISP 网络向用户提供内容和应用服务，因而也称为 OTT（Over The Top）运营商。ICP 网络通常不向用户提供网络服务，但可以接入 ISP 网络以便向用户提供内容和应用服务。随着云计算等技术的发展，ICP 也可以如 ISP 一样提供基于"云"的网络服务。

- 行业专网是由部分行业（如教育、电力等）根据自身特点、需求组建并运营的 IP 网络。中国教育和科研计算机网（China Education and Research Network，CERNET）就属于典型的行业专网。行业专网可与 ISP 网络互联，通常不对行业外的用户提供网络、内容和应用服务。

- 客户网络是为满足客户内部网络通信需求而组建的网络。大、中型客户通常自行组建和运营网络（也可由 ISP 建设和代维），当存在多分支互联需求时，通常借助 ISP 传输资源或基于 ISP 网络的虚拟专网（Virtual Private Network，VPN）服务进行组网；小型客户通常出于对成本等因素的考量，由 ISP 建设和代维网络。

4　XR 是增强现实（Augmented Reality，AR）、虚拟现实（Virtual Reality，VR）、混合现实（Mixed Reality，MR）等技术的统称。

（4）基于逻辑层次的网络类型划分

基于逻辑层次，IP 网络可划分为 Underlay 网络和 Overlay 网络。

Underlay 网络是由网络节点（如路由器、交换机等）、链路等共同组成的 IP 网络，可融合承载各类业务/流量。Overlay 网络是在 Underlay 网络之上，基于用户或业务需求构建的逻辑网络。典型的 Overlay 网络如 VPN、内容分发网络（Content Delivery Network，CDN）等。需要说明的是，Underlay、Overlay 网络的概念与网络协议栈分层无直接关系。比如在 IP 骨干网上为客户提供二层 VPN 服务，这时的客户 VPN（属于二层网络）是 Overlay 在 IP 骨干网（属于三层网络）之上的。

为了让纷繁复杂的 IP 网络分类更易理解，作者以建设、运营的主体划分为主线，通过网络分类思维导图（如图 1-2 所示）的方式梳理了各网络类型之间的联系。

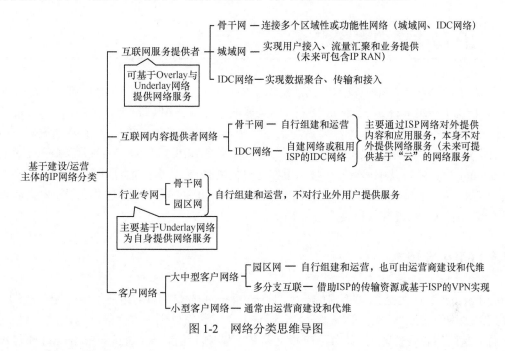

图 1-2　网络分类思维导图

2．网络功能融合化

Internet 是计算、存储与传送功能的复合体。2010 年之前，网络通信以客户/服务器（Client/Server，C/S）或浏览器/服务器（Browser/Server，B/S）模式为主。Internet 内容、应用与服务通常安装在服务器上，服务器负责与远端用户交互通信；通信数据则由 IP 城域网、骨干网等网络传送。这种模式下，Internet 实际上是以功能性网络为基础形成的异构网络：IDC 负责计算与存储资源的聚合（IDC 网络用于计算、存储资源之间的交互）；IP 城域网、骨干网等网络负责数据通信与传送，作为传统封闭型网元，路由器/交换机的主要职责就是高速转发。

2010 年之后，随着云计算、SDN 与 NFV 等技术的出现，Internet 在异构网络形态方面逐渐发生了变化，开始向云网融合乃至云网一体的基础设施演进，具体如下。

- 云计算所引发的一切皆服务（Everything as a Service，XaaS）理念已延伸至所有信息技术（Information Technology，IT）与通信技术（Telecommunication Technology，CT）

领域。由于云计算目前主要依托 IDC 网络（在 IDC 内部以及 IDC 之间形成资源池）提供服务，IDC 网络根据服务覆盖范围分化为区域 DC（Region DC），服务于多个省市；核心 DC（Core DC），服务于单个城域网；边缘 DC（Edge DC），下沉至城域网，服务于城市内某一区域乃至极度边缘 DC，下沉至城域网，服务于特定热点或偏远区域等。基于服务协同和流量协同等因素，各类 DC 之间的东西向流量[5]开始激增。IP 骨干网、城域网与 IDC 网络之间的界限逐渐模糊，5G 业务将进一步加速该过程。

- SDN、NFV、云计算等技术的出现对传统网元形态产生了深远影响。控制平面[6]云化+转发平面[7]白盒化以及网元 NFV 化、云化等成为网元发展的重要方向。ISP 网络中不再是传统封闭式网元一统天下的格局，计算、存储与传送功能在网络中也不再泾渭分明，融合发展趋势日益明朗。

1.2　IP 网络技术发展概述

业界关于 IP 网络及相关技术的标准组织主要有 ITU-T、电气电子工程师学会（Institute of Electrical and Electronics Engineers，IEEE）与互联网工程任务组（The Internet Engineering Task Force，IETF）等。IP 网络技术的发展与上述 3 个标准组织密切相关。自 IP 技术规模应用以来，主要有 3 类技术影响着 IP 网络的发展，它们分别是 MPLS、IPv6 与网络可编程（Network Programming）技术。其中，MPLS 技术重在提升转发性能，兼容既有的网络及技术，满足不同用户需求；IPv6 技术主要用于扩展地址空间，提升 IP 扩展性；网络可编程技术则侧重于提升网络灵活性，快速响应网络与业务需求。

1.2.1　MPLS 技术

自 Internet 商业化至 21 世纪 10 年代，随着 Internet 的普及与网络应用的日益丰富，IP 网络发展遇到网络转发性能、网络/技术兼容性与用户需求差异化三方面的问题。

首先是网络转发性能问题。由于 IP 报文是基于最长前缀匹配（Longest Prefix Match，LPM）原则转发的，受限于当时的硬件条件（主要采用 CPU），路由器逐渐成为限制网络转发性能的一大瓶颈。同时期的 ATM 技术由于采用定长标签，且所维护标签表比路由器转发表小，因而转发性能大大优于 IP 技术。其次是既有网络/技术的兼容性问题。因为 Internet 发展过程中出现了 ATM、帧中继等大量的存量网络，为发挥存量网络/技术的最大价值，新的 IP 网络技术需要兼容既有技术。最后则是用户需求差异化问题。

5　东西向流量是与南北向流量相对应的流量模式。东西向流量、南北向流量的称谓起源于网络画图：通常将上下方向的流量称为南北向流量，左右方向的流量称为东西向流量。

6　控制平面（Control Plane，CP），基于网络、用户或业务意图，运行相应网络协议以实现网络控制的逻辑平面，主要用于指导数据平面的报文处理与转发行为。该平面处理任务复杂，一般由通用处理器结合软件编程实现。传统意义的控制平面位于路由器、交换机等网元内；随着 SDN 等技术的引入，控制平面可以从上述网元抽离。

7　数据平面（Data Plane，DP），又称为转发平面（Forwarding Plane，FP），基于控制平面信息或指令实现报文处理与转发行为的逻辑平面。该平面的处理过程较简单，通常要求线速转发，一般由硬件实现。

　　用户差异化需求中最为显著的就是对网络服务质量（Quality of Service，QoS）要求[8]的差异。伴随着 IP 网络多业务融合承载进程，视频、语音等应用层出不穷。不同应用有不同的网络 QoS 要求。以现阶段较为流行的 VR 应用为例，根据华为 iLab 的研究数据（见表 1-1），在极致体验情况下 VR 对带宽、（双向）时延、丢包率等指标的需求分别为 1Gbit/s、10ms、$5.5×10^{-8}$。但是，在创建之初 Internet 主要面向数据通信，人们并未真正意识到其 QoS 的重要性。尽管 IP 设计了服务类型（Type of Service，ToS）字段，Internet 仍以提供"尽力而为服务（Best-effort Service）"为主，并不能为相关应用提供明确的时延和可靠性保障。此外，用户需求差异化还体现在业务的隔离性上。基于业务安全或多点互联等因素，越来越多的用户需要网络提供业务隔离服务。

表 1-1　VR 应用的典型网络质量需求

VR 体验标准	入门体验	进阶体验	极致体验
视频分辨率	全视角 8K 2D 视频（全画面分辨率：7680dpi×3840dpi）	全视角 12K 2D 视频（全画面分辨率：11520dpi×5760dpi）	全视角 24K 3D 视频（全画面分辨率：23040 dpi×11520 dpi）
单眼分辨率	1920dpi×1920dpi(通过眼镜观看，FOV 为 90°)	3840dpi×3840dpi(通过专业头显观看，FOV 为 120°)	7680dpi×7680dpi(通过专业头显观看，FOV 为 120°)
色深	8bit	10bit（HDR）	12bit
压缩率	165:1	215:1	350:1（3D）
帧率	30f/s	60f/s	120f/s
典型视频码率	64Mbit/s	279Mbit/s	3.29Gbit/s
典型带宽需求	100Mbit/s	418Mbit/s	1Gbit/s
典型（双向）时延需求	30ms	20ms	10ms
典型网络丢包率需求	$1.5×10^{-5}$	$1.9×10^{-6}$	$5.5×10^{-8}$

　　MPLS 技术的出现较好地解决了上述三方面问题。该技术于 1997 年提出，最初目标就是提升 IP 路由器的转发性能（通过 MPLS 的标签匹配转发代替 IP 报文的最长匹配转发而实现）。MPLS 报头格式如图 1-3 所示，MPLS 报头位于二层帧头与三层报头之间，因而可承载于 ATM、帧中继、点对点协议（Point-to-Point Protocol，PPP）以及 Ethernet 等多种链路层协议之上，具有非常好的兼容性。在满足差异化的用户需求方面，MPLS 采用定长报头（共 32bit），基于面向连接的标签转发为 IP 网络提供了较好的 QoS 保障和业务隔离性。

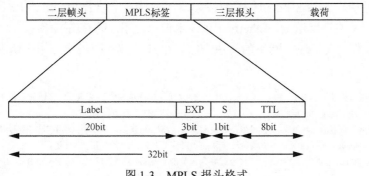

图 1-3　MPLS 报头格式

8　QoS 通常由带宽（Bandwidth）、时延（Delay）、时延抖动（Jitter）和丢包率（Packet Loss Rate，PLR）等参数来衡量。

MPLS 协议被认为是 2.5 层协议，其报头所定义字段见表 1-2。

表 1-2　MPLS 各字段说明

字段	含义	长度	说明
Label	标签字段	20bit	标识一个转发等价类（Forwarding Equivalence Class，FEC[9]）
EXP	Experimental，试验字段	3bit	可用于扩展，通常用做服务类别（Class of Service，CoS），其作用与 Ethernet 802.1P 的作用类似
S	Bottom of Stack，栈底标识字段	1bit	表明所对应标签是否为最底层标签。MPLS 支持多层标签（即标签嵌套），S 值为 1 时表明所对应标签为最底层标签
TTL	Time To Live，生存时间字段	8bit	防止路由环路、浪费带宽等现象。MPLS 报文每经过一跳路由器，TTL 就减 1；路由器会丢弃 TTL 值为 0 的报文

基于 MPLS 所实现的流量工程（Traffic Engineering，TE）[10]、VPN[11] 和快速重路由（Fast Re-Route，FRR）[12] 三大特性，已广泛应用于 IP 骨干网、城域网等场景，对 IP 网络在多业务综合承载条件下满足差异化需求提供了较好的支持，具体如下。

- MPLS TE：根据基于流量工程扩展的资源预留协议（Resource ReSerVation Protocol-Traffic Engineering，RSVP-TE）或基于路由受限的标签分发协议（Constraint-based Routing Label Distribution Protocol，CR-LDP）申请和分发 MPLS TE 路径标签，可以实现资源保证、显式路径转发等 TE 特性，弥补 IP 网络对 TE 支持能力差的短板，并可为特定业务提供 QoS 保障。
- MPLS VPN：MPLS 标签标识 VPN，满足组网型、专线型等各种 VPN 组网需求，实现二层/三层 VPN 业务的隔离。
- FRR：IP 网络节点/链路出现故障时通常基于路由收敛的方式实现流量切换，无法提供完备的 FRR 保护，导致无法满足电信级业务的需求。MPLS 的出现提升了 IP 网络 FRR 的能力，可满足大多数场景中 50ms 电信级保护倒换的需求。

由于 IP 技术产业资源丰富，成本较低，与 MPLS 技术结合相得益彰，ISP 的 IP 网络通常也称为 IP/MPLS 网络。然而，随着技术与产业链的发展，MPLS 技术红利逐渐消失。

首先，MPLS 技术对 IP 网络性能的提升作用已不再显著。路由器发展初期采用 CPU 转发，MPLS 的转发性能相对 IP 报文优势明显。然而，随着网络处理器（Network Processor，NP）/专用集成电路（Application Specific Integrated Circuit，ASIC）等硬件的发展，路由器 IP 报文的转发性能与 MPLS 报文转发性能基本一致。其次，随着 Ethernet 生态链的日益繁荣，ATM、帧中继等网络逐渐退出，Ethernet/IP 技术一统天下，既有的网络/技术兼容性需求也基本消隐。最后，作为 Overlay 网络的解决方案，MPLS 技术在规模应用中所表现的局限性难

9　指具有相同转发处理方式的一类报文。FEC 可用来描述具有相似或相同特征的一系列报文，其划分方式非常灵活，划分依据可以是源地址、目的地址、源端口、目的端口、协议类型、VPN 以及上述参数的任意组合。

10　作为对网络工程或网络规划的一种补充/完善措施，该技术面向网络/用户意图，可基于网络测量，根据网络拓扑/资源情况，通过非 IGP（Interior Gateway Protocol）的方式实现流量快速、准确、有效、动态的引导与传送。

11　指在 IP 网络上构建的以数据安全、远程访问或多点互联为目的的 Overlay 型逻辑网络。基于 MPLS 的 VPN 通常用于客户网络的多点互联。

12　为网络中重要节点/链路提供备份保护的一种技术手段。通过快速重路由，可使流量快速绕过失效节点/链路，降低节点/链路失效时对流量的影响。

以适应现有网络/业务的发展需求，具体如下。

（1）MPLS 扩展性不足

如图 1-3 所示，MPLS 报头共 4byte（长度为 32bit）。除标签外，理论上只有 12bit 可用于属性扩展，而实际可扩展的字段 EXP（仅 3bit）已被事实上用作 CoS。因而，MPLS 报头基本上无扩展性可言。另外，MPLS 标识空间也存在局限性。由于 MPLS 标签长度为 20bit，当网络规模变大时，MPLS 标签资源不足的问题就会显现。

（2）MPLS TE 规模部署难题

MPLS TE 面向连接且不支持等价多路径（Equal-Cost Multi-Path，ECMP），导致网络中存在 $k \times N^2$ 状态问题（需要在 N 个边缘节点之间进行全网状连接；为实现 ECMP，每对节点之间需配置 k 条隧道）以及网络拓扑变化时可能的资源竞争等问题。当规模部署时，该技术不仅存在着扩展性问题，而且实施起来特别复杂。

（3）MPLS 端到端部署的局限性

MPLS 的设计理念聚焦于网络，并未考虑终端支持能力，因而不能提供云网融合场景下的端到端（如从主机到主机）的路径。另外，MPLS 端到端部署通常涉及跨自治系统（Autonomous System，AS[13]）域问题，例如无论是 MPLS VPN 跨域方案的 Option A、Option B 还是 Option C（参见 IETF RFC 4364），在规模部署时都非常复杂。

通过以上分析，可以看出 MPLS 作为一项非常成熟且成功的技术，较好地满足了用户的差异化需求，已经成为目前绝大多数 ISP 网络的典型技术配置。然而，由于 MPLS 技术的局限性，不能很好地实现业务/用户意图与网络资源之间的映射，将逐步在未来网络演进过程中丧失市场。

1.2.2　IPv6 技术

IPv4 协议的首要问题在于"万物互联"趋势下地址资源的局限性。根据互联网世界统计（Internet World Stats，IWS）网站的数据，截至 2020 年 6 月，全球互联网用户数量达 46.48 亿（这个数据并未包含物联网等应用对 IP 地址的需求）。由于 IPv4 地址长度只有 32bit，其所提供的有效地址数量不足 43 亿（2019 年 11 月 25 日，全球所有的 IPv4 公网地址已经分配完毕）。尽管以网络地址端口转换（Network Address Port Translation，NAPT）技术[14]为代表的网络地址转换（Network Address Translation，NAT）技术，通过在私网地址复用同一公网地址的方式，大大缓解了 IPv4 地址资源供需关系紧张的局面，但该技术对 IP 地址扩展是以打破网络分层原则（IP 层中使用了传输层协议字段）为代价的，在实际应用过程中存在较大局限性，具体如下。

- NAPT 需要维护一张 NAT 表以保存地址/端口的映射关系。随着网络规模不断扩大，NAT 节点将成为潜在性能瓶颈。
- NAPT 屏蔽了私网侧主机信息，打破了 IP 端到端通信的原则，使得基于 IP 地址进行主机跟踪的机制失效，导致网络管理、用户授权等问题复杂化。

---

13 根据 IETF RFC4271 定义，AS 指在单一技术管理体系下的多个路由器集合。

14 与传统 NAT 技术中私网地址与公网地址 1:1 的映射方式不同，NAPT 使用传输层标识符（如 TCP/UDP 端口，ICMP 查询标识符）来确定特定报文与私网中的哪台主机关联，因而 NAPT 可实现公网地址与私网地址的 1:N(理论上可以最大为 65535)映射。

- NAPT 对于某些净荷包含 IP 地址信息的协议（如 FTP、H.323 等）报文无能为力。尽管应用层网关（Application Level Gateway，ALG）技术[15]可实现这类报文的转换，但在实际应用过程中仍存在较多限制。
- NAT 技术不能处理 IP 报头加密的报文。

IPv4 的另一主要问题在于其扩展性不足。虽然 IP 报头定义了一些扩展选项（Options），但由于 IPv4 推出时 Internet 规模较小，对未来应用场景及安全性考虑不足，大部分选项目前已不再具有实用价值。随着云计算、SDN、NFV 以及网络智能化等技术的出现，需要 IPv4 通过 Options 的扩展方式支持新的能力，但 IPv4 报头长度（最长为 60byte，其中 20byte 为 IPv4 基本报头）严重制约了其扩展性。

作为 IPv4 的下一代协议，IPv6 于 1995 年被推出，其主要目的在于解决 IPv4 的地址空间受限与扩展性不足等问题。IPv6 相对 IPv4 所做改进主要体现在 IP 报头上（如图 1-4 所示），具体有以下几点。

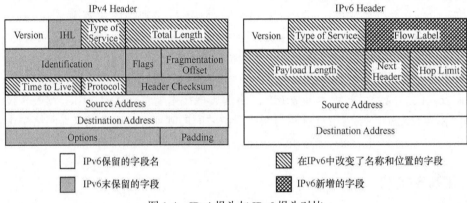

图 1-4 IPv4 报头与 IPv6 报头对比

- 删除 IPv4 报头中的 Internet 报头长度（Internet Header Length，IHL）字段。IPv6 基本报头为 40byte，扩展报头长度则非常明确（每个扩展报头要么长度固定，要么自身标识了长度），因而无须在 IPv6 报头中通过专用字段标识其长度。
- 将 IPv4 报头中的 ToS 字段更改为 IPv6 报头中的通信流类别（Traffic Class）字段。
- 将 IPv4 报头中的总长度（Total Length）字段替代为 IPv6 报头中的净荷长度（Payload Length）又称载荷长度字段。需要特别指出的是，该字段仅标识 IPv6 报文中的净荷长度。
- 删除 IPv4 报头中的标识符（Identification）、标签（Flag）、片段偏移（Fragmentation Offset）字段，这 3 个字段均用于 IPv4 报文分片（Fragmentation）。在 IPv6 协议中，Fragmentation 字段不属于 IPv6 基本报头，而属于扩展报头。
- 将 IPv4 报头中的生存时间（Time to Live）字段更改为 IPv6 报头中的跳数限制（Hop Limit）字段。
- 将 IPv4 报头中的协议（Protocol）字段替代为 IPv6 报头中的下一报头（Next Header，

---

15 ALG 技术可实现应用层报文信息的解析和地址转换，将净荷中需要进行地址转换的 IP 地址、端口或者需特殊处理的字段进行相应的转换和处理，从而保证应用层通信的正确性。

NH）字段。

- 删除 IPv4 报头中的头校验和（Header Checksum）字段。IPv6 协议认为链路层已经针对整个 IPv6 报文进行了比特级的错误检测的校验和，无须再进行 IP 层校验。
- 删除 IPv4 报头中的 Options 及其填充（Padding）字段。IPv6 基于扩展报头进行相应扩展。

IPv4 报头中的版本号（Version）、源地址（Source Address，SA）、目的地址（Destination Address，DA）字段在 IPv6 中保持不变，但 SA/DA 字段的长度由 IPv4 的 32bit 扩展为 128bit。在 IP 地址类型方面，IPv6 保留了 IPv4 协议中的单播地址（Unicast Address）与多播地址（Multicast Address）类型，新增了任播地址（Anycast Address）类型。任播地址在语法上与单播地址无区别，可用于标识一组网络接口（通常位于不同的网络节点）。任播地址主要用作目的地址，发送给任播地址的报文只被发送至这组接口中最近（通常指"路由度量上距离最近"）的一个接口。由于 IPv4 广播地址（Broadcast Address）在网络性能与安全等方面的问题，IPv6 不再使用广播地址，而由多播地址替代实现其功能。

IPv6 报头中唯一新增字段为流标签（Flow Label）字段。该字段可用来标记报文的数据流类型，以便在网络层区分不同的报文。流标签字段由源节点分配，通过流标签、SA、DA 的三元组方式可以唯一标识一条流，而无须像 IPv4 那样使用五元组（SA、DA、源端口、目的端口和传输层协议号）方式来标识流。

围绕 IPv6 协议，需要对一系列协议进行变更和扩展，以支持其应用。IPv6 相对 IPv4 的典型协议变更/扩展见表 1-3。

表 1-3 IPv6 相对 IPv4 的典型协议变更/扩展

	IPv4	IPv6
链路层地址解析	基于地址解析协议（Address Resolution Protocol，ARP）	基于邻居发现协议（Neighbor Discovery Protocol，NDP）
多播成员关系管理	基于互联网组管理协议（Internet Group Management Protocol，IGMP）	基于多播监听者发现（Multicast Listener Discovery，MLD）协议
源-目的节点间错误或信息传递	基于互联网控制消息协议（Internet Control Message Protocol，ICMP）	基于互联网控制消息协议版本六（Internet Control Message Protocol version 6，ICMPv6）
域名解析	基于域名系统（Domain Name System，DNS）协议	基于 DNS 协议，新增"AAAA"和"A6"记录类型以支持 IPv6 域名解析
AS 内路由协议	（1）RIPv2 （2）OSPFv2 （3）IS-IS	（1）RIPng（RIP next generation） （2）OSPFv3 （3）IS-ISv6
AS 间路由协议	BGP4	通过 MP-BGP 进行了 AFI/SAFI 扩展

由于 IPv6 协议与 IPv4 不兼容，使用 IPv6 地址的主机与使用 IPv4 地址的主机无法直接通信，因而需要设计相应过渡方案以实现 IPv4 向 IPv6 的规模迁移。典型的过渡技术有以下 3 类。

- 双栈（Dual-Stack）技术：指设备同时运行 IPv4 和 IPv6 两种协议栈的技术实现方式，主要用于 IPv4 向 IPv6 过渡的应用场景。
- 翻译（Translation）技术：指 IPv4 协议与 IPv6 协议之间的转换技术，以实现 IPv4 与 IPv6 主机之间的互通。该类技术目前应用较少。

- 隧道（Tunnel）技术：指将 IPv4 报文封装在 IPv6 报文中或将 IPv6 报文封装在 IPv4 报文中的技术。这种技术主要应用于 IPv4 向 IPv6 规模迁移的初期（存在大量 IPv6"孤岛"）和末期（存在大量 IPv4"孤岛"）的"孤岛"互联场景。

IPv4 向 IPv6 的迁移过程，涉及终端、网络以及相应系统的大量升级，工作繁重、成本高昂，且业务驱动力不足，因而进展缓慢。IPv4 与 IPv6 在网络中共存的局面将长期存在。

1.2.3　网络可编程技术

IP 网络发展至今，一直以分布式路由协议为主实现报文路由转发（控制平面的路由协议形成路由，指导数据平面的报文实现转发）。由于 IP 网络可以看作一组路由器的集合，因而，分布式路由场景下的每个路由器中都存在控制平面和数据平面。随着网络空间与物理空间的逐步融合，网络规模快速扩张，新应用/业务不断涌现，需要控制平面处理日益复杂的网络/业务逻辑（相应软件也将日益庞大），同时需要转发平面以更高的性能来应对日益增长的带宽需求。这种方式将导致网络运营过程中 3 个方面的问题。

1．新功能加载/开发困难

为实现最优的路由器整体性能，设备厂商通常将设备硬件与运行在其上的操作系统紧密耦合，并在路由器内部将控制平面与数据平面紧密耦合。当出现新的功能需求时，需要同时针对控制平面与数据平面进行研发（意味着设备硬件及其操作系统需要进行相应的升级），实现复杂，研发难度大、周期长、成本高，不利于网络创新进程。此外，由于路由器中控制平面与数据平面的紧耦合关系，数据平面缺乏统一的抽象，控制平面也无法基于数据平面的应用程序接口（Application Programming Interface，API）进行编程以支持网络新功能。

2．缺乏面向用户意图的网络灵活性

从路由角度，Internet 可看作由大量自治系统（Autonomous system，AS）网络互联而构成的网络：在 AS 内部基于内部网关协议（Interior Gateway Protocol，IGP）与通用参数决定如何路由报文；在 AS 间则主要通过边界网关协议（Border Gateway Protocol，BGP）决定如何路由报文。这种分布式路由方式存在以下问题。

- 路由协议算法与参数较为固定，且仅负责指导相关流量转发，缺乏应用、业务以及用户意图与网络流量的映射机制，不能基于应用、业务以及用户意图快速、灵活地实现细粒度流量调度；
- 无论是 IGP（保证 AS 域内跳数最少或代价最低）还是 BGP（基于 AS 边界路由器的参数确定有效路径）协议，均缺乏网络全局视角，无法做出全局最优的网络决策。

3．缺乏自动化工具，业务上线/变更工作繁重

现阶段，网络管理员通常通过命令行界面（Command Line Interface，CLI）进行网络命令/参数配置。由于不同厂商的设备操作系统不同（即使同一厂商，不同类型设备的操作系统也可能差异巨大），网络中不同设备的角色定位不同，为实现业务部署，网络管理员需要对网络中每个厂商的每台设备进行配置，工作繁重，容易出错（且错误不易排查）。另外，由于缺乏网络/流量资源可视化能力，当业务变更时，也可能因为网络资源的局限性配置出错/不生效，从而出现业务变更不成功的情况。

业界一直在努力寻求克服上述问题的解决方案。2007 年，SDN 概念的提出为上述问题

的解决提供了有益思路，也打开了一扇通往"网络可编程"的希望之门。根据开放网络基金会（Open Networking Foundation，ONF）定义，SDN 体系架构（如图 1-5 所示）包括应用层（Application Layer）、控制层（Control Layer）和基础设施层（Infrastructure Layer）3 个层次。其中，应用层聚焦网络业务逻辑开发，负责资源编排；控制层进行全局网络的配置、管理与控制；基础设施层包含各种网络设备，负责报文的相应操作。应用层通过 API 与控制层交互并以软件编程的方式统筹资源调用，而控制层则通过 OpenFlow 协议[16]以基于流表的方式指导基础设施层的报文操作。

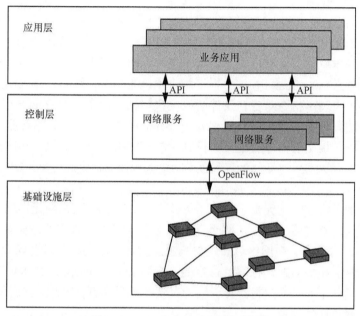

图 1-5　ONF 定义的 SDN 体系架构

由此可见，ONF 所定义的 SDN 有以下 3 个主要特征。

- 网络开放可编程：SDN 建立了新的网络抽象模型，用户可以基于 API 在控制器上编程，实现对网络的配置、控制和管理。
- 逻辑上的集中控制：可以基于控制器对分布式网络状态进行集中统一管理，这种逻辑上的集中控制是 SDN 的架构基础，也为网络可编程与自动化管理提供了可能。
- 控制平面与数据平面解耦：二者相互独立，不依赖厂商实现，只需遵循统一的开放接口即可通信，由此可实现二者在物理层面的分离。

尽管 ONF SDN 的理念深受业界追捧，但在商业上却难以成功。根本原因在于，这种全新的网络架构缺乏对现有网络的继承性，难以被产业链接受。如何基于 SDN 理念破解 IP 网络运营困局，业界需要思考 3 个问题。

---

16 OpenFlow 是运行于 OpenFlow 控制器与 OpenFlow 交换机之间的开源网络通信协议。OpenFlow 交换机基于流表，采用 Match（匹配）–Action（动作）方式处理报文，OpenFlow 协议则允许进行远程流表操作（如增加、修改与删除相关规则）。流表定义了输入端口、MAC 源地址、MAC 目的地址、以太网类型、VLAN ID、IP 源地址、IP 目的地址、IP 端口、TCP 源端口以及 TCP 目的端口等流表关键字，关键字的灵活组合构成了流表的规则表项。因而，OpenFlow 流表从理论上可实现比访问控制列表（Access Control List，ACL）和路由协议等方式更复杂的流量管理。

- SDN 的核心价值是什么？
- ONF SDN 方式是否为 SDN 唯一的实现方式？
- 是否一定要对 IP 网络进行革命性变革才能解决现有 IP 网络运营问题？

第一个问题不难回答。回顾 OpenFlow 等 SDN 协议的历史，就会发现 SDN 的初衷与核心理念都是网络能力开放与可编程。与计算机编程类似，网络编程指根据一系列指令自动地、可预测地、准确地完成操作者意图的过程。SDN 概念中的"软件定义（Software Defined）"与"网络编程"无本质区别。基于网络能力开放与可编程突破 IP 网络运营困局是 SDN 的核心价值。

回答第二个问题，则需要先了解网络编程的本质。网络编程本质上是对数据平面的编程，编程对象是"流（Flow）"。流通常指具有某种相同特征、需要相同处理操作的一系列报文，因而报文是流的基本单位。根据报文是否携带指令，网络可编程分为分离模式与封装模式两种。分离模式又称为 out-of-band 模式：报文本身不携带指令，网络节点上的指令基于管理员意图确定；网络节点基于指令对符合条件的报文执行相应操作。以 OpenFlow 为代表的 SDN 就属于这种网络编程模式。封装模式又称为 in-band 模式：管理员针对该报文所定义的指令均被封装在报头中，报文沿指令所定义路径到达相应网络节点并被执行相应操作。IPv4/IPv6 的源路由（Source Routing）[17]操作就属于这类网络编程模式。由此可见，ONF SDN 并非唯一的 SDN 实现方式。

第三个问题的关键在于网元形态的变革方式。ONF SDN 强调网元形态的颠覆性变革，抛弃传统路由协议，将"流"特征、网络资源与用户意图在控制层面完全抽象。这种方式对 SDN 控制器的要求非常高，在网络可靠性与响应速度等方面也存在较多问题。能否以"渐进式"的抽象方式解决相关问题？答案是肯定的，例如 BGP Flowspec[18]技术可在不改变既有 IP 网络体系架构的条件下，基于控制器实现较为灵活的流量调度。因此，解决现有 IP 网络运营问题不一定要依赖革命性变革。

思科公司 2013 年提出的分段路由（Segment Routing，SR）技术为网络渐进式演进并实现网络可编程奠定了基础。

参考文献

[1] BOUCADAIR M, JACQUENET C. Software-defined networking: a perspective from within a service provider environment: RFC 7149[R]. 2014

[2] NARTEN T, GRAY E, BLACK D, et al. Problem statement: overlays for network virtualization: RFC 7364[R]. 2014.

[3] CHOWN T, ARKKO J, BRANDT A,, et al. IPv6 home networking architecture principles: RFC 7368[R]. 2014.

---

17 IPv4/IPv6 源路由的理念在于更好地实现 IP 网络调度能力和实施流量工程。TCP/IP 的核心理念是"无连接（Connectionless）""端到端（End-to-End）""尽力而为（Best-effort）"，因而普通 IP 报文中不携带连接/路径信息。源路由通过在报文中包含路径信息的方式实现 IP 流量工程等网络调度功能。

18 BGP Flowspec 由 IETF RFC 5575 定义，最初为应对拒绝服务（Denial of Service，DoS）/分布式拒绝服务（Distributed Denial of Service，DDoS）攻击而设计，现阶段越来越多地应用于流量优化与调度等场景。

[4] DEERING S, HINDEN R. Internet protocol, version 6 (IPv6) specification: RFC 8200[R]. 2017.

[5] BORMAN D, DEERING S, HINDEN R. IPv6 jumbograms: RFC 2675[R]. 1999.

[6] MATSUSHIMA S, FILSFILS C, ALI Z, et al. SRv6 implementation and deployment status: draft- matsushima-spring-srv6-deployment-status-10[R]. 2020.

[7] 唐宏, 朱永庆, 伍佑明, 等. vBRAS 原理、实现与部署[M]. 北京: 人民邮电出版社, 2019.

[8] 华为 iLab. 面向 VR 业务的承载网络需求白皮书(2016)[R]. 2016.

第2章

Segment Routing 基础

Segment Routing（SR）直译为"段路由"或"分段路由"。作为一种有别于 ONF、SDN 的体系架构，SR 采用封装模式、基于源路由机制，在头端通过分段（Segment）列表实现网络编程。

SR 技术通过有序的 Segment 列表显式指定报文转发路径，以指示网络节点对报文进行转发和处理。SR 节点只需要维护 Segment Routing 转发表项信息，无须维护经过该节点的业务流状态，从而可满足业务快速部署的需求。SR 这种源路由机制以及由此而来的无状态特性，使得在 IP 网络中实现 SDN 超大规模组网成为了可能。

本章从 Segment Routing 典型架构、基础概念、控制平面、数据平面等方面介绍了与 Segment Routing 技术相关的基本内容，同时对比分析了 SRv6 和 SR-MPLS 两种 Segment Routing 技术在技术实现与发展路径方面的差异。

2.1　Segment Routing 典型架构

业界通常认为 SR 架构是一种集中式控制与分布式优化相结合的网络架构。典型的 SR 架构（如图 2-1 所示）由 SR 节点与控制器构成。

1. SR 节点

典型的 SR 节点包括路由器、主机等设备。尽管可静态配置 Segment 指令，但 SR 节点之间的 Segment 信息分发一般通过路由协议交互实现。IETF 针对 Segment 动态分发，对 IS-IS、OSPF 以及 BGP 等协议做了扩展。

SR 节点构成了 SR 域（Domain）。SR 域与 AS 域并不等同，一个 SR 域可以是一个 AS 域，也可以包含多个 AS 域。另外，SR 域实际上包含了控制平面与数据平面，而非单纯的数据平面。

2. SR 控制器

SR 控制器向 SR 节点下发指令，以指示报文在 SR 域的行为。在 SR 架构中，SR 控制器并非必需，但极其重要。SR 并未定义控制平面的实现方式。根据 IETF RFC 8402 定义，SR

支持 3 种控制平面类型。

- 分布式：分布式控制平面由各 SR 节点根据动态路由协议或静态配置方式实现 Segment 的配置与分发。每个节点独立决定 SR 报文的处理方式。
- 集中式：集中控制方式下，控制器决定 SR 报文的策略，并向 SR 节点下发指令。控制器通常还需采集网络拓扑及 Segment 信息。现阶段，常用的控制器南向接口协议有路径计算单元协议（Path Computation Element Protocol，PCEP）、BGP、BGP 链路状态（BGP Link State，BGP-LS）协议与网络配置协议（Network Configuration Protocol，NETCONF）等。
- 混合式：混合式则是集中控制器与分布式控制平面相结合的场景。

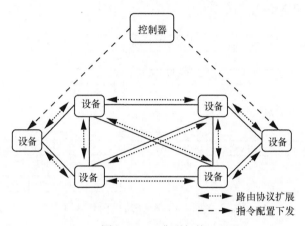

图 2-1　SR 典型架构

考虑网络编程效率、扩展性等因素，纯粹的分布式或集中式控制平面在实际应用过程中非常罕见，混合式控制平面是业界主流。

2.2　Segment Routing 基本概念

Segment Routing（分段路由）技术体系中最重要的概念是"Segment（分段）"，所有技术都围绕这个概念展开。

2.2.1　Segment 相关概念

Segment 是 SR 节点针对所接收报文执行的指令。该指令封装在报头中，与拓扑、业务或其他因素（如 QoS 等）相关。SR 节点可基于 Segment 对报文进行相应操作，如根据最短路径将报文转发到目的地、通过指定端口转发报文、将报文转发到指定应用/服务实例等。

段标识符（Segment Identifier，SID）用于标识 Segment，其格式取决于数据面的实现方式。典型的 SID 格式有 MPLS 标签、MPLS 标签空间索引、IPv6 地址等。尽管 SID 和 Segment 含义不完全相同，但在实际使用过程中区别甚微，因此本书的大部分章节（除第 8.3.1 节外）对二者交替使用，不做区分。由于 Segment 的格式不同，在 SR 体系内发展出 SR-MPLS（以

MPLS 标签作为 Segment）与 SRv6（只有 Segment 才用 IPv6 地址形式）两种技术。二者遵循相同的 SR 体系架构，但数据平面相互独立，控制平面也存在一定的差异。

为实现网络可编程，报文通常以源路由方式基于一个或一系列指令沿路径处理、转发。这一系列有序指令的组合称为 Segment 列表（Segment List），也可称为 SID 列表（SID List）。基于特定的 SID 列表，报文可在 SR 域内形成一条完整转发路径；而 SID 列表中的每个 Segment 均完成了该路径中的一部分/段（Segment）功能。因而，Segment 是 SR 体系中网络路径的基本构建单位。

SID 列表中，需要 SR 节点立即处理的 Segment 被称为活动 Segment（Active Segment）。Active Segment 在 SR-MPLS 中为标签栈的最外层标签，在 SRv6 中则是 SRv6 报文的 DA。典型 SR 报文封装与 SID 格式如图 2-2 所示。

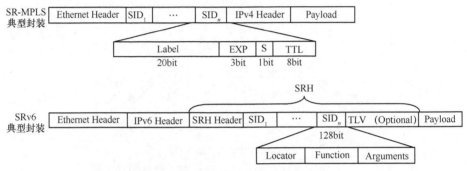

图 2-2　典型 SR 报文封装与 SID 格式

与 SID 列表密切相关的一个概念是最大 SID 栈深（Maximum SID Depth，MSD），它表示 SR 报头中能封装的 Segment 的最大数量。每个 SR 节点都必须知道自己能处理的 SID 列表的最大深度，超过 MSD 值的 SR 报文会对设备性能产生较大影响（部分设备甚至丢弃这些报文）。

根据语义范围的不同，SR-MPLS 将 Segment 分为全局 Segment（Global Segment）和本地 Segment（Local Segment）：SR-MPLS 域内所有节点都支持并实现在转发表中安装全局 Segment 的相关指令；本地 Segment 则由本地节点生成并在本地转发表中安装相关指令。

为便于理解二者的区别，此处举例说明。假设某全局 Segment 的指令是"沿去往目的节点 1 的最短路径转发报文"，则 SR 域中所有节点都知道如何通过最短路径将报文转发到节点 1。假设节点 1 通告了一个本地 Segment，其指令是"转发报文至连接节点 2 的接口"，则报文由节点 1 转发至其与节点 2 相连的接口；为了在节点 1 执行本地 Segment，报文首先需要通过全局 Segment 或其他本地 Segment 引导至节点 1 中。需要注意的是，虽然本地 Segment 的语义本地有效，但为了使用该类 Segment，其他节点也需要知道与本地 Segment 相关的功能。

2.2.2　Segment 列表操作

节点收到 SR 报文后，除了执行 Active Segment 的指令外，还有一项工作就是对 Segment 列表进行操作。该操作过程在数据平面完成，共分为 3 种类型。

- 压入（Push）：在 Segment 列表顶部插入一个或多个 Segment，并将第一个 Segment 设为 Active Segment。在 SR-MPLS 中的"压入"操作为插入标签栈的最外层标签；而在 SRv6 中的"压入"操作则是在 SRH 中插入第一个 IPv6 地址(此地址代表的是 SRv6 SID)。对于源节点而言,由于 SR 报头中没有 Segment 列表,"压入"的含义就是在报头中插入 Segment 列表。

- 下一个(Next):处理完当前的 Active Segment,Segment 列表中的下一个 Segment 将成为 Active Segment。在 SR-MPLS 中"下一个"操作的含义是弹出(Pop)顶层标签;在 SRv6 中"下一个"操作的含义则是将 SRH 中的下一个 Segment 复制到 SRv6 报文的 DA 字段中。
- 继续(Continue):当前的 Active Segment 还没有处理完成,还需要继续保持 Active 状态。该操作在 SR-MPLS 中相当于 MPLS 标签 SWAP 操作,在 SRv6 中则是 IPv6 报文根据 DA 转发的常规性操作(此时不处理 SRH)。

2.2.3　SR 策略

SR 策略(Policy)是 SR 中一个应用非常广泛且比较容易混淆的概念。作为段路由流量工程(Segment Routing Traffic Engineering,SR-TE)的一种实现形式,SR Policy 基于有序 SID 列表实现流量工程意图(Intent)。SR Policy 可由<Headend, Color, Endpoint>三元组标识,具体如下。

- Headend(头端):指生成/实现 SR Policy 的 SR 节点,该节点可将报文引导至 SR Policy。
- Color(颜色):通常表示特定意图(如低时延等),可用于区分同一头端与尾端间的多条 SR Policy。
- Endpoint(尾端):指 SR Policy 的目的地址。

实际上,SR Policy 是将 SR 路径建立与路径策略合二为一的一个技术框架:头端节点基于静态/动态方式形成 SR 路径(由 SID 列表表示),当报文匹配路径策略中的某个条件(如 Color 匹配等),则将报文引导至该 SR 路径。

2.3　SR 控制平面

SR 控制平面主要功能包括 SID 标签分发、SID 转发表生成以及转发路径建立等。SR 标签分发机制包括静态分发与动态分发两种方式:静态分发方式可基于 NETCONF 等协议实现;动态分发方式则通过路由协议扩展实现,该方式是目前的主流分发方式。

2.3.1　SID 标签类型

SR 技术的产生与 MPLS 有着很深的渊源,最初被冠以"下一代 MPLS"的称号。相较于 MPLS 体系中复杂多样的标签分发机制,SR 秉承"为网络协议做减法"的思想,抛弃了标签分发协议(Label Distribution Protocol,LDP)、RSVP-TE 等协议,通过路由协议扩展实现标签分发。根据路由协议类型,Segment 可分为 IGP Segment 与 BGP Segment 两类。此外,为提升网络扩展性、隐蔽性和业务独立性,SR 还定义了绑定分段(Binding Segment)。

本节主要基于 IETF RFC 8402 所定义的 Segment 类型进行介绍。

1．IGP Segment

IGP Segment 是通过 IS-IS/OSPF 等 IGP 通告的 Segment。这类 Segment 信息附加在 IS-IS/OSPF 协议的各类网络前缀（Prefix）和邻接关系（Adjacency）通告类型长度值（Type Length Value，TLV）字段上，使得 IGP 域内的所有节点都能获得 SID 与 Prefix/Adjacency 的关联信息。

IGP Segment 分为 IGP 前缀 Segment（IGP Prefix Segment）和 IGP 邻接 Segment（IGP Adjacency Segment）。这两类 Segment 是 SR 的基本 Segment，通过它们可以构建 IGP 网络的任何拓扑路径，具体如下。

（1）IGP 前缀 Segment

IGP 前缀 Segment（简称为 Prefix Segment 或 Prefix-SID）是由 IGP 通告的全局 Segment，支持 ECMP，且在 SR 域内全局唯一。Prefix-SID 的指令为"引导流量沿着支持 ECMP 的最短路径去往与该 Segment 相关的前缀"。Prefix-SID 有两个特例：IGP 节点 Segment（简称为 Node Segment 或 Node-SID）和 IGP 任播 Segment（简称为 Anycast Segment 或 Anycast-SID）。Node-SID 仅与特定节点的主机前缀（通常为该节点的环回接口地址）相关，用于该节点。Anycast-SID 与 Anycast 前缀相关，用于标识发布 Anycast 前缀的一组节点。

（2）IGP 邻接 Segment

IGP 邻接 Segment（简称为 Adjacency Segment、Adjacency-SID 或 Adj-SID）是标识单向邻接或一组单向邻接的 IGP Segment。Adj-SID 通常为本地有效，其指令为"引导流量从与该 SID 相关的邻接链路或链路集合转发出去"。这样，基于 Adj-SID 转发的流量被引导至指定链路，而无须考虑最短路径优先（Shortest Path First，SPF）路由。为使用本地 Adj-SID，通常在 Segment 列表中把节点的 Prefix-SID 放在 Adj-SID 之前。同样地，Adj-SID 存在一些特例，如二层 Adj-SID（L2 Adj-SID，标识二层链路捆绑组中的特定链路）、组 Adj-SID（Group Adj-SID，标识特定邻接集合）等。

2．BGP Segment

BGP 因其良好的扩展性与稳定性而获得广泛应用。在 MPLS 中，多协议 BGP（Multiprotocol Extensions for BGP4，MP-BGP）通过属性扩展实现 MPLS 标签分发。针对 SR，BGP 同样做了扩展以支持 SID 分发。BGP Segment 分为 BGP 前缀 Segment（BGP Prefix Segment）和 BGP 对等体 Segment（BGP Peering Segment），具体如下。

（1）BGP 前缀 Segment

BGP 前缀 Segment（简称为 BGP Prefix-SID）是与 BGP 前缀关联的全局 Segment，其指令为"引导流量沿着支持等价多路径（Equal-Cost Multipath Routing，ECMP）的 BGP 多路径去往该 Segment 所关联的前缀"。SR-MPLS 对 BGP 标记单播（BGP Labeled Unicast，BGP-LU）协议进行扩展，将 BGP Prefix-SID 附加到前缀通告中实现 SID 分发。与 IGP 相似，BGP 中也存在任播。针对此类 Anycast 前缀，SR-MPLS 定义了 BGP 任播 Segment（BGP Anycast Segment Identifier，简称为 BGP Anycast-SID），其功能与分发方式此处不再赘述。

与 SR-MPLS 不同，SRv6 将 BGP Prefix-SID 定义为传递业务（Service）信息而非网络拓扑（Topology）信息。

（2）BGP 对等体 Segment

BGP 对等体 Segment（简称为 BGP Peering-SID）是与 BGP 对等体会话中特定（或一组）邻居相关的本地 Segment。BGP Peering-SID 用于出口对等体工程（Egress Peer Engineering，EPE）场景，可实现跨域流量工程（Traffic Engineering，TE）。

SR 通过拓展 BGP 链路状态（BGP Link State，BGP-LS）协议的链路型网络层可达信息（Network Layer Reachability Information，NLRI）来携带该类 SID 信息。对于 SR-MPLS，BGP Peering-SID（由 BGP-LS 的链路型 NLRI 携带）可进一步分为 BGP 对等体节点 Segment（BGP Peer Node Segment，简称为 BGP PeerNode-SID）、BGP 对等体邻接 Segment（BGP Peer Adjacency Segment，简称为 BGP PeerAdj-SID）和 BGP 对等体集合 Segment（BGP Peer Set Segment，简称为 BGP PeerSet-SID），具体如下。

- BGP PeerNode-SID 的指令为"引导流量经由去往特定 Peer 节点的 ECMP 多路径转发到该节点"。该 SID 不采用传统的 BGP 选路机制，而是通过多路径机制将报文转发到特定的 BGP Peer 节点。
- BGP PeerAdj-SID 的指令为"引导流量经由特定 Peer 节点的特定端口转发到该节点"。该 SID 不采用传统的 BGP 选路机制以及其他路由决策机制，直接将报文转发到特定 BGP 邻居的特定链路。
- BGP PeerSet-SID 的指令为"引导流量经由 ECMP BGP 多路径转发到特定 Peer 集合节点"。该 SID 不采用传统的 BGP 选路机制，而是将流量通过多路径机制传送到特定 Peer 节点。

与 SR-MPLS 对 BGP-LS 基于链路型 NLRI 的扩展相比，SRv6 在 BGP-LS 中新定义了一个 SRv6 SID NLRI 类型以携带相应信息。相对于 SR-MPLS SRv6 有更好的扩展性与编程能力，SRv6 在 BGP Peering-SID 方面的类型更为丰富多样，本书的第 4 章将会详细介绍。

IETF RFC 8402 标准于 2018 年 7 月被推出。尽管该标准被认为涵盖了 SR-MPLS 与 SRv6 的所有 Segment 类型（SR Segment 分类思维导图如图 2-3 所示），但由于当时的 SRv6 研究尚处于起步阶段，因而该文档所定义的路由协议分发 Segment 有以下特点。

- 所定义的 Segment 基本为拓扑类 Segment，未涉及业务类以及其他类型 Segment。
- 所定义的 Segment 基本涵盖了 SR-MPLS 所涉及的 Segment 类型，未能完全覆盖 SRv6 所涉及的 SRv6 Segment 类型。
- 全局 Segment 与本地 Segment 概念主要对 SR-MPLS 有效，在 SRv6 中通常不做区分。

3. Binding Segment

与其他类型的 Segment 不同，一个 Binding Segment（简称为 Binding-SID 或 BSID）代表一个 SID 标签栈。BSID 可以是本地 SID，也可以是全局 SID，可通过 IGP 或 BGP 分发。采用 BSID 有以下 4 种典型场景。

- 减少 SR 报文封装的 SID 层数：如第 2.2 节所述，每个 SR 节点都有 MSD 指标。如果 SR 报文的 SID 列表超过 SR 节点的 MSD，该节点处理性能会受影响（甚至丢弃 SR 报文）。通过 BSID 方式可以减少源节点压入的 SID 数量，使 SR 适用于大规模组网。
- 隔离域内扰动/震荡：通常在 AS 边界路由器（AS Border Router，ASBR）上配置 BSID，以降低 AS 域内路径变化对 SID 列表的影响。

- 对业务屏蔽网络细节：业务节点无须知道网络细节，即可基于 BSID 等方式形成业务路径。
- 作为 SR Policy 的锚点：在给定头端，每一条 SR Policy 都会绑定一个 BSID。在此处 BSID 的作用是将 SR 报文引导至与其关联的 SR Policy。

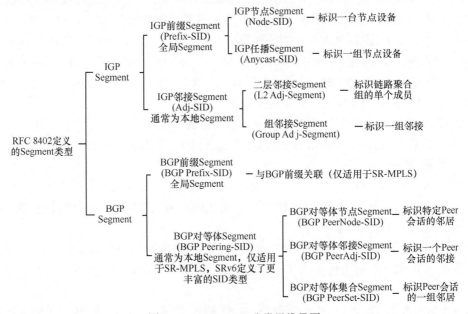

图 2-3　SR Segment 分类思维导图

Binding Segment 的一个特例是镜像上下文分段（Mirroring Context Segment，Mirror SID）。Mirror SID 通常由 IGP 通告，表明某镜像节点可对另一节点实施保护。关于 Mirror SID 的一个重要应用场景就是对 SRv6 Policy 尾节点的镜像保护（具体可见第 6.4.3 节）。

2.3.2　SID 标签转发表生成

SR 节点基于 SID 标签转发表对报文进行相关操作。由于 SR-MPLS 与 SRv6 在数据平面处理方式的不同，二者所建立的 SID 表（SID Table）也有所区别。

SR-MPLS 使用 MPLS 标签。通常，SR-MPLS 节点的控制平面会对路由协议发来的与 SID 相关的信息进行验证（如来源认证、SID 冲突检测等），并将符合条件的 SID 信息安装在 SID 转发表中。尽管 SR-MPLS 的 SID 转发表与 MPLS 转发表一致，但其表项也有自身的特点，具体如下。

- 由于 SR 域内全局 Segment 的一致性，SID 转发条目中入向标签（Ingress Label）与出向标签（Egress Label）通常是相同的。
- 对于"倒数第二跳（Penultimate Hop）"的 SR 节点，可以像传统 MPLS 一样执行"弹出"操作，也可以交换为"显式空标签（Explicit Null Label）[1]"。
- Adj-SID 的操作总是"弹出"。

1　SR-MPLS 中，最后一跳节点可以请求将 Prefix-SID 交换为显式空标签。显式空标签属于 MPLS 标签的保留值。其中，IPv4 所对应的的标签值为 0，IPv6 所对应的标签值为 2。

SRv6 SID 采用 IPv6 地址的形式，因而 SRv6 点对 SRv6 报文的处理方式是：先查询本地 SID 表（Local SID Table），确认 Active SID 与本地 SID 表中的 SID 是否匹配；若匹配，则进行与 SRv6 报文相关的处理流程，否则按 IPv6 常规报文方式处理、转发。由此可见，SRv6 节点需要维护一个本地 SID 表以根据指令对目标报文进行操作与处理。SRv6 本地 SID 表主要存储该节点生成的相关信息，包括本地生成的 SID、与这些 SID 绑定的指令以及与指令相关的转发信息。对于其他 SRv6 节点发来的 SID 相关信息（如 Locator），该 SRv6 节点的控制平面同样进行相应验证（如来源认证、Locator 冲突检测等），验证合规后将其放入 IPv6 转发表。

2.3.3　SR 路径建立

SR 路径在源节点定义且由 Segment 列表（SID List）来显式表示。SID 列表的典型表示方式为<S1，S2，S3>，其中左侧的 S1 为第一个 SID，右侧的 S3 为第三个 SID。

SR 路径可静态配置生成，也可动态生成。静态配置方式下，SR 路径通过 CLI 命令或由控制器基于 NETCONF 的方式在源节点配置生成；SR 动态生成方式可由源节点通过 SR 原生算法生成，也可通过路径计算单元（Path Computation Element，PCE）等控制器以集中计算的方式下发到头端生成。源节点将代表 SR 路径的 SID 列表压入报头后，标志着 SR 显式路径的成功建立。

由以上过程可知，SR 路径的建立与传统 TE（以 RSVP-TE 为例）路径的建立方式存在明显的不同。

- SR 路径的建立基于 SR 路径优化算法[2]，RSVP-TE 路径的建立基于约束的最短路径优先（Constraint-based Shortest Path First，CSPF）算法。
- SR 仅在源节点对报文进行 SID 列表操作即可控制网络/业务路径，中间节点不需要维护路径信息；RSVP-TE 需要沿途各节点维护路径信息。
- SR 路径可以（基于 SR Policy）动态按需生成，而无须提前建立相应路径；RSVP-TE 需要提前建立相应路径。

2.4　SR 数据平面

SR 数据平面可以基于 MPLS 数据平面实现，也可以基于 IPv6 数据平面实现。基于 MPLS 数据平面的 SR 实现称为 SR-MPLS，SID 被编码为 MPLS 标签；基于 IPv6 数据平面的 SR 实现称为 SRv6，SID 被编码为 IPv6 地址格式。SR 数据平面报文封装如图 2-4 所示。需要特别说明的是，这两种 SR 实现方式只与数据平面相关，与承载在其上的报文类型无关：SR-MPLS 可实现 IPv4 报文与 IPv6 报文的承载与转发（如图 2-4（a）和图 2-4（b）所示），并非只适用于 IPv4 报文；SRv6（如图 2-4（c）所示）也可实现 IPv4 报文的承载与转发，并非只适用于 IPv6 报文。

2　SR 路径优化算法是在 SR 头端或控制器上实现的算路算法，可实现 ECMP 和基于 SID 的路径编码的最优化。每个厂商的实现不同，思科公司将自己的算法称为 SR 原生算法。

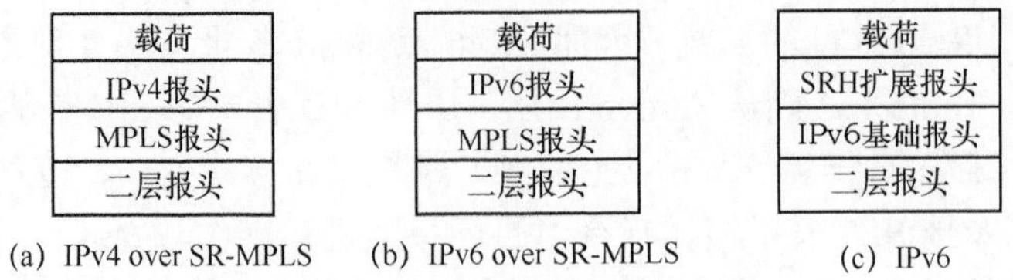

载荷	载荷	载荷
IPv4报头	IPv6报头	SRH扩展报头
MPLS报头	MPLS报头	IPv6基础报头
二层报头	二层报头	二层报头
(a) IPv4 over SR-MPLS	(b) IPv6 over SR-MPLS	(c) IPv6

图 2-4　SR 数据平面报文封装

SR-MPLS 报文的典型处理流程如图 2-5 所示，具体如下。

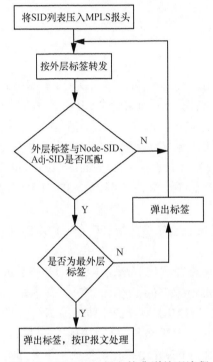

图 2-5　SR-MPLS 报文的典型处理流程

步骤 1　源节点将 SID 列表压入 MPLS 报头，并基于 Active Segment（外层 MPLS 标签）转发报文。

步骤 2　中间节点判断报文的 Active Segment（外层 MPLS 标签）与其表项（如 Node-SID、Adj-SID 等）是否匹配。

步骤 3　若匹配，则判断是否属于最底层 MPLS 标签，转至步骤 4；若不匹配，则通过 Active Segment（外层 MPLS 标签）"Swap（交换）"的方式转发报文至下一跳节点，转至步骤 2。

步骤 4　若是最底层标签，则弹出该 MPLS 标签，按 IP 报文处理；否则转至步骤 5。

步骤 5　弹出标签，根据 Active Segment（新的外层 MPLS 标签）转发报文至下一节点，转至步骤 2。

从以上转发流程可以看出，每个 SR-MPLS 节点中的 SID 转发表规模（基本是 SR 域内节点数+本地邻接数）只与网络规模相关，与 SR 路径数量和业务规模无关。

SRv6 报文的典型处理流程如图 2-6 所示，具体如下。

步骤 1　源节点将 SID 列表压入 SRH，将第一个 SID（Active Segment）作为 IPv6 的 DA，基于转发表对报文做最长匹配转发。

步骤 2　中间节点判断报文的目的 IPv6 地址是否命中本地 SID 表，即判断 SRH 中的 Active Segment 与本地 SID 表中的 Segment 是否匹配：若命中，则转至步骤 3；否则，转至步骤 5。

步骤 3　判断剩余 Segment（Segment Left，SL）值是否为 0：若不为 0，则转至步骤 4；否则转至步骤 6。

步骤 4　执行指令动作：SL 值减 1，并将 SL 指针指示的 SID（Active Segment）更新到 IPv6 的 DA 字段，按指令动作转发至下一跳。转至步骤 2。

步骤 5　基于 IPv6 转发表做最长匹配转发，下一跳节点继续执行步骤 2。

步骤 6　基于 SID 指令剥掉 SRH，基于下一报头（Next Header，NH）进行相应处理（如 End.DT4 SID 指示解封装 SRH 报头并查找 IPv4 路由表进行转发）。

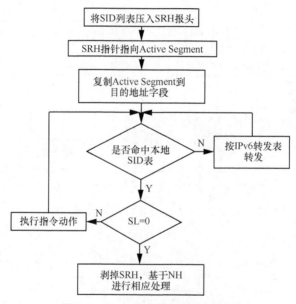

图 2-6　SRv6 报文的典型处理流程

由 SRv6 报文的处理流程可以看出，SRv6 的一个突出特点就是 SRv6 节点与非 SRv6 节点的互操作性：转发路径中，只有必须处理 SRH 的节点才需要支持 SRv6 数据平面，其他节点只需支持普通的 IPv6 功能即可。

在 SR 报文的实际转发过程中，可能涉及不同类型的 Segment 以及跨域等复杂场景。SR-MPLS 跨域转发示例如图 2-7 所示，下面以 SR-MPLS 跨域转发为例说明 SR 报文的转发过程。

AS1 与 AS2 属于同一 SR-MPLS 域。AS1 的节点 11 需要访问 AS2 的节点 25，具体路径要求：报文先经过节点 15，再经由节点 15 到节点 13 之间的链路，最后经过节点 21，到达节点 25。假定节点 15 的 Node-SID 为 16015，节点 15 到 13 之间的链路 Adj-SID 为 30013，节点 21 的 BGP PeerNode-SID 为 16021，则报文转发路径的 SID 列表为 <16015,30013,16021>。转发路径上各节点处理方式如下。

- 节点 11：在报头中压入 SID 列表<16015，30013，16021>，根据入向 Active Segment（16015）查询 SID 转发表，下一跳为节点 15，出接口为 "去往节点 15"。
- 节点 15：发现报文 Active Segment（16015）与本地 Node-SID 匹配，弹出 SID（16015）；随后发现新的 Active Segment（30013）是本地 Adj-SID，则弹出 SID（30013），将报文经由节点 15 到节点 13 之间的链路转发出去，此时 Active Segment 为 16021。
- 节点 13：根据入向 Active Segment（16021）查询 SID 转发表，下一跳为节点 21，出接口为 "去往节点 21"。
- 节点 21：发现报文 Active Segment（16021）与本地 BGP PeerNode-SID 匹配，且为最后一个 SID，弹出 SID（16021）；根据目的 IP 地址（节点 25 的 IP 地址）查询 IP 路由表转发 IP 报文。

从节点 21 到节点 25 的报文转发过程为 IP 报文转发，具体转发路径由 IGP 或静态路由等方式确定，此处不再赘述。

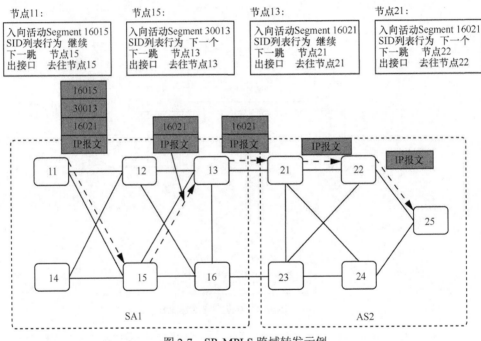

图 2-7　SR-MPLS 跨域转发示例

2.5　SR-MPLS 与 SRv6 的差异

2.5.1　技术实现的差异

尽管 SR-MPLS 与 SRv6 的定义源于二者在数据平面所采用的技术，且二者遵循统一的 SR 架构（IETF RFC 8402），但是二者在各个方面都存在明显差别，不可混为一谈。这两类技术的差异体现在数据平面、控制平面、部署范围以及操作、管理与维护（Operation，

Administration and Maintenance，OAM）等方面。

1．数据平面

SR-MPLS 的 SID 为 MPLS 标签（不可聚合、不可路由），主要实现与拓扑相关的指令，指示报文沿特定节点（集合）/链路（集合）转发。SR-MPLS 报文的 SID 在转发过程中沿路径次第弹出，因而 SID 列表封装导致的报头处理压力主要集中在源节点。

与之相对应地，SRv6 的 SID 采用 IPv6 地址格式（可根据 IP 地址聚合方式进行 SID 聚合）。SRv6 SID 可实现与拓扑相关指令，指示报文沿特定节点（集合）/链路（集合）转发；也可实现业务功能（如 L3VPN 等）指令。由于 SRv6 可通过 SRv6 SID 的 Function、Arguments 字段以及 SRH TLV 字段（详细介绍见第 3 章）提供丰富灵活的编程能力，即使是拓扑指令，也比 SR-MPLS 丰富很多。SRv6 SID 在报文转发过程中始终保留（通过 SL 指针指示 Active Segment），因而 SID 列表封装导致的报头处理压力存在于沿途各节点。SRv6 的这种处理方式，更容易实现流量溯源及 OAM 运营管理功能。

2．控制平面

现阶段，SR 控制平面协议主要有 IGP、MP-BGP 与 PCEP 等，通常是在协议扩展基础上实现的。

（1）IGP

IGP 是在一个 AS 内自治网络内各网关（Gateway，主要包括主机和路由器）间交换路由信息的协议，包括链路状态路由协议（Link State Routing Protocol）与距离矢量路由协议（Distance Vector Routing Protocol）两类。开放最短路径优先（Open Shortest Path Forwarding，OSPF）、中间系统到中间系统的路由协议（Intermediate System to Intermediate System Routing Protocol，IS-IS）是目前应用最为广泛的 IGP，二者均属于链路状态路由协议（Link State Routing Protocol）。以路由信息协议（Routing Information Protocol，RIP）为代表的距离矢量路由协议目前已较少使用。

支持 SR-MPLS 的 IGP 有 OSPFv2、OSPFv3 与 IS-IS 等，支持 SRv6 的 IGP 有 OSPFv3 与 IS-ISv6。

与 SR-MPLS 相关的 IGP 通过 TLV 将 SID 及与其关联的 Prefix、Node、Adjacency 等信息在 IGP 域内通告；与 SRv6 相关的 IGP 通过 TLV 将 SRv6 Locator、SID 及与其关联的行为（Behavior）等信息在 IGP 域内通告。

（2）MP-BGP

BGP 用于不同 AS 之间交换路由信息。每个 AS 中用来与其他 AS 交换路由信息的 BGP 节点被称为边界网关（Border Gateway）。根据 BGP Peer 是否归属于同一个 AS，BGP 可分为内部边界网关协议（Internal Border Gateway Protocol，IBGP）与外部边界网关协议（External Border Gateway Protocol，EBGP）协议。

MP-BGP 通过相应的地址簇标识/子地址簇标识（Address Family Identifier/Subsequent Address Family Identifier，AFI/SAFI）下 NLRI 信息的扩展实现协议扩展。与 SR 相关的 MP-BGP 有 BGP-LS、BGP-LU 以及 BGP SR Policy 协议等。

- BGP-LS 协议：SR-MPLS 通过拓展链路型 NLRI（Link NLRI）、前缀型 NLRI（Prefix NLRI）与节点型 NLRI（Node NLRI）等方式通告 SID 及其相关的信息；SRv6 定义 SRv6 SID NLRI 通告 SID 及与其关联的行为等，并扩展 Link NLRI、Prefix NLRI 与

Node NLRI 等方式以通告 Adjacency、Locator 等信息。

- BGP-LU 协议：SR-MPLS 通告 BGP Prefix-SID 及其相关的信息（此处 BGP Prefix-SID 属于拓扑类 SID）；SRv6 通告 SRv6 Service（如 L3VPN）SID。
- BGP SR Policy 协议：SR-MPLS 基于新定义的 NLRI（AFI/SAFI:IPv4/SR Policy）通告 SR Policy 的候选路径；SRv6 基于新定义的 NLRI（AFI/SAFI:IPv6/SR Policy）通告 SRv6 Policy 的候选路径。

（3）PCEP

SR-MPLS 定义显式路由对象（Explicit Route Object，SR-ERO）、上报路由对象（Reported Route Object，SR-RRO）承载 SID 及其相关信息；SRv6 定义 SRv6-ERO、SRv6-RRO 承载 SID 及其相关信息。

3．设备支持

SR-MPLS 的部署无须改变 MPLS 数据平面，这意味着现有的 MPLS 转发硬件可直接应用于 SR-MPLS，只需要通过软件升级就可以启用基本的 SR-MPLS 功能。然而，MPLS 技术的设计理念聚焦于网络，具备 MPLS 能力的设备主要是路由器、交换机等网元，并未考虑主机等终端对 MPLS 的支持能力。

SRv6 的 SID 列表编码在 SRH 中，SRH 属于 IPv6 的扩展报头。相对于普通 IPv6 报文，SRv6 报文的 SRH、TLV 处理过程对设备硬件能力要求更高，因而需要对网络设备进行硬件、软件的升级才能支持 SRv6。

此外，SRv6 相对 SR-MPLS 的优势如下。

- SRv6 设备不仅仅限于路由器、交换机等网元，还可扩展到主机、虚拟机（Virtual Machine，VM）、容器（Container）等物理/虚拟网元，这就使云、网端到端编程等场景的实现成为了可能。
- 非 SRv6 节点只需要根据 SRv6 报文的 DA 转发，无须对其进行其他处理。因而，网络中 SRv6 节点与非 SRv6 节点可共存，SRv6 部署不需要升级或替换所有的网络设备。

4．OAM

SR-MPLS 继承了 MPLS 的 OAM 特性，可实现 SID Ping/Trace、BFD/SBFD 以及随流 OAM 检测等功能。此外，SR-MPLS 还可利用控制器实现 SR-MPLS 的路径监控。

SRv6 继承了 SR-MPLS 的所有 OAM 功能。此外，SRv6 在 SRH 中定义了 O 标志位，可实现 SRv6 报文监控和 OAM 处理。

为便于理解 SR-MPLS 与 SRv6 的差异，对二者进行了相应对比（见表 2-1）。

表 2-1　SR-MPLS 与 SRv6 对比

	SR-MPLS	SRv6
Segment	MPLS Label（长度为 20bit），不可聚合；可实现拓扑指令	采用 IPv6 地址格式，可聚合；可实现拓扑、业务指令。可通过 Function、Arguments 甚至 SRH TLV 实现更为丰富灵活的编程能力
转发方式	基于 MPLS 交换方式；SID 沿路径弹出	最长匹配方式；SID 沿路径保留，通过 SL 指针定位 Active SID
设备支持	源/尾端节点只能为路由器/交换机等网元	源/尾端节点可以是路由器/交换机等网元，也可以是主机、VM、容器等

（续表）

SR-MPLS	SRv6
1. IGP:OSPFv2、OSPFv3、IS-IS 2. SID 通告: SR-MPLS SID 及其相关的 Prefix、Node、Adjacency 信息等	1. IGP： OSPFv3、IS-ISv6 2. SID 通告:SRv6 Locator、SID 及其相关的行为等
MP-BGP 拓展：BGP-LS、BGP-LU、BGP SR Policy 等 • BGP-LS：基于链路 NLRI（Link NLRI）通告 BGP PeerNode-SID、PeerAdj-SID、PeerSet-SID 及其相关信息 • BGP-LU：通告 BGP Prefix-SID 及其相关信息 • BGP SR Policy:基于新定义的 NLRI（AFI/SAFI: IPv4/SR Policy）通告 SR Policy 的候选路径	MP-BGP 拓展:BGP-LS、BGP-LU、BGP SRv6 Policy 等 • BGP-LS：基于 SRv6 SID NLRI 通告 SID 及其关联的行为等 • BGP-LU：通告 SRv6 Service SID • BGP SR Policy:基于新定义的NLRI（AFI/SAFI: IPv6/SR Policy）通告 SR Policy 的候选路径
PCEP：定义 SR-ERO、SR-RRO 承载 SID 及其相关信息	PCEP：定义 SRv6-ERO、SRv6-RRO 承载 SID 及其相关信息

	SR-MPLS	SRv6
控制平面	1. IGP:OSPFv2、OSPFv3、IS-IS 2. SID 通告: SR-MPLS SID 及其相关的 Prefix、Node、Adjacency 信息等	1. IGP： OSPFv3、IS-ISv6 2. SID 通告:SRv6 Locator、SID 及其相关的行为等
	MP-BGP 拓展：BGP-LS、BGP-LU、BGP SR Policy 等 • BGP-LS：基于链路 NLRI（Link NLRI）通告 BGP PeerNode-SID、PeerAdj-SID、PeerSet-SID 及其相关信息 • BGP-LU：通告 BGP Prefix-SID 及其相关信息 • BGP SR Policy:基于新定义的 NLRI（AFI/SAFI: IPv4/SR Policy）通告 SR Policy 的候选路径	MP-BGP 拓展:BGP-LS、BGP-LU、BGP SRv6 Policy 等 • BGP-LS：基于 SRv6 SID NLRI 通告 SID 及其关联的行为等 • BGP-LU：通告 SRv6 Service SID • BGP SR Policy:基于新定义的NLRI（AFI/SAFI: IPv6/SR Policy）通告 SR Policy 的候选路径
	PCEP：定义 SR-ERO、SR-RRO 承载 SID 及其相关信息	PCEP：定义 SRv6-ERO、SRv6-RRO 承载 SID 及其相关信息
OAM	SID Ping/Trace、BFD/SBFD、随流 OAM 检测，并可基于控制器实现 SR-MPLS 路径监控	继承 SR-MPLS 中 OAM 所有功能,支持指定路径的 SID Ping/Trace。SRH 中新定义 O 标志位,可实现 SRv6 报文监控和 OAM 处理

2.5.2　发展路径的差异

SR-MPLS 与 SRv6 发展路径的差异不仅体现在二者的发展路径上不存在交集，还体现在 SRv6 具有更强的生命力。

1. SR-MPLS 与 SRv6 技术各自独立发展

SR-MPLS 与 SRv6 技术独立发展的根本原因在于二者在数据平面不兼容。此外，二者在部署定位上也存在以下差异。

- SR-MPLS 作为"下一代 MPLS"技术，对现有网络和设备的影响较小，不仅可以方便地实现传统 MPLS 的 TE、VPN 等网络应用，而且可通过源路由、LDP/RSVP-TE 协议替代等方式简化网络部署，是今后可在 IPv4/MPLS 网络中规模部署的重要技术。
- SRv6 技术面向 IPv6、面向云网融合，通过灵活、丰富的网络可编程能力实现网络–业务协同，但对网络与设备提出了更高的要求，是未来云网基础设施一体化的基础性技术。

2. SRv6 将成为未来网络可编程技术的主流业态

SR-MPLS 简化了网络协议，使业务部署更加便捷，与现有 MPLS 相比具有一定的优势。但恰恰其基于 MPLS 转发机制，导致该技术发展存在以下难以突破的瓶颈。

- 缺乏业务编程能力：SR-MPLS 基于 MPLS 标签可实现路径编程，但不具备业务编程能力。
- 无法与 IPv6 高效协同：IPv6 是 IP 网络/技术发展的必经阶段。SR-MPLS 虽然可实现 IPv4 和 IPv6 报文转发，但这个介于二层和三层报头之间的 MPLS 标签无法充分利用 IPv6 丰富的扩展报头功能，无法与 IPv6 的转发机制高效协同。
- MPLS 技术生命周期受限：根据第 1 章的分析，MPLS 的技术生命周期开始进入衰退期，以其为基础的 SR-MPLS 技术发展也必将受 MPLS 生命周期的制约。

与 SR-MPLS 相反，SRv6 秉承了 IPv6 的特性，不仅可与云计算、微服务（Micro Service）、SDN、NFV 等技术无缝融合，而且可通过报头扩展，为网络编程提供了无限可能。尽管与 SR-MPLS 相比 SRv6 目前存在承载效率较低、硬件要求较高等问题，但这些问题将会随着技术与设备的发展而得到解决。我们有充分理由相信 SRv6 将成为未来网络可编程技术的主流业态。

参考文献

[1] KOMPELLA K, DRAKE J, AMANTE S, et al. The use of entropy labels in MPLS forwarding: RFC 6790[S]. 2012.

[2] XU X, SHETH N, YONG L, et al. Encapsulating MPLS in UDP: RFC 7510 [R]. 2015.

[3] REKHTER Y, ROSEN E, AGGARWAL R, et al. Inter-area point-to-multipoint (P2MP) segmented label switched paths (LSPs): RFC 7524 [R]. 2015.

[4] PREVIDI S, FILSFILS C, DECRAENE B, et al. Source packet routing in networking (SPRING) problem statement and requirements: RFC 7855[R]. 2016.

[5] BRZOZOWSKI J, LEDDY J, FILSFILS C, et al. Use cases for IPv6 source packet routing in networking (SPRING): RFC 8354 [R]. 2018.

[6] FILSFILS C, PREVIDI S, DECRAENE B, et al. Resiliency Use cases in source packet routing in networking (SPRING) networks: RFC 8355[R]. 2018.

[7] FILSFILS C, PREVIDI S, GINSBERG L, et al. Segment routing architecture: RFC 8402[R]. 2018.

[8] GEIB R, FILSFILS C, PIGNATARO C, et al. A scalable and topology-aware MPLS data-plane monitoring system: RFC 8403[R]. 2018.

[9] BASHANDY A, FILSFILS C, PREVIDI S, et al. Segment routing with the MPLS data plane: RFC 8660[R]. 2019.

[10] FILSFILS C, PREVIDI S, PATEL K, et al. Segment routing centralized BGP egress peer engineering: RFC 9087[R]. 2021.

[11] FILSFILS C, PAREKH R, BIDGOLI H, et al. SR replication segment for multi-point service delivery: draft-ietf-spring-sr-replication-segment-04[R]. 2021.

[12] 克拉伦斯·菲尔斯菲尔斯, 克里斯·米克尔森, 科坦·塔劳利卡尔. Segment Routing 详解（第一卷）[M]. 苏远超, 蒋治春, 译. 北京: 人民邮电出版社, 2017.

第3章

SRv6 基本原理

SR-MPLS 与 SRv6 均可实现网络功能指令化,将所需表达的网络功能编码至相应的 SID,并结合 SID 编排实现网络编程目的。相对 SR-MPLS,SRv6 借助 IPv6 地址编码方式与报头扩展,不仅实现了编程空间的极大提升,而且实现了 Overlay 业务与 Underlay 网络的有机融合,其前景不可估量。

本章在第 2 章的基础上,从 SRv6 的基本概念入手,重点聚焦 SRv6 数据平面的实现,从 SRH 扩展报头、SID 编码格式、节点行为、编程空间、报文封装、报文处理过程等方面阐述了 SRv6 的基本原理。读者可以通过本章系统地掌握 SRv6 网络可编程技术在数据平面的实现机制。

3.1　SRv6 节点

如第 2 章所述,SRv6 与 SR-MPLS 在架构方面并无差别:控制平面存在分布式、集中式与混合式 3 种模式,数据平面则为分布式。在 SRv6 网络中,根据节点在报文转发过程中的角色定位,可分为 SRv6 源节点(SRv6 Source Node)、中转节点(Transit Node)与 SRv6 段端点节点(SRv6 Segment Endpoint Node)3 类。

1. SRv6 源节点

SRv6 源节点即生成 SRv6 报文的节点。该节点既可以是支持 SRv6 的主机、VM 或容器(Container),也可以是 SRv6 域的边缘设备。SRv6 源节点的主要工作就是封装 SRv6 报文并将其转发。SRv6 报文封装过程通常是一个为原始报文封装 SRH 报头并插入 SID 列表的过程。原始报文可以是 IPv4、IPv6 以及 Ethernet 帧等。

由于 SRv6 Policy 在数据平面可以看作一个有序 SID 列表,因而 SRv6 Policy 的 Headend 也属于 SRv6 源节点。

尽管 SRH 经常与 SID 列表相伴而行,但二者并非紧耦合关系。当 SRv6 报文只需要封装单个 SID 且无须通过 SRH 的 TLV 字段携带信息时,可以不封装 SRH。

SRv6 源节点对 SRv6 报文的转发分为两种情况：对于 SRv6 报文中存在单个 SID 的情况，源节点会将该 SID 复制到 IPv6 报头的 DA 字段，并按最长匹配原则基于 IPv6 转发信息库（Forwarding Information Base，FIB）表转发报文；如 SRv6 报头中存在多个 SID，源节点则将最外层 SID（即 Active Segment）复制到 IPv6 报头的 DA 字段，按最长匹配原则基于 IPv6 FIB 表转发报文。

2. 中转节点

中转节点是只转发（但不处理）SRv6 报文的 IPv6 节点。由于中转节点只将 SRv6 报文作为普通 IPv6 报文转发，所以不要求该节点必须支持 SRv6 功能（即该节点可以是普通的 IPv6 节点）。中转节点收到 SRv6 报文后，将解析其 IPv6 DA 字段，具体操作如下。

- 对于普通 IPv6 节点：由于不存在本地 SRv6 SID 表，该节点将按最长匹配原则基于 IPv6 FIB 表转发报文。
- 对于 SRv6 节点：该节点首先查询本地 SID 表（无匹配表项），再按最长匹配原则基于 IPv6 FIB 表转发报文。

3. SRv6 段端点节点

SRv6 段端点节点简称 Segment Endpoint 节点，是处理 SRv6 报文的节点。当节点接收 SRv6 报文的 DA 恰好是本地配置的 SRv6 SID 时，此节点即 Segment Endpoint 节点。由此可见，Segment Endpoint 节点并非 SRv6 路径的最尾端节点，而是在 SRv6 路径中可命中本地 SID 表项的节点。例如，SRv6 路径为<S1，S2，S3>，则发布 S1、S2、S3 的节点都是 Segment Endpoint 节点。

Segment Endpoint 节点的主要工作是处理 SRv6 报文，并按指令转发（每个 SRv6 SID 都会与一个指令绑定，用于指示处理该 SRv6 报文时需要执行的动作）。Segment Endpoint 节点收到 SRv6 报文后，解析报文的 DA 字段并查询本地 SID 表，执行指令，转发报文。Segment Endpoint 节点的行为（即处理、转发 SRV6 报文的方式）与指令相关，具体行为方式将在第 3.4 节详细介绍。

需要说明的是，源节点、中转节点与 Segment Endpoint 节点等节点角色只有在 SRv6 路径的语境中才有实际意义。同一节点，在某条 SRv6 路径中是源节点，在另一条 SRv6 路径中则可能是中转节点或 Segment Endpoint 节点。

3.2 SRH 扩展报头

SRv6 的编程灵活性与 SRH 密切相关。SRH 是 IPv6 针对 SRv6 定义的一种新的路由类型的扩展报头（IPv6-Route，对应的 Next Header 值为 43），用于封装一个有序的 SID 列表，为报文提供封装、转发和解封装等服务。SRH 扩展报头（如图 3-1 所示）包括 SRH 基本信息字段、Segment List 以及可选的 TLV 3 个部分。

1. SRH 基本信息字段

SRH 基本信息字段共 8byte，包括 Next Header、Hdr Ext Len 等 7 个字段。

- Next Header 字段：长度为 8bit，用于标识紧跟在 SRH 之后的报头类型。常见的类型包括 IPv4 报头（Next Header=4）、IPv6 报头（Next Header=41）、IPv6-Route

报头（Next Header=43）、ICMPv6 报头（Next Header=58）以及"空（Null）"报头（Next Header=59）等。

- Hdr Ext Len 字段：长度为 8bit，指 SRH 长度（不包含 SRH 基本信息字段的 8byte），以 8byte 为计量单位。例如，假定该字段值为 10，则表明 SRH 实际长度（不包含 SRH 基本信息字段的 8byte）为 10×8=80byte。
- Routing Type 字段：长度为 8bit，用于标识路由扩展报头类型，此处为 SRv6 所定义的值为 4。
- Segment Left 字段：长度为 8bit，标识剩余 Segment 数目，用于定位当前 Active SID 在 Segment List 中的位置，简称为 SL。
- Last Entry 字段：长度为 8bit，用于标识 Segment List 中最后一个 SID 的索引（从 0 开始）。
- Flags 字段：长度为 8bit，SRH 的标志位，用于特殊处理（如 OAM 等）。未用到的标志（Flags）位全部置 0。
- Tag 字段：长度为 16bit，用于标识一类或一组报文（如具有相同属性的报文）。当源节点未使用 Tag 字段时，该字段置 0。

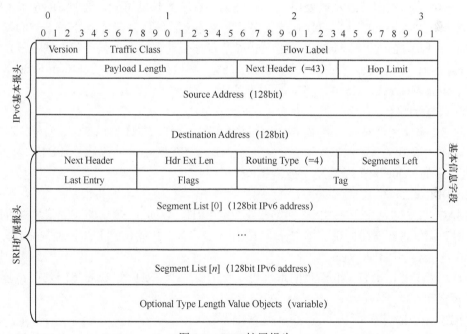

图 3-1　SRH 扩展报头

2. Segment List

SRH 通过 Segment List 存储用于实现网络/业务功能的有序指令列表。因而 Segment List 可看作一系列节点/链路或业务功能的 SID 组合。Segment 在 Segment List 中倒序排列，表示为<Segment List[n]，…，Segment List[0]>。SL 被用来定位当前 Active SID 在 Segment List 中的位置，每执行一次 SID 指令，SL 值将减 1，以指向下一个 SID。

在沿路径转发的过程中，SRv6 报文始终保留 Segment List，直到 SL=0（意味着 Active SID

为最后一个 SID）才将 Segment List 弹出。

3．SRH TLV

SRH TLV 字段为可选字段，可提供用于 SRv6 报文处理的元数据（Metadata）。这些 Metadata 可用于加密、认证及性能检测等，从而支持更丰富的网络/业务编程特性。TLV 根据应用不同而长度可变，并且 SRH 中可包含多个 TLV，这就保证了 SRH TLV 具有非常好的扩展性。

SRH TLV 的信息格式和语义由 IANA 分配的 Codepoint 定义，具体如下。

- Type 字段：长度为 8bit，表示该 TLV 的类型。Type 字段的最高位用于指定该类型 TLV 数据是否允许在转发途中被更改。最高位为 0 表示不允许修改；否则，可以修改。
- Length 字段：长度为 8bit，其值为该 TLV 中 Value 字段的长度（以 byte 为单位）。如果 SRv6 节点不支持或无法识别某些 TLV，其 Length 字段可用于跳过该 TLV 而不影响对其他字段的处理。
- Value 字段：长度可变（但不超过 254byte），用于承载相应元数据。

与 Segment 相比，SRH TLV 有两个突出的特点：SRH TLV 只在 SRH 扩展报头中才存在；理论上，SRH TLV 可被 SRv6 路径中的任何 Segment Endpoint 节点处理（与之对应，每个 SRv6 SID 只有在对应的发布节点才被处理）。由于 SRH TLV 的长度可变，会对 SRv6 节点的报文处理效率产生较大的影响（现阶段，绝大多数路由器需要硬件升级才能处理变长 TLV），因而需要定义处理 TLV 的本地策略，确定 SRv6 节点是否处理以及如何处理这些字段。

目前，SRH 中定义了填充 TLV（Padding TLV）和散列消息认证码（Hash-based Message Authentication Message，HMAC）TLV 两种 TLV。

（1）填充 TLV

如第 3.2 节所述，SRH 长度以 8byte 为计量单位，所以 SRH 也以 8byte 为单位对齐。填充 TLV 的作用就是在其他 TLV 不能按要求对齐时，填充相应 byte 以满足 SRH 的对齐要求。填充 TLV 中的 Value 无实际意义（必须置 0）。

（2）HMAC TLV

HMAC TLV 通常用于在 SRv6 网络边缘校验 SRH，以防止 SRH 的关键信息被篡改，同时也可对数据源进行身份验证。除 Type、Length 字段外，HMAC TLV 字段格式如图 3-2 所示，其中的主要字段作用如下。

- D 位：置 1，则表示取消目的地址校验（主要用于 SRH 的 Reduced 模式）；置 0，则反之。
- RESERVED 字段：长度为 15bit，全部置 0。
- HMAC key ID 字段：长度为 32bit，用于标识 HMAC 计算的预共享密钥和算法。若值为 0，则 TLV 中不包含 HMAC 字段。
- HMAC 字段：长度可变（长度为 8byte 的倍数，最大为 32byte），用于承载 HMAC 的计算结果。

HMAC 字段的值是由与 SRv6 报头相关的字段基于 HMAC Key ID 标识算法计算出来的校验和。参与计算的 SRv6 报头相关字段包括：IPv6 源地址（SA）字段、SRH.Last Entry 字段、SRH.Flags 字段、SRH.HMAC Key ID 字段以及 SRH.<Segment List>字段。

路由器在处理 HMAC 时，首先检查 SRv6 报文的 DA 字段与 Segment List 中 SL 指向的

Segment 是否一致，再确认 SL 是否大于 Last Entry，最后基于上述字段计算校验和。通常情况下，HMAC TLV 由 SRv6 信任域（Trust Domain）的边缘设备处理，而中间节点则可忽略该 TLV。

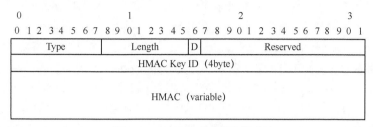

图 3-2　HMAC TLV 字段格式

尽管 SRH TLV 进一步丰富了网络可编程功能，但在实际应用过程中面临着严峻挑战。除了对报文处理效率的影响外，在 SRH 中插入 TLV 需对与 IPv6 报头相关的字段进行修改，会带来安全方面的风险。针对 SRH TLV 更广泛的应用，业界还需要进一步探讨。

3.3　SRv6 SID 编码格式

SRv6 SID 是 SRv6 的核心概念，节点通过执行与 SID 相关的指令，可满足网络/业务的灵活编程需求。SRv6 SID 由 SRv6 节点生成，采用 IPv6 地址格式，其编码格式如图 3-3 所示，为 Locator:Function:Arguments（简称为 LOC:FUNCT:ARG）。其中，3 个字段的长度可灵活定义，当长度之和不足 128bit 时，需在末尾填充 0 字段。

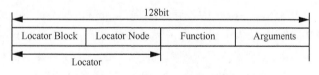

图 3-3　SRv6 SID 编码格式

1. Locator

Locator 指网络定位符，是 SRv6 网络中的节点标识，可通过路由协议对外发布。LOC 采用 IPv6 地址前缀格式（如 2001:db8:bbbb:3::/64），具有可路由、可聚合以及长度可变等特点，具体如下。

- 可路由：LOC 可引导报文路由至发布该 LOC 的 SRv6 节点。
- 可聚合：作为路由前缀，可实现聚合，以便在大规模网络中部署。
- 长度可变：在分配 LOC 时，可根据网络规模规划确定 LOC 的长度。

在实际应用过程中，Locator 又可以分为 Locator Block 和 Locator Node 两部分（可简化表示为 B:N）。其中，Locator Block 指同一 SRv6 域内的公共前缀，Locator Node 则用来标识同一 SRv6 域内的不同节点。仍以 LOC（2001:db8:bbbb:3::/64）为例，Locator Block 部分为 2001:db8:bbbb::/48，则 Locator Node 部分为 0x0003（以十六进制表示）。Locator 的分解方案通常由网络运营商在规划 SRv6 地址时确定。该方案的好处在于不仅可有效利用 SRv6 标识空间、降低网络复杂度（通过聚合方式减少路由发布），还可用于 SRH 压缩方案。

2．Function

Function 是 SRv6 SID 中紧挨在 LOC 之后的位串（bit-String），它标识该 SID 所绑定的本地节点行为。此处，"行为"即节点根据指令要执行的动作，如 End.X 的行为就是"将报文转发到指定的 3 层邻接"。每个"行为"都对应一个代码点（Codepoint），由因特网编号分配机构（Internet Assigned Numbers Authority，IANA）分配。为实现网络编程，SRv6 节点需要在控制平面将 SID（B:N:FUNCT）连同"行为"的 Codepoint 一起发布出去。

需要说明的是，在同一节点，一个行为代码点可对应多个 FUNCT 编码。仍以 LOC（2001:db8:bbbb:3::/64）为例，有两个 SID 分别表示为 2001:db8:bbbb:3:101:: 和 2001:db8:bbbb:3:102::。其中，FUNCT 分别为 0x0101、0x0102，所绑定的行为均是 End.X（其 Codepoint 值为 5），所代表动作却分别为"将报文从指定链路 A 转发到邻居 A"和"将报文从指定链路 B 转发到邻居 B"。

3．Arguments

Arguments 指 SRv6 SID 的参数部分，为可选字段。ARG 携带了指令执行过程中需携带的附加信息（如与流、服务等相关的信息）。例如 Arg.FE2 是在 End.DT2M SID 中携带的 ARG 参数，该参数可用于以太网段标识符（Ethernet Segment Identifier，ESI）过滤和 EVPN E-Tree 基于二层转发表进行多播复制时排除特定的出接口。当 SID 无须携带参数时，意味着 ARG 字段为 0。

需要说明的是，尽管 SRv6 SID 采用 IPv6 地址格式，也经常基于 IPv6 转发表转发报文，但 SRv6 节点所生成的 SRv6 SID 并非该节点对应接口的 IPv6 地址。实际应用过程中，通常将二者区分开。例如，为某路由器节点的 Loopback0 接口配置的地址为 2001:db8:3::1，为该节点配置的 END SID 为 2001:db8:bbbb:3:100::。

此外，与 SR-MPLS 类似，SRv6 中也存在全局 Segment 与本地 Segment。全局 Segment 可通过路由协议在 SRv6 域内通告，可路由，因而称为可路由 SRv6 SID；本地 Segment 不通过路由协议通告，不可路由，因而称为不可路由 SRv6 SID。例如，为某节点配置两个 SRv6 SID：2001:db8:b:1:100::（可路由 SID），2001:db8:b:2:101::（不可路由 SID）。由于 2001:db8:b:2:101:: 不可路由，报文不可到达。为将报文引导至该 SID，可以通过 SID List<...，2001:db8:b:1:100::，2001:db8:b:2:101::，...>方式实现；此外，也可以将其作为 Adj-SID，并放入 SID List 中实现。

3.4　SRv6 Segment Endpoint 节点行为

本质上，SRv6 的网络可编程性是对节点行为的逻辑编排。SRv6 定义了大量节点行为。节点行为也称为指令，用于指示节点需要执行的动作。鉴于 SRv6 的源路由机制，SRv6 路径上各节点对 SRv6 报文的处理方式（即节点行为）由报文的 SID 列表显式标识，因此每个 SID 都与一个指令绑定，以指示 SRv6 路径上对应节点需要执行的动作。于是，SRv6 基于 Segment Endpoint 节点行为（或指令）来命名相应 SID。

SRv6 Segment Endpoint 节点可针对 Underlay 与 Overlay 网络场景实现各类操作，Segment Endpoint 节点相关行为的命名均以"End"开头，命名方式为"End"+"子功能（动作）"。

每个动作由代表其英文含义的首写或简写字母表示，主要命名规则如下。

- X：Cross-connect，表示指定一个/一组三层接口转发报文，对应的转发行为是从指定的出接口转发报文。
- T：Table Lookup，表示查询路由转发表并转发报文。
- D：Decapsulation，表示解封装，移除 IPv6 报头及相关的扩展报头。
- V：VLAN，表示根据虚拟局域网（Virtual Local Area Network，VLAN）查表转发。
- U：Unicast，表示根据单播 MAC 查表转发。
- M：Multicast，表示根据二层转发表进行多播转发。
- B6：Bound to SRv6 Policy，表示应用指定的 SRv6 Policy。
- BM：Bound to SR-MPLS Policy，表示应用指定的 SR-MPLS Policy。

SRv6 的节点行为还在不断丰富中。现阶段，根据应用场景，SRv6 可分为与拓扑相关行为、与 VPN 相关行为和节点封装行为 3 类。

3.4.1　与拓扑相关行为

拓扑相关行为包括 End、End.X 与 End.T 共 3 类，其中 End.X 与 End.T 是 End 指令的变种，具体如下。

- End 是 "Endpoint" 的缩写，是最基本的 SRv6 指令，与其绑定的 SID 称为 End SID。End SID 用于标识网络中某个地址前缀（与 SR-MPLS 中的 IGP Prefix-SID 相对应），以引导报文转发到发布该 SID 的节点。在本地节点，End 指令为 "将 SRv6 报文的 Active Segment 复制到 IPv6 DA 字段，基于 IPv6 FIB 表转发报文"。
- End.X 是 "Endpoint with L3 Cross-connect" 的缩写，与其绑定的 SID 称为 End.X SID。End.X SID 用于标识网络中的某条链路，与 SR-MPLS 的 Adj-SID 类似，但它可以具有路由功能（相当于 SR-MPLS 中的 Node-SID + Adj-SID，这样可以减小 SID 栈深，简化网络部署），指导报文向其绑定的 3 层邻接转发。End.X 主要用于 TE 场景，其在本地节点的指令为 "将 SRv6 报文的 Active Segment 复制到 IPv6 DA 字段，将报文向 End.X SID 所绑定的 3 层邻接转发"。
- End.T 是 "Endpoint with specific IPv6 table lookup" 的缩写，用于指示报文在其关联的 IPv6 表中执行查找并完成转发。End.T 可实现多转发表（Multi-Table）操作，用于普通 IPv6 路由和 VPN 场景，与其绑定的 SID 称为 End.TSID。在本地节点，End.T 指令为 "将 SRv6 报文的 Active Segment 复制到 IPv6 DA 字段，基于指定的 IPv6 FIB 表转发报文"。

根据以上描述，End、End.X 与 End.T 指令比较相近，区别在于报文转发方式。当 SRv6 报文到达 Endpoint 节点时，首先验证报文的 DA 地址与节点本地的 End/End.X/End.T SID 是否匹配；若匹配，则检查 IPv6 基本报头中的 Next Header；若发现扩展头类型为 IPv6-Route（即 NH=43），则继续检查该路由扩展头（Routing Header）中的路由类型（Routing Type）；若 Routing Type 为 SRH（即 RT=4），则进入 SRH 处理流程 End/End.X/End.T 指令处理流程如图 3-4 所示，具体如下。

步骤 1　判断是否有剩余的 Segment（SL=0）：若 SL=0，则停止处理 SRH，开始处理下一报头（由 SRH 中的 Next Header 值决定）；否则，转向步骤 2。

　　步骤 2　判断跳数是否超限（Hop Limit≤1）：若是，则通过 ICMPv6 消息通知源节点跳数超限，中断报文处理并将其丢弃；否则，转向步骤 3。

　　步骤 3　判断 SRH 是否存在封装错误（（Last Entry >max_LE）或（SL > Last Entry+1））：若是，则通过 ICMPv6 消息通知源节点报头错误，消息指针指向 SL 字段（指出发生错误的地方），中断报文处理并将其丢弃；否则，转向步骤 4。

　　步骤 4　Hop Limit 减 1，SL 减 1（即 SL 指针指向下一个 Segment）；将报文的 DA 更新为 Active Segment。

　　步骤 5　不同指令采用了不同的转发行为：End 指令基于 IPv6 FIB 表转发报文；End.X 指令通过 L3 邻接口转发报文；End.T 指令基于指定的 IPv6 FIB 表转发报文。

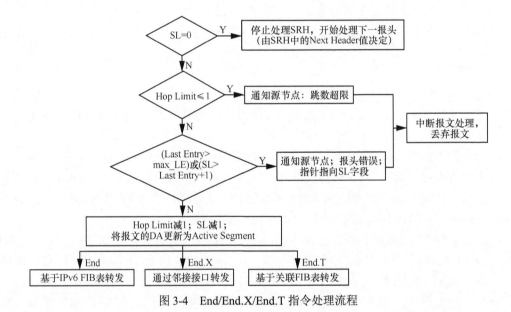

图 3-4　End/End.X/End.T 指令处理流程

　　上述流程中稍难理解的是步骤 3。为判断 SRH 是否存在封装错误，该步骤使用了（Last Entry>max_LE）和（SL>Last Entry+1）两个判断条件。首先看（SL>Last Entry+1）的情况。在 SRH 中，Last Entry 字段代表最后一个 Segment 的索引（从 0 开始），作为 SL 的指针表示剩余 Segment 的个数。如果有 N 个 Segment，则 Last Entry 应该为 $N-1$，SL 的最大值应为 $N-1$。所以，只要出现（SL>Last Entry+1）的情况，就意味着 SRH 出现错误。

　　再看一下（Last Entry>max_LE）的情况。SRH 的 Hdr Ext Len 字段代表以 8byte 为计量单位的 SRH 长度（不包含 SRH 的前 8 个 byte）。由于每个 Segment 为 16byte，假设有 N 个 Segment，可选 TLV 字段长度为 X，单位为 byte，则：

$$\text{Hdr Ext Len}=(N\times16+X)/8$$

进而得出：

$$\text{Hdr Ext Len}=2N+(X/8)$$

在 Segment Endpoint 指令实现伪码（Pseudocode）中，max_LE=(Hdr Ext Len/2)−1。

由上可得：

$$max\_LE = N-1 + (X/16)$$

而 Last Entry=$N-1$。所以，只要出现（Last Entry>max_LE）的情况，就意味着 SRH 出现错误。

IETF RFC 8986 提供了与 End 相关的指令的实现伪码，具体如下：

```
S01. When an SRH is processed {
S02. If (Segments Left == 0) {
S03. Stop processing the SRH, and proceed to process the next header in the packet,
       whose type is identified by the Next Header field in the routing header.
S04. }
S05. If (IPv6 Hop Limit <= 1) {
S06. Send an ICMP Time Exceeded message to the Source Address,
         Code 0 (Hop limit exceeded in transit),
         interrupt packet processing and discard the packet.
S07. }
S08. max_LE = (Hdr Ext Len / 2) - 1
S09. If ( (Last Entry >max_LE) or (Segments Left > Last Entry+1) ) {
S10. Send an ICMP Parameter Problem to the Source Address,
         Code 0 (Erroneous header field encountered),
         Pointer set to the Segments Left field,
         interrupt packet processing and discard the packet.
S11. }
S12. Decrement IPv6 Hop Limit by 1
S13. Decrement Segments Left by 1
S14. Update IPv6 DA with Segment List[Segments Left]
S15. Submit the packet to the egress IPv6 FIB lookup and
         transmission to the new destination
S16. }
```

与 SR-MPLS 类似，SRv6 的 End、End.X 和 End.T 指令可以带有倒数第二个 Segment 弹出 SRH 或倒数第二跳 Endpoint 节点弹出 SRH（Penultimate Segment Pop of the SRH，PSP）、倒数第一个 Segment 弹出 SRH 或最后一个 Endpoint 节点弹出 SRH（Ultimate Segment Pop of the SRH，USP）以及倒数第一个 Segment 解封装或最后一个 Endpoint 节点解封装（Ultimate Segment Decapsulation，USD）等附加特性，以满足更丰富的业务需求。这些特性被称为 Flavor，可单独或以组合方式使用。需要注意的是，对于 End/End.X/End.T 而言，附加这些 Flavor 或 Flavor 组合，意味着不同的行为（对应不同的 SID 及其 Codepoint）。IETF 定义的附加不同 Flavor 的 End/End.X/End.T 的行为代码见表 3-1。

表 3-1　End/End.X/End.T 及其附加 Flavor 的行为代码

值	十六进制代码	分段端点行为
1	0x0001	End
2	0x0002	End with PSP
3	0x0003	End with USP
4	0x0004	End with PSP&USP
5	0x0005	End.X
6	0x0006	End.X with PSP
7	0x0007	End.X with USP
8	0x0008	End.X with PSP&USP

（续表）

值	十六进制代码	分段端点行为
9	0x0009	End.T
10	0x000A	End.T with PSP
11	0x000B	End.T with USP
12	0x000C	End.T with PSP&USP
28	0x001C	End with USD
29	0x001D	End with PSP&USD
30	0x001E	End with USP&USD
31	0x001F	End with PSP，USP&USD
32	0x0020	End.X with USD
33	0x0021	End.X with PSP&USD
34	0x0022	End.X with USP&USD
35	0x0023	End.X with PSP，USP&USD
36	0x0024	End.T with USD
37	0x0025	End.T with PSP&USD
38	0x0026	End.T with USP&USD
39	0x0027	End.T with PSP，USP&USD

1．PSP 附加行为

PSP 类似于 MPLS 中的倒数第二跳弹出（Penultimate Hop Popping，PHP）行为。源节点通过附加 PSP 行为的 SID 指示倒数第二跳的 Endpoint 节点将 SRH 弹出，这样可减少最后一跳 Endpoint 节点的报文解析与移除 SRH 的负担，从而降低了对最后一跳节点的要求。由此可见，是否执行 PSP 动作实质上由源节点决定。使用 PSP 不会增加 IPv6 报文的最大传输单元（Maximum Transmission Unit，MTU），因此不会对 MTU 发现机制产生任何影响。

使用 PSP 后，由于需要在倒数第二跳弹出 SRH，End、End.X、End.T 指令处理流程会有相应变动，附加 PSP 行为的 End/End.X/End.T 指令处理流程如图 3-5 所示。具体而言就是在 End/End.X/End.T 等指令的 SRH 处理流程的步骤 4 增加以下指令：

- 将 SRH 扩展报头中的 Next Header 值更新到前一报头的 Next Header 字段中；
- 将 IPv6 报头的 Payload Length 字段值减去 8×（Hdr Ext Len+1）；
- 从 IPv6 报头中移除 SRH 扩展报头。

移除 SRH 意味着 IPv6 报头 Payload Length 的变化。由于 Payload Length 以 byte 为单位，而 SRH 的 Hdr Ext Len 以 8byte 为单位，且不包含 SRH 基本信息字段的 8 个 byte，在 Payload Length 字段中减去 SRH 报头长度实际上是减去 8×（Hdr Ext Len+1）。

PSP 指令示例如图 3-6 所示。下面结合图 3-6 进一步说明报文转发过程中的 PSP 行为。假设 R1（入向 PE）向 R5（出向 PE）发送报文，必须经过 R3。R1 封装 IP 报文为 SRv6 报文，SRv6 路径为<R3，R5>，则 R3 为该路径中的倒数第二跳 Endpoint 节点，此时 IPv6 目的地址为 Active SID（R3）；SRv6 转发至 R3 时，依据 PSP 指令，将 Active SID（R5）更新为目的地址，更新 IPv6 报头信息、移除 SRH，并向 R5 转发报文。

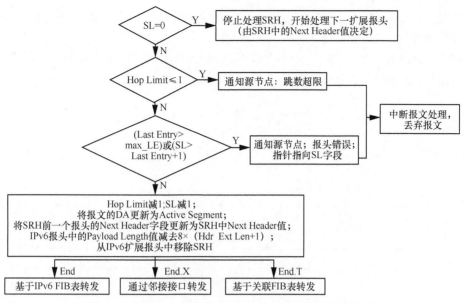

图 3-5　附加 PSP 行为的 End/End.X/End.T 指令处理流程

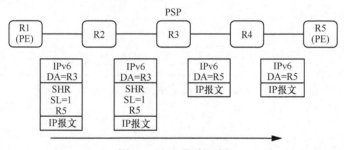

图 3-6　PSP 指令示例

2.　USP 附加行为

附加了 USP 后的 End、End.X、End.T 指令处理流程，主要是对 End/End.X/End.T 等指令的 SRH 处理流程的步骤 1 进行了指令更新，具体如下。

步骤 1　判断是否有剩余的 Segment（SL=0？）：若 SL=0，则将 SRH 前一个报头的 Next Header 字段更新为 SRH 中的 Next Header 值，IPv6 报头中的 Payload Length 值减去 8×（Hdr Ext Len+1），从 IPv6 扩展报头中移除 SRH，继续处理下一报头；否则，转向步骤 2。

3.　USD 附加行为

附加了 USD 后，无论是 End、End.X 还是 End.T 指令，最后一跳 Segment Endpoint 节点都会判断上层报头（Upper-Layer Header，ULH）类型[1]，并基于 ULH 类型进行相应处理（附加 USD 行为的 End/End.X/End.T 指令处理流程如图 3-7 所示），具体如下。

步骤 1　判断内层报文类型是否为 IPv6 或 IPv4（即 ULH=41 或 4），若是，则移除外层 IPv6 报头及其扩展报头，转到步骤 3；否则，继续判断 ULH 类型是否为本地配置允许的类型，转到步骤 2。

1　此处，ULH 类型为 SRH 扩展报头的 Next Header 值。如果 SRv6 报文没有 SRH 扩展报头，则 ULH 类型为 IPv6 基本报头的 Next Header 值。

步骤 2 若是，则继续处理上层报头；否则，通知源节点上层 SR 报头错误（指针指向上层报头起始处），中断报文处理并将其丢弃。

步骤 3 剥离外层封装后，End 指令基于 IPv6/v4 FIB 表转发报文；End.X 指令通过 L3 邻接口转发报文；End.T 指令基于指定的 IPv6/v4 FIB 表转发报文。

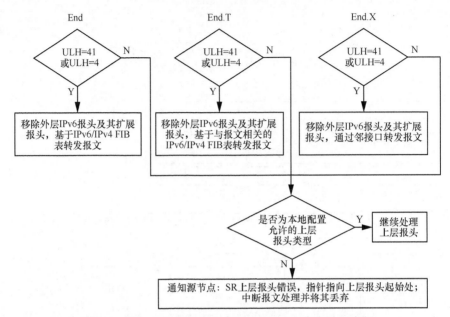

图 3-7 附加 USD 行为的 End/End.X/End.T 指令处理流程

3.4.2 与 VPN 相关行为

目前，SRv6 主要定义了 End.DX6 等 9 种与 VPN 相关的行为，具体见表 3-2，分别对应各类 VPN 场景。这些行为都是 End/End.X/End.T 行为的变种。

表 3-2 与 VPN 相关行为

行为名称	指令全称	功能说明	应用场景
End.DX6	Endpoint with decapsulation &cross-connect to an array of IPv6 adjacencies	解封装报文，从指定的 IPv6 三层邻接接口转发	应用于 L3VPNv6 场景。End.DX6 SID 与 MPLS 网络中 Per Customer Edge（简称为 Per-CE）的 VPN 标签功能类似
End.DX4	Endpoint with decapsulation &cross-connect to an array of IPv4 adjacencies	解封装报文，从指定的 IPv4 三层邻接接口转发	应用于 L3VPNv4 场景。End.DX4 SID 与 MPLS 网络中的 Per-CE VPN 标签功能类似
End.DT6	Endpoint with decapsulation &specific IPv6 table lookup	解封装报文，在指定的 IPv6 路由表中查表转发	应用于 L3VPNv6 场景。End.DT6 SID 与 MPLS 网络中 Per VPN Routing and Forwarding Table（简称为 Per-VRF）的 VPN 标签功能相同；也可应用于 IPv6 in IPv6 场景
End.DT4	Endpoint with decapsulation &specific IPv4 table lookup	解封装报文，在指定的 IPv4 路由表中查表转发	应用于 L3VPNv4 场景，End.DT4 SID 与 MPLS 网络中的 Per-VRF VPN 标签功能类似；也可应用于 IPv4 in IPv6 场景

（续表）

行为名称	指令全称	功能说明	应用场景
End.DT46	Endpoint with decapsulation &specific IP table lookup	解封装报文，在指定的 IPv4 路由表或 IPv6 路由表中查表转发	应用于 L3VPNv4/v6 场景，End.DT46 SID 与 MPLS 网络中的 Per-VRF VPN 标签功能类似；也可应用于 IP in IPv6 场景
End.DX2	Endpoint with decapsulation &L2 cross-connect to an OIF（outgoing L2 interface）	解封装报文，从指定的二层出接口转发	应用于 L2VPN/EVPN 虚拟专线业务（Virtual Private Wire Service，VPWS）场景
End.DX2V	Endpoint with decapsulation &specific VLAN table lookup	解封装报文，从指定的二层表中基于 VLAN 转发	应用于 EVPN 灵活交叉连接（EVPN Flexible Cross-connect）场景
End.DT2U	Endpoint with decapsulation &specific unicast MAC L2 table lookup	解封装报文，将源 MAC 地址学习到 L2 转发表，并基于该表转发	应用于 EVPN 桥接单播（EVPN Bridging Unicast）等场景
End.DT2M	Endpoint with decapsulation & specific L2 table flooding	解封装报文，将源 MAC 学习地址到 L2 转发表，向其他二层出接口泛洪（排除指定的接口）	应用于 EVPN 桥接 BUM（Broadcast, Unknown-unicast, Multicast）流量与树状以太网（Ethernet Tree，E-Tree）场景

　　这些与 VPN 相关的指令处理流程（如图 3-8 所示）基本类似，不再赘述。此处仅以这些指令特点及对应场景进行说明。

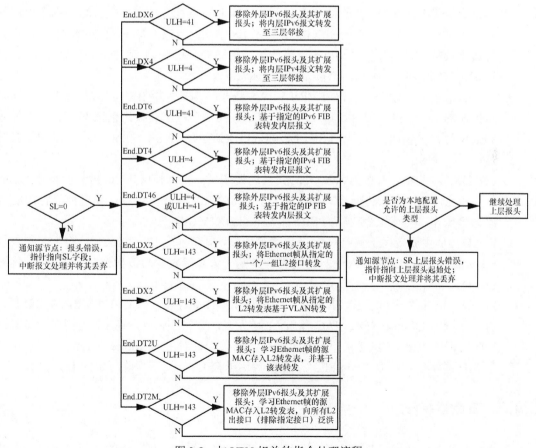

图 3-8　与 VPN 相关的指令处理流程

- End.DX6 指令主要应用于 L3VPNv6 场景，无须在出向 PE（Egress PE）的特定租户表（Tenant Table）中进行 FIB 查找即可进行报文转发。与该指令对应的 SID 称为 End.DX6 SID，该 SID 相当于 MPLS 中的 Per-CE VPN 标签。在 SRv6 Policy 中，它必须是最后一个 SID。

- End.DX4 主要应用于 L3VPNv4 场景，无须在出向 PE 的特定租户表中进行 FIB 查找即可进行报文转发。与该指令对应的 SID 称为 End.DX4 SID，该 SID 相当于 MPLS 中的 Per-CE VPN 标签。在 SRv6 Policy 中，它必须是最后一个 SID。

- End.DT6 SID 主要应用于 L3VPNv6 场景与 IPv6 in IPv6 封装场景：在 L3 IPv6 VPN 场景中，需要在出向 PE 的特定租户表中进行 FIB 查找并转发报文。与该指令对应的 SID 称为 End.DT6 SID，该 SID 相当于 MPLS 中的 Per-VRF VPN 标签；在 IPv6 in IPv6 封装场景中，需要剥离外层 IPv6 封装后基于指定的全局 IPv6 FIB 表转发报文。在 SRv6 Policy 中，该 SID 必须是最后一个 SID。

- End.DT4 SID 主要应用于 L3VPNv4 场景与 IPv4 in IPv6 封装场景：在 L3 IPv4 VPN 场景中，需要在出向 PE 的特定租户表中进行 FIB 查找并转发报文。与该指令对应的 SID 称为 End.DT4 SID，该 SID 相当于 MPLS 中的 Per-VRF VPN 标签；在 IPv4 in IPv6 封装场景中，需要剥离外层 IPv6 封装后基于指定的全局 IPv4 FIB 表转发报文。在 SRv6 Policy 中，该 SID 必须是最后一个 SID。

- End.DT46 SID 主要应用于 L3VPNv4/L3VPN v6 场景与 IPinIPv6 封装场景：在 L3VPN 场景中，需要在出向 PE 的特定租户表中进行 FIB 查找并转发报文。与该指令对应的 SID 称为 End.DT46 SID，该 SID 相当于 MPLS 中的 Per-VRF VPN 标签；在 IPv4 in IPv6 封装场景中，需要剥离外层 IPv6 封装后基于指定的全局 IPv4 或 IPv6 FIB 表转发报文。在 SRv6 Policy 中，该 SID 必须是最后一个 SID。

- End.DX2 主要应用于 L2VPN/EVPN VPWS 场景，剥离外层 IPv6 封装后将 Ethernet 帧从指定的一个/一组 L2 接口转发。End.DX2 指令可在帧转发之前改写帧头（如插入 VLAN 等）。与该指令对应的 SID 称为 End.DX2 SID。在 SRv6 Policy 中，该 SID 必须是最后一个 SID。

- End.DX2V 主要应用于 EVPN 灵活交叉连接场景，剥离外层 IPv6 封装后将 Ethernet 帧从指定的 L2 转发表基于 VLAN 转发。End.DX2V 指令可在帧转发之前进行 VLAN 改写等操作。与该指令对应的 SID 称为 End.DX2V SID。

- End.DT2U 主要应用于 EVPN 桥接单播等场景，剥离外层 IPv6 封装后，将学习得到的 Ethernet 帧源 MAC 存入 L2 转发表，并基于该表转发。与该指令对应的 SID 称为 End.DT2U SID。

- End.DT2M 主要应用于 EVPN BUM 与 EVPN E-Tree 等场景，剥离外层 IPv6 封装后，将学习到的 Ethernet 帧源 MAC 存入 L2 转发表，并将该帧向所有 L2 出接口（排除该 SID 所带参数指定的 L2 接口）泛洪转发。与该指令对应的 SID 称为 End.DT2M SID，该 SID 通常携带参数 "Arg.FE2"，该参数用于在 L2 泛洪中排除特定的 L2 接口。

3.4.3　节点封装行为

节点封装行为主要用于跨域流量工程场景，是绑定 SID 在 SRv6 中的体现。现阶段，共有 End.B6.Encaps、End.B6.Encaps.Red 与 End.BM 3 类节点的封装 SID 行为。这些行为在实际使用过程中都需要与一个 SRv6 Policy 相关。

1．End.B6.Encaps 行为

End.B6.Encaps（Endpoint bound to an SRv6 Policy with encapsulation）行为的目的是通过在 SRv6 报文外层新增 SRH 和 IPv6 报头的方式构建 SRv6 Policy。End.B6.Encaps 行为对应的 SID 称为 End.B6.Encaps SID ，该 SID 属于绑定 SID，是 End SID 的变种。

假定某 Endpoint 的 IPv6 地址为 A，与其本地 End.B6.Encaps SID 相关的 SRv6 Policy 为 B。SRv6 报文到达该 Endpoint 节点后，End.B6.Encaps 指令处理流程如图 3-9 所示。

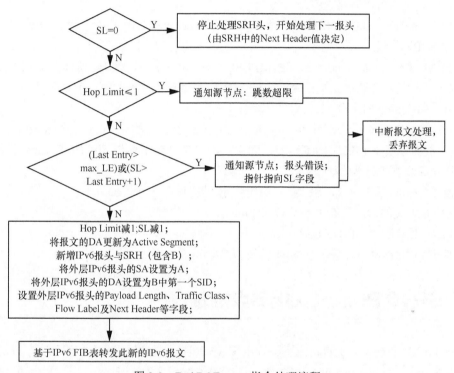

图 3-9　End.B6.Encaps 指令处理流程

从处理流程看，该指令与第 3.4.1 节所述 End 指令处理流程的区别在于步骤 4 和步骤 5，具体如下。

步骤 4　Hop Limit 减 1，SL 减 1（即 SL 指针指向下一个 SID）；

将 SRv6 报文的 DA 更新为 Active Segment；

为 SRv6 报文新增 IPv6 报头与 SRH（包含 SRv6 Policy B）；

将外层 IPv6 报头中的 SA 设置为地址 A；

将外层 IPv6 报头中的 DA 设置为 SRv6 Policy B 中的第一个 SID；

设置外层 IPv6 报头中的 Payload Length、Traffic Class、Flow Label 以及 Next-Header 等字段。

步骤 5　基于 IPv6 FIB 表转发此新的 IPv6 报文。

在新增外部 IPv6 报头时，其源地址可以由该 SID 指定。另外，当 SRv6 Policy 只包含一个 SID 且无须任何 Flag、Tag 或者 TLV 时，可以省略 SRH。

2．End.B6.Encaps.Red 行为

End.B6.Encaps.Red（End.B6.Encaps with Reduced，SRH）行为是对 End.B6.Encaps 指令的优化（可减少 SRv6 Policy 中 SID 列表的长度）。End.B6.Encaps.Red 指令指示 Endpoint 节点为 SRv6 报文新插入外层 IPv6 报头和 Reduced SRH。所谓的 Reduced SRH 即在 SRH 中不包含第一个 SID（第一个 SID 直接作为新 IPv6 报文的 DA 地址）。由于第一个 SID 并未压入 SID 列表，因而需对 Reduced SRH 中的 SL 与 Last Entry 字段做一说明：假设 Reduced SRH 中 SID 总数为 n，那么 SL 指针的值仍为 $n-1$（指向该 SRH 中不存在的 SID），Last Entry 的值则值为为 $n-2$。与 End.B6.Encaps 指令一样，当 SRv6 Policy 只包含一个 SID 且无须任何 Flag、Tag 或者 TLV 时，可以省略 SRH。

End.B6.Encaps.Red 指令在处理流程上与 End.B6.Encaps 指令完全一致，此处不再赘述。

3．End.BM 行为

End.BM（Endpoint bound to an SR-MPLS policy）行为指示 Endpoint 节点为 SRv6 报文封装 SR-MPLS 标签栈。End.BM 行为对应的 SID 是 End.BM SID，该 SID 是 End SID 的变种，是 SR-MPLS Binding SID 在 SRv6 中的体现。

与 End.B6.Encaps、End.B6.Encaps.Red 指令显著不同的是，该指令形成了一个新的 SR-MPLS 报文并基于 MPLS 标签转发。因而，其指令处理流程与 End.B6.Encaps 指令的差别在于步骤 4 和步骤 5，具体如下。

步骤 4 Hop Limit 减 1，SL 减 1（即 SL 指针指向下一个 SID）；

将 SRv6 报文的 DA 更新为 Active Segment；

为 SRv6 报文新增 SR-MPLS Policy。

步骤 5 以 SR-MPLS 最外层 SID 转发报文。

3.5 SRv6 Policy 头端节点行为

SRv6 Policy 头端节点负责将流量引导至 SRv6 Policy，并执行可能的 SRH 封装。最初，IETF 定义了 H.Encaps、H.Encaps.Red、H.Encaps.L2、H.Encaps.L2.Red、H.Insert 与 H.Insert.Red 6 类源节点行为，SRv6 Policy 头端节点行为见表 3-3，其中的 H 代表 Headend。为便于描述，与 Encaps 行为相关的封装方式简称为 Encaps 模式，与 Insert 行为相关的封装方式简称为 Insert 模式。由于各方不能达成一致，IETF 的 RFC 8986 只保留了 Encaps 模式的 4 类源节点行为（Insert 模式的源节点行为通过其他文稿继续推动）。本节主要介绍 Encaps 模式的源节点行为。

表 3-3 SRv6 Policy 头端节点行为

SRv6 Policy 头端节点行为	功能说明
H.Encaps	为接收的 IP 报文封装外层 IPv6 报头与 SRH，并查表转发
H.Encaps.Red	为接收的 IP 报文封装外层 IPv6 报头与 Reduced SRH，并查表转发
H.Encaps.L2	为接收的二层报文封装外层 IPv6 报头与 SRH，并查表转发
H.Encaps.L2.Red	为接收的二层报文封装外层 IPv6 报头与 Reduced SRH，并查表转发
H.Insert	为接收的 IPv6 报文插入 SRH，并查表转发。常用于与拓扑无关的无环路备份（Topology Independent Loop-Free Alternate，TI-LFA）场景
H.Insert.Red	为接收的 IPv6 报文插入 Reduced SRH，并查表转发。常用于 TI-LFA 场景

SRv6 的源路由机制实际上是针对 Endpoint 节点行为的编程，而 SRv6 Policy 头端节点的行为属于该节点的本地行为，所以 SRv6 Policy 头端节点行为无须与 SID 绑定。SRv6 源节点会根据 Overlay 业务类型（L3 或 L2）为报文自动选择 H.Encaps/H.Encaps.Red 或 H.Encaps.L2/H.Encaps.L2.Red 行为，无须在设备上配置。至于是否采用 Reduced SRH，不同厂商有不同的实现方式：某些厂商设备内嵌采用 Reduced SRH 模式（无须命令配置，也不支持普通 SRH 模式）；某些厂商则可以通过配置命令选择。

1. H.Encaps 和 H.Encaps.Red 行为

H.Encaps（SR Headend with Encapsulation in an SR Policy）行为需要与一个 SRv6 Policy 绑定，以便在本地为报文指定转发路径。H.Encaps 动作的目的就是在报文（可以是 IPv4 或 IPv6 报文）外层封装 IPv6 报头与 SRH 扩展报头（当 SRv6 Policy 只包含一个 SID 且无须任何 Flag、Tag 或者 TLV 时，可以省略 SRH），并将封装后的报文转发出去。

H.Encaps.Red（H.Encaps with Reduced Encapsulation）是对 H.Encaps 功能的优化。由于 H.Encaps.Red 对报文封装的是 Reduced SRH，源节点生成的新 SRv6 报文的指针指向 SID 列表中不存在的 SID，Last Entry 值也相对 H.Encaps 减 1。

假定源节点接口（如 Loopback 接口等）的 IPv6 地址为 A，<S1，S2，S3>为 SRv6 Policy 的 SID 列表，则 H.Encaps/H.Encaps.Red 的处理流程为：

步骤 1　为报文新增 IPv6 报头与 SRH；

步骤 2　将外层 IPv6 报头中的 SA 设置为地址 A；

步骤 3　将外层 IPv6 报头中的 DA 设置为 S1（SRv6 Policy 中的第一个 SID）；

步骤 4　设置外层 IPv6 报头中的 Payload Length、Traffic Class、Flow Label 以及 Next-Header 等字段；

步骤 5　内层报文的 Hop Limit（IPv6）或 TTL（IPv4）减 1；

步骤 6　基于 IPv6 FIB 表或相应 L3 邻接接口转发此新的 IPv6 报文。

H.Encaps/H.Encaps.Red 适用于任何类型的 L3 流量，通常用于 L3VPNv4 或 L3VPNv6，也可用于本地修复节点（Point of Local Repair，PLR）的 TI-LFA 场景。

2. H.Encaps.L2 和 H.Encaps.L2.Red

H.Encaps.L2（H.Encaps Applied to Received L2 Frames）指在本地将 SRv6 Policy 应用于二层帧，从而为该帧指定转发路径。H.Encaps.L2 必须与一个 SRv6 Policy 绑定，以便为接收的 Ethernet 帧封装 IPv6 报头与 SRH 扩展报头（当 SRv6 Policy 只包含一个 SID 且无须任何 Flag、Tag 或者 TLV 时，可以省略 SRH），使流量在 SRv6 Policy 隧道中转发。

由于封装的是 Ethernet 帧，SRH 的 Next Header 字段必须设置为 143，封装时需要删除该帧的前导码（Preamble）与帧校验序列（Frame Check Sequence，FCS）；解封装时，需要为该帧重新生成前导码与 FCS。

H.Encaps.L2.Red（H.Encaps.Red Applied to Received L2 Frames）是对 H.Encaps.L2 功能的优化。由于 H.Encaps.Red 对报文封装的是 Reduced SRH，源节点生成的新 SRv6 报文的指针指向 SID 列表中不存在的 SID，Last Entry 值也相对 H.Encaps 减 1。

H.Encaps.L2/H.Encaps.L2.Red 与 H.Encaps/H.Encaps.Red 在处理流程方面非常类似，此处不再赘述。

3.6 SRv6 编程空间

尽管 SRv6 与 SR-MPLS 均基于 SID 列表实现网络编程，但与 SR-MPLS 相比，SRv6 的网络编程能力有了质的飞跃。这种变化的根源在于 SRv6 编程空间的极大扩展，主要表现在 SRv6 SID 空间、SID 编码格式以及 SRH TLV 等方面具体如下，SRv6 编程空间如图 3-10 所示。

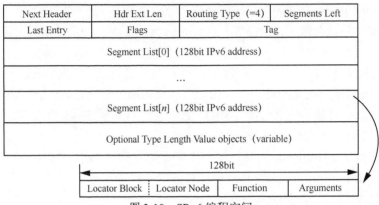

图 3-10 SRv6 编程空间

- SRv6 SID 空间：SRv6 SID 采用 IPv6 地址格式（共 128bit），与 SR-MPLS 标签相比（共 32bit），标识空间有了极大的扩展。标识空间的扩展为丰富的网络指令奠定了基础，SRv6 不仅可基于 SID 灵活定义 Endpoint 节点的各类行为（SRv6 SID 分类思维导图如图 3-11 所示，可见现阶段定义的主要 SID 类型，未来还可以扩展），实现 Underlay 与 Overlay 流量的统一网络编程，而且还可基于 Service SID 等方式进行业务编程。

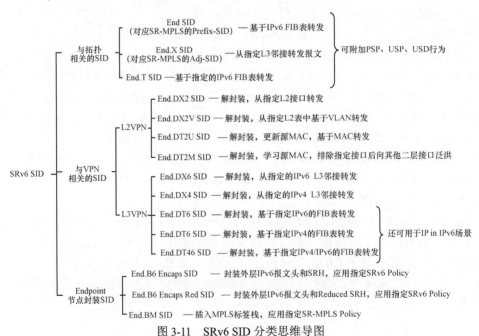

图 3-11 SRv6 SID 分类思维导图

- SID 编码格式：SR-MPLS 标签的标识部分只有固定的 20bit，而 SRv6 SID 的 LOC:FUNCT:ARG 字段长度可在 128bit 的范围内灵活分配，提升了编程灵活性。此外，ARG 字段还可携带指令执行过程中所需的附加信息（如与流、服务等相关的信息），进一步增加了编程的灵活性。
- SRH TLV：SRH TLV 字段可携带用于 Segment 处理的元数据。源节点可借助 SRH TLV，在 SRv6 报头中携带一些非规则类的信息以进一步提升数据平面编程的灵活性。

3.7　SRv6 报文封装

通常情况下，SRv6 基于 SRH 扩展报头实现报文封装。当只需要封装一个 SID 且无须 SRH 报头的 Flag、Tag 或者 TLV 时，SRv6 报文中可以不封装 SRH 扩展报头。由于没有 SRH 扩展报头，SRv6 报文在封装时与 SRH 封装存在较大区别，SRv6 端到端示例拓扑如图 3-12 所示，SRv6 报文封装方式对比如图 3-13 所示。下面将结合图 3-12、图 3-13 说明二者的区别。

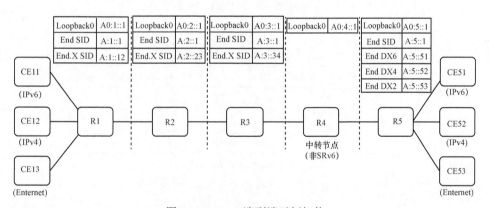

图 3-12　SRv6 端到端示例拓扑

在图 3-12 中，SRv6 源节点 R1（Loopback0 地址为 A0:1::1）需要生成到达 Endpoint 节点 R5（End.DX6 SID）的 SRv6 报文（内层报文为 IPv6 报文），其中 R5 的 End.DX6 SID 为 A:5::51，则 R1 针对这两种封装方式（如图 3-13 所示）的主要区别说明如下。

1. SRv6 报文（含 SRH）封装

- 外层 IPv6 基本报头的 Next Header 字段设置为 43（表明后续报头为路由扩展报头）。
- 路由扩展报头中的 Next Header 字段设置为 41（表明后续报头为 IPv6）、Routing Type 字段设置为 4（表明路由扩展报头类型为 SRH）、SL 指针设置为 0。
- 插入 SID 列表（仅包含 SID A:5::51）。
- 外层 IPv6 报头的 DA 地址更新为 SID A:5::51。

2. SRv6 报文（不含 SRH）封装

- 基于原始报文类型设置外层 IPv6 基本报头的 Next Header 字段为 41（原始报文分别为 IPv6、IPv4 和 Ethernet 帧对应的 Next Header 值为 41、4 和 143；此处，原始报文为 IPv6 报文）。
- 外层 IPv6 报头的 DA 地址更新为 SID A:5::51。

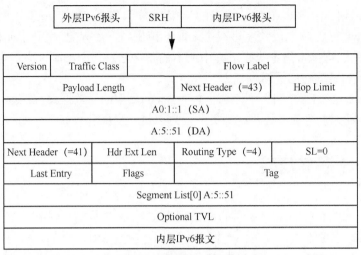

(a) SRv6报文封装（含SRH）

(b) SRv6报文封装（不含SRH）

图 3-13 SRv6 报文封装方式对比

不携带 SRH 的 SRv6 报文向目的 Endpoint 节点的转发过程遵循 IGP 的 SPF 路径（无须指定中间转发节点），不能提供路径/节点/链路保护，报文基于"尽力而为"方式转发至目的 Endpoint 节点。因而，我国也将这种转发方式称为 SRv6 BE 模式。与之对应，携带 SRH 的 SRv6 报文向目的 Endpoint 节点的转发过程通常遵循 SID 列表所指定的转发路径，可提供路径/节点/链路保护，报文基于 TE 方式转发至目的地。因而，我国也将这种转发方式称为 SRv6 TE 模式。

3.8 SRv6 报文处理过程

本节继续以图 3-12 所示的拓扑为例，介绍 SRv6 报文的端到端转发过程。图 3-12 中，R1、R2、R3 与 R5 为 SRv6 节点，R4 为普通 IPv6 节点。R1、R5 为 PE 设备，分别与各种类型的 CE 设备相连：CE11/CE51 支持 IPv6 接入；CE12/CE52 支持 IPv4 接入；CE13/CE53 支持 Ethernet 接入。每个节点均配置了相应的 Loopback 接口地址以及 SID，并通过 IGP/BGP 进行了通告。

3.8.1　SRv6 报文（含 SRH）处理过程

假定 CE11 的 IPv6 报文欲到达 CE51，R1 为 SRv6 报文的源节点，希望报文经过节点 R2、R3—R4 之间链路并经由节点 R5 到达 CE51。SRv6 路径所对应的 SID 列表为<A:2::1，A:3::34，A:5::51>。其中，A:2::1 为 R2 的 End SID，A:3::34 为 R3 到 R4 链路的 End.X SID，A:5::51 为 End.DX6 SID（对应 R5 的一个 IPv6 VPN）。SRv6 报文（含 SRH）端到端处理过程如图 3-14 所示，以下结合图 3-14 描述报文沿路径处理的详细步骤。

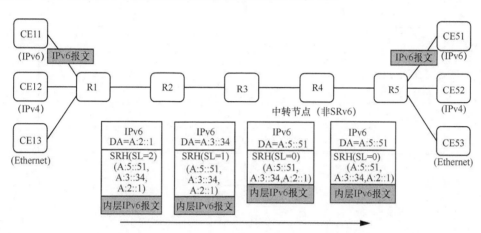

图 3-14　SRv6 报文（含 SRH）端到端处理过程

1.　SRv6 源节点 R1

R1 从 CE11 收到 IPv6 报文后，为该报文进行 SRv6 封装（即封装外层 IPv6 报头和 SRH），SRv6 报文（含 SRH）封装示例如图 3-15 所示[2]。Segment 在 SRH 扩展报头中以逆序方式排列。由于有 3 个 Segment，所以源节点 R1 在进行 SRH 封装时将 SL 置为 2，指向 Active Segment（即 Segment List[2]字段）。

外层 IPv6 报头的 SA 地址采用 R1 的 Loopback0 接口地址（A0:1::1），DA 地址由 Active Segment 决定（此处为 A:2::1）。R1 基于最长匹配原则查找 IPv6 FIB 表，将 SRv6 报文转发到节点 R2。

2.　Endpoint 节点 R2

节点 R2 收到 SRv6 报文后，根据 IPv6 DA 地址 A:2::1 查找本地 SID 表，命中 End SID，随即执行 End 指令：SL 值减 1，将 SL 所指向 Active Segment（A:3::34）更新为外层 IPv6 报头的 DA 地址，并基于 DA 查找 IPv6 FIB 表，基于最长匹配原则将报文转发出去。

3.　Endpoint 节点 R3

节点 R3 收到 SRv6 报文后，根据 IPv6 DA 地址 A:3::34 查找本地 SID 表，命中 End.X SID，随即执行 End.X 指令：SL 值减 1，将 SL 所指向 Active Segment（A:5::51）更新为外层 IPv6

2　图 3-15（a）较为完整地展示了 SRv6 报头信息，图 3-15（b）则展示了 SRv6 报头的关键信息。为了叙述简洁，后续的 SRv6 报头以及 SRH 封装均采用图 3-15（b）的方式展示。

报头的 DA 地址，同时将报文从 End.X 绑定的接口转发出去。

Version	Traffic Class	Flow Label	
Payload Length		Next Header（=43）	Hop Limit
A0:1::1（SA）			
A:2::1（DA）			
Next Header（=41）	Hdr Ext Len	Routing Type（=4）	SL=2
Last Entry	Flags	Tag	
Segment List[0] A:5::51			
Segment List[1] A:3::34			
Segment List[2] A:2::1			
Optional TVL			
内层IPv6报文			

（a）R1源节点封装示例

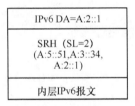

（b）R1源节点封装简例

图 3-15　SRv6 报文（含 SRH）封装示例

4．中转节点 R4

此处的中转节点 R4 为普通 IPv6 节点（无本地 SID 表，也无法识别 SRH）。R4 将 SRv6 报文视作普通 IPv6 报文，基于最长匹配原则查找 IPv6 FIB 表并将报文转发到节点 R5。

5．Endpoint 节点 R5

节点 R5 收到 SRv6 报文后，根据 IPv6 DA 地址 A:5::51 查找本地 SID 表，命中 End.DX6 SID，随即执行 End.DX6 指令：解封装报文，去除外层 IPv6 报头，将原始 IPv6 报文从 End.DX6 绑定的接口转发出去。原始 IPv6 报文最终被送至 CE51。

对于 IPv4 报文、Ethernet 帧等，对应不同业务类型，源节点会封装不同 SID（如对应 IPv4 报文承载的 End.DX4 SID、End.DT4 SID 等），但总体流程相似，此处不再赘述。

3.8.2　SRv6 报文（不含 SRH）处理过程

假定 CE11 的 IPv6 报文欲到达 CE51，R1 为 SRv6 报文的源节点，R5 为 Endpoint 节点。SRv6 报文（不含 SRH）端到端处理过程如图 3-16 所示，以下结合图 3-16 描述报文沿路径处理的详细步骤。

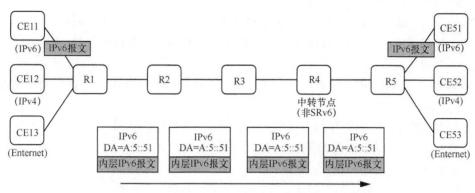

图 3-16　SRv6 报文（不含 SRH）端到端处理过程

1. SRv6 源节点 R1

节点 R1 从 CE11 收到 IPv6 报文后，为该报文进行 SRv6 封装。由于只有一个为 A:5::51 的 End.DX6 SID（对应 R5 的一个 IPv6 VPN），且无须携带任何 SRH Flag、Tag 或者 TLV，可以不携带 SRH 报头。

R1 所封装 SRv6 报文如图 3-13 所示：外层 IPv6 报头的 Next Header 值由原始报文类型确定（此处，IPv6 报文对应 41）；外层 DA 地址由 SID（A:5::51）决定，外层 SA 地址采用 R1 的 Loopback0 接口地址（A0:1::1）。

R1 基于最长匹配原则查找 IPv6 FIB 表，将 SRv6 报文转发到节点 R2。

2. SRv6 中转节点 R2、R3、R4

节点 R2、R3 具备 SRv6 能力（有本地 SID 表），根据 IPv6 报文 DA 地址 A:5::51 查找本地 SID 表，未能命中；随后查找 IPv6 FIB 表并基于最长匹配原则转发报文。

节点 R4 无 SRv6 能力（无本地 SID 表，也无法识别 SRH），将 SRv6 视作普通 IPv6 报文，查找 IPv6 FIB 表基于最长匹配原则转发。

3. Endpoint 节点 R5

节点 R5 收到 SRv6 报文后，根据 IPv6 DA 地址 A:5::51 查找本地 SID 表，命中 End.DX6 SID，随即执行 End.DX6 指令：解封装报文，去除外层 IPv6 报头，将原始 IPv6 报文从 End.DX6 绑定的链路转发出去。原始 IPv6 报文最终被送至 CE51。

对于 IPv4 报文、Ethernet 帧等，对应不同的业务类型，源节点会将不同的 SID（如对应 IPv4 报文承载的 End.DX4 SID、End.DT4 SID 等）作为外层 IPv6 报头 DA 地址，但总体流程相似，此处不再赘述。

参考文献

[1] CONTA A, DEERING S. Internet control message protocol (ICMPv6) for the Internet protocol version 6 (IPv6) specification: RFC 4443[R]. 2006.

[2] BONICA R, GAN D, TAPPAN D, et al. Extended ICMP to support multi-part messages: RFC 4884[R]. 2007.

[3] KRISHNAN S, WOODYATT J, KLINE E, et al. A uniform format for IPv6 extension headers: RFC 6564[R]. 2012.

[4] CARPENTER B, JIANG S. Transmission and processing of IPv6 extension headers: RFC 7045[R]. 2013.

[5] BIERMAN A, BJORKLUND M, WATSEN K. RESTCONF protocol: RFC 8040[R]. 2017.

[6] TANTSURA J, CHUNDURI U, ALDRIN S, et al. Signaling Maximum SID Depth (MSD) Using OSPF: RFC 8476[R]. 2018.

[7] TANTSURA J, CHUNDURI U, ALDRIN S, et al. Signaling Maximum SID Depth (MSD) Using IS-IS: RFC 8491[R]. 2018.

[8] FILSFILS C, DUKES D, PREVIDI S, et al. IPv6 segment routing header (SRH): RFC 8754[R]. 2020.

[9] FILSFILS C, CAMARILLO P, LEDDY J, et al. Segment routing over IPv6 (SRv6) network programming: RFC 8986[R]. 2021.

[10] FILSFILS C, CAMARILLO P, LEDDY J, et al. SRv6 NET-PGM extension: insertion: draft-filsfils-spring-srv6-net-pgm-insertion-04[R]. 2020.

[11] HU Z, CHEN H, CHEN H, et al. SRv6 path egress protection: draft-hu-rtgwg-srv6-egress-protection-08[R]. 2020.

[12] CLAD F, XU X, FILSFILS C, et al. Service programming with segment routing: draft-ietf-spring- sr-service-programming-04[R]. 2021.

[13] PATKI D. IPFIX export of segment routing IPv6 information: draft-patki-srv6-ipfix-00[R]. 2020.

[14] 李振斌, 胡志波, 李呈. SRv6 网络编程: 开启 IP 网络新时代[M]. 北京: 人民邮电出版社, 2020.

第4章

SRv6 控制平面

SRv6 控制平面是 SRv6 技术实现网络可编程的关键，其核心作用是在 SRv6 全域通告节点能力、Locator、SID 及其行为等信息后，通过静态配置或动态计算下发的方式，在数据平面形成 SRv6 路径。

如第 2 章所述，SRv6 控制平面包括集中式、分布式与混合式 3 种。混合式控制平面既可充分利用既有的分布式网络架构，又可充分发挥集中式控制器全局视图、算力强大等优势，成为业界首推的架构。

SRv6 混合式控制平面框架示意图如图 4-1 所示：AS1、AS2 域内基于 IS-IS/OSPFv3 协议通告节点能力、Locator、SID 及其行为等信息，BGP-LS 协议用于实现与 AS1、AS2 域间相关的信息的通告，从而实现分布式控制平面所有网络编程信息的分发；BGP 用于与 VPN 相关的 SID 信息分发；集中式控制器通过 BGP-LS 协议获得与网络编程信息；控制器经过计算后，通过 PCEP 或 BGP SR Policy 向 SRv6 节点下发 SR Policy。通常，将用于与拓扑、VPN 相关的 SID 信息分发的分布式路由协议称为东西向协议，主要包括 IS-IS、OSPFv3、BGP 等；将用于控制器与 SRv6 节点之间通信的协议称为南北向协议，主要包括 PCEP、BGP SR Policy 等。BGP-LS 协议在用于域间信息通告时为东西向协议，用于向控制器传递拓扑、VPN 等信息时为南北向协议。

SR-MPLS 的 SID 主要面向 Underlay 网络拓扑，Overlay 业务（如 MPLS L3VPN）标签仍由 MP-BGP 传递。与 SR-MPLS 显著不同的是，SRv6 可实现 Overlay 业务与 Underlay 网络的统一承载，SID 类型以节点行为（Endpoint Behaviors）区分。这种情况下，同一种节点行为 SID 可由不同类型的路由协议通告。仍以 MPLS L3VPN 为例：该类 VPN SID 的指令（如 End.DT6/End.DT4/End.DT64/End.DX6/End.DX4 等）与网络拓扑相关，可以由 IS-IS/OSPFv3 协议分发；与此同时，相关指令也可与 SRv6 的 Service SID 一起由 BGP 分发。SRv6 Endpoint 节点行为通告方式见表 4-1。

为实现基于 SRv6 的网络编程，节点能力、Locator、SID 及其行为等信息需要在 SRv6 全域通告，主要包括以下几点。

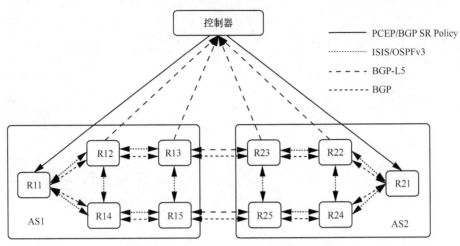

图 4-1　SRv6 混合式控制平面框架示意图

表 4-1　SRv6 Endpoint 节点行为通告方式

Endpoint 节点行为	IGP	BGP-LS	BGP IP/VPN/EVPN
End（PSP，USP，USD）	通告	通告	/
End.X（PSP，USP，USD）	通告	通告	/
End.T （PSP，USP，USD）	通告	通告	/
End.DX2	/	通告	通告
End.DX2V	/	通告	通告
End.DT2U	/	通告	通告
End.DT2M	/	通告	通告
End.DX6	通告	通告	通告
End.DX4	通告	通告	通告
End.DT6	通告	通告	通告
End.DT4	通告	通告	通告
End.DT46	通告	通告	通告
End.B6.Encaps	/	通告	/
End.B6.Encaps.Red	/	通告	/
End.B6.BM	/	通告	/

- 节点 SRv6 支持能力：节点对 SRv6 的支持能力涉及网络中 SRv6 的部署、各节点对报文的处理方式及 SRv6 Policy 配置等，需要全网通告。这类信息包括是否支持 SRv6、支持的最大栈深 MSD 以及算法等。
- 节点 Locator 信息：Locator 是 SRv6 节点的路由前缀，具有定位功能，可唯一标识一个 SRv6 节点（在主播等特殊场景下，多台设备可能配置相同的 Locator）。Locator 可使其他节点实现对发布该 Locator 的节点定位。
- SID 及其相关信息：节点本地分配的各类 SID 及其关联的节点行为（具体可参见第 3 章）。同时，还需通告 SID 结构（SID Structure）信息以明确 Block、Node、Function 和 Argument 等各字段的长度。

为实现上述信息通告，人们对 IS-IS、OSPFv3 以及 BGP 等进行了协议扩展，定义了新的 TLV/Sub-TLV/Sub-sub-TLV 以承载相应信息。为了实现 SRv6 Policy 下发，人们对 PCEP 与 BGP 进行了协议扩展。本章主要介绍控制平面各类协议的扩展实现方案。

4.1　IGP 扩展

SR 的网络编程技术本质上是一种 TE 技术。TE 技术基于 TEDB，采用相应算法进行路径计算，获得不同于 IGP/BGP 所确定的流量路径。TEDB 主要基于链路状态协议（有时需借助 BGP-LS）获得网络拓扑视图。为实现 SR 网络可编程，主要采用 IS-IS 与 OSPF 等链路状态协议。

SRv6 技术可看作 IPv6 协议的一种应用，因而主要采用 IS-IS 与 OSPFv3（OSPF 协议中只有 OSPFv3 支持 IPv6）协议。

IS-IS/OSPFv3 协议基于 LSP[1]/LSA[2] 报文泛洪链路状态及开销等信息，生成全网一致的链路状态数据库（Link State Database，LSDB）。每个网络节点均基于 LSDB、根据 Dijkstra SPF 算法构建了以本节点为根的最短路径树，从而实现域内流量快速转发。

IS-IS/OSPFv3 的 LSP/LSA 报文基于 TLV 承载通告消息，所通告的信息包括接口地址、网段地址等，以便提供网络拓扑和路由信息。为了支持 SRv6，需要对 IS-IS/OSPFv3 协议进行扩展，以便通告节点 SRv6 支持能力、Locator 路由以及与三层查表/指定出接口转发等网络层操作相关的 SID 信息。

4.1.1　IS-IS 协议扩展

IS-IS 协议是一个运行于链路层的路由协议。由于其采用 TLV[3]的方式编码所通告的信息，具有高度扩展性，且兼容性好，因而成为目前业界应用最为广泛的 IGP。IS-IS 协议通过定义新的 TLV 和扩展现有 TLV 方式实现对 SRv6 的支持。

IS-IS 协议所通告的 SRv6 信息包括节点的 SRv6 支持能力、Locator 信息以及各类 SID/Endpoint Behaviors 信息等。

1. 节点 SRv6 的支持能力

SRv6 节点可与普通 IPv6 节点混合组网，不同 SRv6 节点可选择不同的路由算法（Routing Algorithm），且它们对 MSD 的支持程度也存在差异，这些都会对网络编程产生影响。因此每个 SRv6 节点都必须通告其 SRH 处理能力和限制。

IS-IS 通过扩展 IS-IS Router Capability TLV 的方式通告节点 SRv6 支持能力。为此，所做的扩展包括：

• 新定义了 SRv6 Capabilities Sub-TLV 通告节点 SRv6 能力；

1　Link State Protocol Data Unit，链路状态协议数据单元。IS-IS 协议用于泛洪链路状态信息的报文，与 MPLS 协议中的 LSP（Label Switch Path，标签交换路径）概念不同。

2　Link State Advertisement，链路状态通告。OSPF 协议用于泛洪链路状态信息的报文。

3　现阶段，在 IS-IS 协议的 TLV/Sub-TLV/Sub-sub-TLV 中，Type 字段与 Length 字段的长度均为 8bit。受限于顶级 TLV 的 Length 字段长度，单个 TLV 最大为 256byte。当单个 TLV 无法承载全部信息时，可通过多个 TLV 承载。

- 采用 IETF RFC 8667 定义的 SR-Algorithm Sub-TLV 通告节点支持的算法；
- 采用 IETF RFC 8491 定义的 Node MSD Sub-TLV 通告节点支持的 SID 最大栈深。

节点 SRv6 支持能力的 TLV 格式如图 4-2 所示。

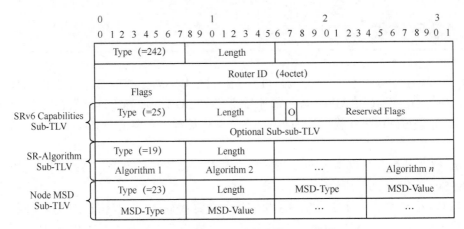

图 4-2　节点 SRv6 支持能力的 TLV 格式

（1）IS-IS Router Capability TLV

IS-IS Router Capability TLV 为顶级 TLV，其类型值为 242。其中的 Router ID 用以指示该 TLV 的源头。

（2）SRv6 Capabilities Sub-TLV

SRv6 Capabilities Sub-TLV 专为 SRv6 定义，其类型值为 25。其中，Flags 字段目前仅定义了 1 个标志位（即 O 标志位），用于指示节点是否支持 SRv6 OAM 处理；Optional Sub-sub TLV 字段目前暂无定义。

（3）SR-Algorithm Sub-TLV

SR-Algorithm Sub-TLV 适用于 SR-MPLS 和 SRv6，其类型值为 19。其中的 Algorithm 字段用以通告节点可使用的路由算法。

- Algorithm=0：基于链路 IGP 度量（Metric）的 SPF 算法，即目前 IS-IS/OSPF 协议所用的 SPF 算法。
- Algorithm=1：基于链路 IGP metric 的严格 SPF 算法，该算法相对 SPF 更为严格，指示中间节点忽略任何本地路由策略。
- Algorithm=128～255：用户自定义算法，由 128～255 的数字标识，简称为 Flex-Algo 算法。

（4）Node MSD Sub-TLV

Node MSD Sub-TLV 适用于 SR-MPLS 和 SRv6，其类型值为 23。该 Sub-TLV 值由 MSD-Type/MSD-Value 对表示，MSD Sub-TLV 格式如图 4-3 所示，其中的 MSD-Type 也称为 IGP MSD Type，具体含义如下。

- MSD-Type=0：表示发布节点不具备栈深支持能力。
- MSD-Type=41：SRH Max SL（Maximum Segments Left MSD）类型，指 SRH 中由 SL 字段标识的最大值，实际代表了发布节点可处理 SID 的最大栈深。

- MSD-Type=42：SRH Max End Pop（Maximum End Pop MSD）类型，标识与 PSP/USP 属性行为相关的弹出 SRH 时支持的最大栈深。若值为 0，表示发布节点不能对 SRH 执行 PSP/USP 操作。
- MSD-Type=44：SRH Max H.encaps（Maximum H.Encaps MSD）类型，标识与 H.Encaps 系列行为相关的源节点封装 SRv6 报头时支持的最大栈深。
- MSD-Type=45：SRH Max End D（Maximum End D MSD）类型，标识在执行与 End.D 系列（如 End.DX6、End.DT6 等）指令相关的解封装操作时所支持的最大栈深。

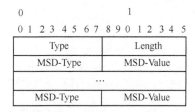

图 4-3　MSD Sub-TLV 格式

需要说明的是，IETF RFC 8491 定义的 MSD 包括节点最大栈深（Node MSD）和链路最大栈深（Link MSD）两种类型。由于网络设备基于接口板卡的 NP/ASIC 芯片对 SRH 报头进行处理，因此 Link MSD（即接口可处理的最大栈深）代表了芯片实际处理 SRv6 报头的能力。不同接口板卡由于能力/性能的差异，支持的 MSD 可能不一致。Node MSD 则是设备上所有接口的 MSD 最小值，它代表了设备可支持的最大栈深能力。

Node MSD 由 Node MSD Sub-TLV 承载，而 Link MSD 则由 Link MSD Sub-TLV 承载。Link MSD Sub-TLV（类型值为 15）与 Node MSD Sub-TLV 报文格式相同（均如图 4-3 所示），包含的 MSD 类型也相同，但不隶属于 IS-IS Router Capability TLV，而是隶属于 Extended IS Reachability TLV（类型值为 22）、IS Neighbor Attribute TLV（类型值为 23）、Inter-AS Reachability Information TLV（类型值为 141）、MT Intermediate Systems TLV（类型值为 222）和 MT IS Neighbor Attribute TLV（类型值为 223）。上述 Type 类型值为 22/23/141/222/223 的 TLV 均用于邻居通告（Neighbor Advertisement），因此也称为 IS-IS NBR TLV。

2. Locator 信息

IS-IS 协议可以基于 3 个顶级 TLV 来发布 Locator 路由信息，它们分别为 SRv6 Locator TLV（类型值为 27）、IPv6 Reachability TLV（类型值为 236）以及 Multi-Topology IPv6 Reachable Prefix TLV（类型值为 237）。为方便叙述，本节将 SRv6 Locator TLV（类型值为 27）、IPv6 Reachability TLV（类型值为 236）以及 Multi-Topology IPv6 Reachable Prefix TLV（类型值为 237），分别简称为 TLV27、TLV236 与 TLV237。作为 SRv6 中引入的唯一一个顶级 TLV 字段，TLV27 与 TLV236、TLV237 的主要区别在于是否可携带与 IS-IS 邻居无关的 SRv6 SID 信息（如 End SID 等）。SRv6 Locator TLV 格式示例如图 4-4 所示。

TLV27 用于通告 SRv6 Locator 及与 IS-IS 邻居无关的 SID 信息。该 TLV（如图 4-4 所示）中，包括 Type、Length 在内的前 32bit 为公共字段，后面可根据需要携带多个 Locator 路由条目信息。

TLV27 的 Type、Length、Algorithm 字段的含义与前面所描述 TLV 对应字段相同，其余的 SRv6 Locator TLV 主要字段说明见表 4-2。

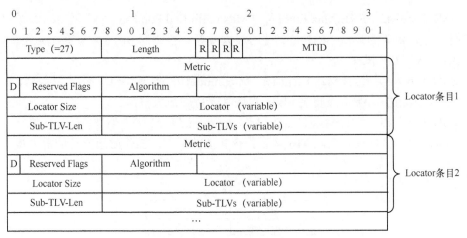

图 4-4　SRv6 Locator TLV 格式示例

表 4-2　SRv6 Locator TLV 主要字段说明

字段	长度	说明
R 标志位	4bit	预留标志位
MTID	12bit	多拓扑标识符
Metric	32bit	度量值
Reserved Flags	8bit	标志位；D 标志位用于防止 Level1/Level2 渗透时路由环路
Locator Size	8bit	Locator 长度
Locator	长度可变	表示发布的 SRv6 Locator
Sub-TLV-Len	8bit	Sub-TLV 长度
Sub-TLVs	长度可变	表示该 TLV 包含的 Sub-TLV（如 Prefix Attribute Flags Sub-TLV、SRv6 End SID Sub-TLV 等）

　　Locator/Locator Size 字段用以表示 Locator 及其前缀长度（掩码）。例如，某 Locator 为 2001:db8:bbbb:3::，Locator Size 为 64，则可表示为 2001:db8:bbbb:3::/64。当网络节点收到 SRv6 Locator TLV 后，将在本地安装相应的 Locator 路由，从而可将流量转发至此 Locator 对应的节点。

　　如前文所述，Locator 信息不仅可通过 TLV27 携带，还可通过 TLV236 与 TLV237 携带。TLV236 与 TLV237 是 IS-IS 协议既有的 TLV，普通 IPv6 节点可通过这两个 TLV 学习 SRv6 节点的 Locator 路由，指导 SRv6 报文根据 IPv6 地址转发，进而支持与 SRv6 节点共同组网。针对这 3 个 TLV 的用法，有以下说明：

- 当 TLV27 中的 Algorithm 字段为 0 时，Locator 信息必须通过 TLV 236/237 发布，以使不支持 SRv6 的节点能够生成相应的路由表项，指导流量转发；
- 若 Locator 支持 Flex-Algo，则不应通过 TLV236 与 TLV237 发布；
- 若网络节点同时收到 TLV27、TLV236 与 TLV237，则优先按照 TLV236 与 TLV237 进行报文处理。

　　为标识 IPv6 Prefix 是否为 Anycast 类型，可在 TLV27、TLV236 与 TLV237 中，对其携带的 Prefix Attribute Flags Sub-TLV 字段（由 IETF RFC 7794 定义）进行扩展：新定义 Flags 字段的第 4 个比特位为 A 标志位，用于标识 Locator 是否为 Anycast 前缀类型。Prefix Attribute

Flags Sub-TLV 格式如图 4-5 所示。

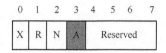

图 4-5　Prefix Attribute Flags Sub-TLV 格式

当节点宣告相同的 Anycast Locator 时，也必须在 Locator 下实例化相同的 SID，即 Anycast SID。

3. 各类 SID/Endpoint Behavior 信息

各类 SID/Endpoint Behavior 信息由相应的 Sub-TLV 承载，可实现 SRv6 SID 信息及其相关的 Endpoint 指令信息的通告。主要有 SRv6 End SID Sub-TLV、SRv6 End.X SID Sub-TLV 和 SRv6LAN End.X SID Sub-TLV 3 类 Sub-TLV。同时，为了描述 SID 结构，还定义了 SRv6 SID Structure Sub-sub-TLV 用于标识 SID 中各字段的长度。

（1）SRv6 End SID 及其 Behaviors

SRv6 End SID Sub-TLV（类型值为 5）隶属于 TLV27，用于通告 End SID、End.DT6 SID、End.DT4 SID 或 End.DT46 SID 及其 Behavior 信息，SRv6 End SID 格式示例如图 4-6 所示。SRv6 End SID Sub-TLV 中的 Endpoint Behavior 字段具体说明请见表 4-3，Flags 字段现阶段尚未有定义。同一个 Locator 可根据需要对应 End/End.DT6/End.DT4/End.DT46 等多个 SID，而一个 SRv6 End SID Sub-TLV 可携带多个 SID，当超出字段长度要求时，这些 SID 可通过多个 SRv6 End SID Sub-TLV 携带。

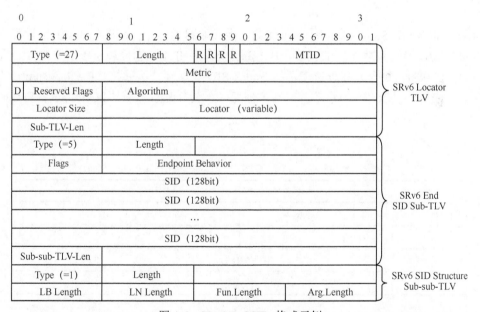

图 4-6　SRv6 End SID 格式示例

SRv6 SID Structure Sub-sub-TLV（类型值为 1）是 SRv6 定义的最低层级的 TLV，紧随在 SRv6 End SID Sub-TLV 之后，用于通告 SRv6 SID 不同字段的长度，以标识发布的 SRv6 SID 格式。该 Sub-sub-TLV（如图 4-6 所示）中的 LB Length 代表 Locator 中 Block 的长度，

LN Length 代表 Locator 中 Node ID 的长度，Fun．Length 代表 SID 中 Function 字段的长度，Arg．Length 代表 SID 中 Arguments 字段的长度。

此外，基于 SRv6 SID Structure Sub-sub-TLV，也可为实现 SRv6 头压缩提供条件，例如，在 SRv6 Segment List 中只携带变化的 Function 字段值，从而减小 SRH 封装长度。

SRv6 SID Structure Sub-sub-TLV 只能出现一次，若出现多次，则应忽略此 SID 的通告。

（2）SRv6 End.X SID 及其 Behavior

End.X SID 及其 Behavior 信息由 SRv6 End.X SID Sub-TLV 和 SRv6 LAN End.X SID Sub-TLV 两类 Sub-TLV 承载，以通告与邻居相关的 End.X、End.DX6 及 End.DX4 SID 信息。二者均隶属于 IS-IS NBR TLV，均需通过 SRv6 SID Structure Sub-sub-TLV 标识 SID 各字段长度。

IS-IS 协议定义了点到点（Point-to-Point，P2P）与局域网（Local Area Network，LAN）两种网络连接类型。End.X SID 代表唯一链路，可匹配 P2P 网络连接类型，因而 SRv6 End.X SID Sub-TLV 可满足 P2P 场景下相应信息的承载。但在广播网络中，节点只发布到指定中间系统（Designed Intermediate System，DIS）创建的伪节点（Pseudo Node）的邻接关系。这样，End.X SID 就无法区分邻居。IS-IS 为此定义了 SRv6 LAN End.X SID Sub-TLV，以区分不同邻居的 End.X SID。

SRv6 Locator TLV 通过 Algorithm 字段标识 Locator 及 End/End.DT6/End.DT4/End.DT46 SID 支持的算法，而 IS-IS NBR 是基于拓扑的，并未携带与算法相关的信息。因此，需要在 SRv6 End.X SID Sub-TLV 和 SRv6 LAN End.X SID Sub-TLV 中通告与其关联的 Locator 的算法（算法类型与 SRv6 Locator TLV 相同），以实现基于 End.X SID 的路由计算。

SRv6 End.X SID Sub-TLV（类型值为 43）格式如图 4-7 所示。其中，Weight 字段用于表示该 End.X SID 参与负载均衡的权值，B（Backup，备份）标志位表示该 End.X SID 是否有备份链路，S（Set，集合）标志位表示该 End.X SID 关联到一组邻接，P（Persistent，永久分配）标志位表示该 End.X SID 是否被永久分配（永久分配意味着协议重启/设备重启时，此 End.X SID 维持不变）。

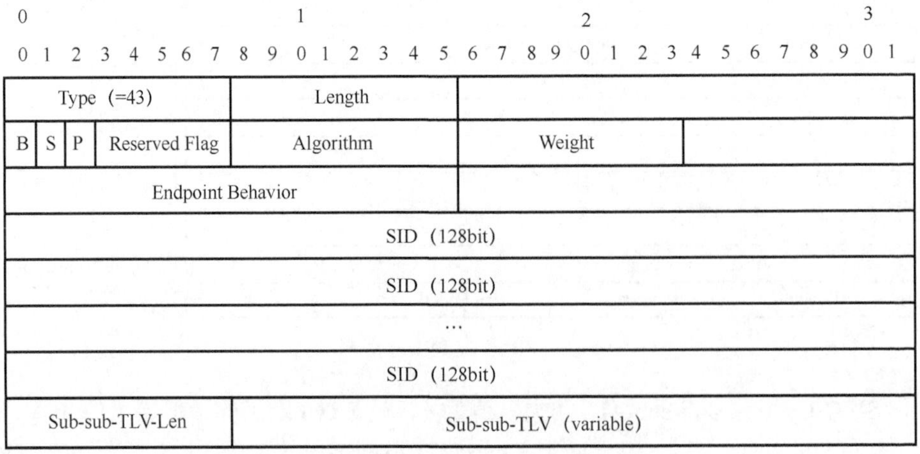

图 4-7　SRv6 End.X SID Sub-TLV（类型值为 43）格式

SRv6 LAN End.X SID Sub-TLV（类型值为 44）格式如图 4-8 所示。其中，Weight 字段用于标识该 End.X SID 参与负载均衡的权值，System ID 字段（长度为 6byte）用于标识对端邻居节点。

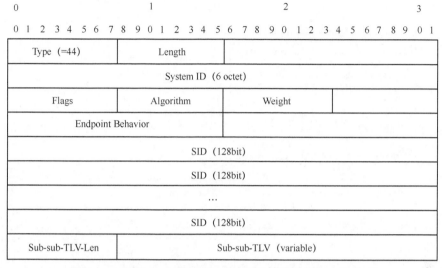

图 4-8　SRv6 LAN End.X SID Sub-TLV（类型值为 44）格式

与 SRv6 End SID Sub-TLV 一样，SRv6 End.XSID Sub-TLV 和 SRv6 LAN End.X SID Sub-TLV 同样需要携带 SRv6 SID Structure Sub-sub-TLV。基于这个 Sub-sub-TLV，二者可根据通告的 SID 信息获取其 Locator 值，从而实现到 End.X SID 的路由计算。

IS-IS 协议扩展携带的 SRv6 SID 类型说明见表 4-3。End SID Sub-TLV、End.X SID Sub-TLV 和 LAN End.X SID Sub-TLV 所携带 Endpoint Behavior 可参见表 4-3。

表 4-3　IS-IS 协议扩展携带的 SRv6 SID 类型说明

SID 类型	Endpoint Behavior 代码值	End SID Sub-TLV	End.X SID Sub-TLV	LAN End.X SID Sub-TLV
End（PSP，USP，USD）	1～4，28～31	Y	/	/
End.X（PSP，USP，USD）	5～8，32～35	/	Y	Y
End.DX6	16	/	Y	Y
End.DX4	17	/	Y	Y
End.DT6	18	Y	/	/
End.DT4	19	Y	/	/
End.DT46	20	Y	/	/

为方便整体理解，将 IS-IS 协议针对 SRv6 的扩展 TLV 进行了梳理，IS-IS 协议针对 SRv6 扩展结构思维导图如图 4-9 所示。

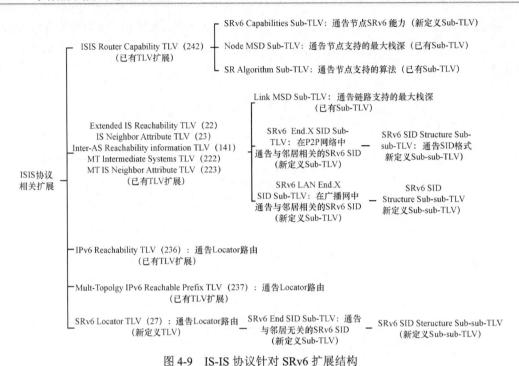

图 4-9　IS-IS 协议针对 SRv6 扩展结构

4.1.2　OSPFv3 协议扩展

OSPFv3 是运行在 IPv6 网络的 OSPF 协议，其通过 LSA 泛洪实现链路状态信息的通告。与 IS-IS 协议类似，OSPF 通过 TLV/Sub-TLV/Sub-sub-TLV 字段通告信息。OSPFv3 协议通告与 SRv6 相关的信息，包括节点的 SRv6 支持能力、Locator 信息以及各类 SID/Endpoint Behaviors 信息等，并且 SR Algorithm、Endpoint Behavior 代码以及对 OAM 的支持能力完全相同。

除了报文不同外，OSPFv3 协议与 IS-IS 协议在 SRv6 扩展方面的主要差异体现在以下几点。

- 扩展方式不同。OSPFv3 新定义了一个 LSA，并新定义/扩展了相应 TLV/Sub-TLV/Sub-sub-TLV 字段，以泛洪与 SRv6 相关的信息；IS-IS 则主要通过新定义/扩展相应 TLV/Sub-TLV/Sub-sub-TLV 字段的方式泛洪与 SRv6 相关的信息。

- TLV/Sub-TLV/Sub-sub-TLV 字段格式不同 OSPFv3 的 Type、Length 字段长度均为 16bit，现阶段 IS-IS 的 Type、Length 字段长度均为 8bit。需要说明的是，这是二者在所有 TLV 格式上的差别，并非针对 SRv6。

- OSPFv2 与 OSPFv3 不兼容。在 IPv4 向 IPv6 演进的过程中，需要同时部署 OSPFv2/OSPFv3 这两个协议，导致网络部署的复杂性与成本增加，而 IS-IS 协议不存在这个问题。另外，IS-IS 协议整体扩展性优于 OSPF，在业界越来越受青睐。因而，无论是部署范围、产业支持还是标准推动，IS-IS 协议相对 OSPFv3 都具有巨大优势。鉴于此，本节将不对 OSPFv3 在 SRv6 方面的扩展进行详细介绍，而是通过与 IS-IS 协议相应扩展对比的方式（见表 4-4）为读者提供导引。

表 4-4　OSPFv3 与 IS-IS 协议针对 SRv6 的扩展概览

TLV/LSA	OSPFv3 携带位置	IS-IS 携带位置
SRv6 Capabilities TLV	OSPFv3 Router Information LSA	/
SRv6 Capabilities Sub-TLV	/	IS-IS Router Capability TLV
SR Algorithm TLV	OSPFv3 Router Information LSA	/
SR-Algorithm Sub-TLV	/	IS-IS Router Capability TLV
Node MSD TLV	OSPFv3 Router Information LSA	/
Node MSD Sub-TLV	/	IS-IS Router Capability TLV
Link MSD Sub-TLV	OSPFv3 E-Router-LSA Router-Link TLV	Extended IS Reachability TLV、IS Neighbor Attribute TLV、Inter-AS Reachability Information TLV、MT Intermediate Systems TLV、MT IS Neighbor Attribute TLV
SRv6 Locator　LSA	OSPFv3 为 SRv6 引入的 LSA 类型，通告 SRv6 的 Locator 信息	/
SRv6 Locator TLV	SRv6 Locator LSA	IS-IS 为 SRv6 引入的顶级 TLV，通告 SRv6 Locator 信息
SRv6 End SID Sub-TLV	SRv6 Locator TLV	SRv6 Locator TLV
SRv6 End.X SID Sub-TLV	OSPFv3 E-Router-LSA Router-Link TLV	Extended IS Reachability TLV、IS Neighbor Attribute TLV、Inter-AS Reachability Information TLV、MT Intermediate Systems TLV、MT IS Neighbor Attribute TLV
SRv6 LAN End.X SID Sub-TLV		
SRv6 SID Structure Sub-sub-TLV	SRv6 End SID Sub-TLV、SRv6 End.X SID Sub-TLV、SRv6 LAN End.X SID Sub-TLV	SRv6 End SID Sub-TLV、SRv6 End.X SID Sub-TLV、SRv6 LAN End.X SID Sub-TLV

4.2　BGP 扩展

与 IS-IS/OSPF 等基于 Metric 确定 SPF 路由的链路状态型 IGP 不同，BGP 基于路径、网络策略/规则集合来决定路由，属于距离矢量型路由协议。作为一种实现 AS 间路由交换的协议，BGP 凭借其强大的策略控制能力与扩展能力，获得广泛的应用。

BGP 主要通过 MP_REACH_NLRI（Multiprotocol Reachable NLRI）和 MP_UNREACH_NLRI（Multiprotocol Unreachable NLRI）属性实现不同地址簇下（AFI/SAFI）的 NLRI 通告和路由撤销。MP_REACH_NLRI 报文格式如图 4-10 所示，MP_UNREACH_NLRI 报文格式如图 4-11 所示，其中：

Address Family Identifier（2byte）
Subsequent Address Family Identifier（1byte）
Length of Next Hop Network Address（1byte）
Network Address of Next Hop（variable）
Reserved（1byte）
Network Layer Reachability Information（variable）

图 4-10　MP_REACH_NLRI 报文格式

- AFI/SAFI 用于确定 NLRI 消息所属地址族/子地址族，如 AFI/SAFI（2/73）代表 SRv6 Policy 消息类型；
- Network Address of Next Hop/Length of Next Hop Network Address（后续简称为 Next Hop/Length of Next Hop）即著名的"BGP Next Hop"，可以参考与 BGP 相关的实现方法，此处不再赘述；
- Network Layer Reachability Information 即携带的网络层可达信息；
- Withdraw Routes 指示需撤销的路由信息。

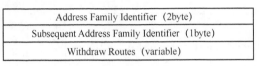

图 4-11　MP_UNREACH_NLRI 报文格式

BGP 定义了大量 AFI/SAFI，常用的 BGP AFI/SAFI 类型如图 4-12 所示，为了方便记忆与描述，通常将某些 BGP 的扩展称为 BGP-XX 协议，如 BGP 在 AFI/SAFI（16388/71 和 16388/72）下的扩展被称为 BGP-LS 协议。

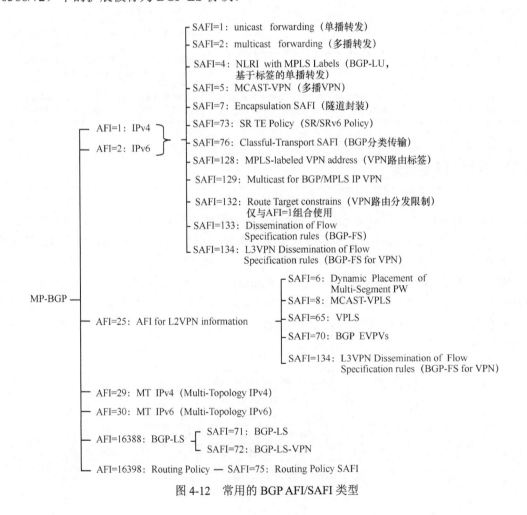

图 4-12　常用的 BGP AFI/SAFI 类型

　　针对 SRv6，BGP 通过定义新的 SAFI、NLRI 和定义/扩展既有属性 TLV 等方式进行扩展，主要包括：

- 在 IPv6 地址族（AFI=2）下，定义 SAFI（=73），以标识 BGP SRv6 Policy 协议（用于控制器南北向协议，以实现 SRv6 Policy 下发）；
- 在 BGP-LS 协议中，定义 SRv6 SID NLRI，用于通告 SRv6 SID 的网络层可达信息；
- 定义/扩展 BGP-LS、BGP-LU 以及 BGP SRv6 Policy 等协议的相应 TLV，以承载与 SRv6 相关的信息。

在图 4-12 中，与 SRv6 相关的主要 AFI/SAFI 包括以下几种。

- AFI/SAFI=2/1：基于 BGP Prefix-SID Attribute 扩展，携带 SRv6 标签信息。
- AFI/SAFI=2/73：基于 BGP SRv6 Policy 协议，发布 SRv6 Policy 信息。
- AFI/SAFI=16388/71：基于 BGP-LS 协议扩展，通告 SR-MPLS 与 SRv6 网络中各种类型的 SID 及与其相关的信息。

4.2.1　BGP-LS 协议扩展

　　BGP-LS 协议由 IETF RFC 7752 所定义，是利用 BGP 从网络中收集链路状态（Link-State）与 TE 信息并进行分发的一种协议。该协议通过定义新的 NLRI 属性以承载 IS-IS/OSPF 等 IGP 的拓扑信息，由于 IS-IS/OSPF 协议均采用 TLV 编码格式泛洪拓扑等网络信息，BGP-LS 协议的 NLRI 同样采用 TLV[4]格式。

　　在 SRv6 中使用 BGP-LS 协议主要有两个目的：其一是为控制器提供 SRv6 网络的拓扑、状态、节点能力等信息；另一则是为跨域 TE 提供 EPE、跨域网络拓扑等信息。为此，BGP-LS 定义了一个新的 NLRI 类型（即 SRv6 SID NLRI），用于通告 SRv6 SID 的网络层可达信息，同时对既有的节点（Node）、链路（Link）和前缀（Prefix）NLRI 进行扩展，以进行节点 SRv6 能力与 SID 相关的信息通告。

　　BGP-LS NLRI 为 MP_REACH_NLRI 属性，其与 BGP-LS Attributes 成对出现。面向 SRv6 的 BGP-LS NLRI 及其 BGP-LS Attruibutes 格式如图 4-13 所示，具体如下。

- BGP-LS NLRI 属性：类型值为 14，其中的 AFI/SAFI（16388/71）表示该 NLRI 为 Link-State NLRI；NLRI 类型值为 1、2、4、6 分别代表 Node NLRI、Link NLRI、IPv6 Topology Prefix NLRI 以及 SRv6 SID NLRI。由于 MP_REACH_NLRI 属于可选（optional）、非可传递（non-transitive）属性且属性长度（Attrbutes Length）为 2byte，其 Attr.Flags[5]字段为 0x90（对应二进制 10010000）。
- BGP-LS Attributes：类型值为 29，与前述 NLRI 对应，可分为 Node Attributes、Link Attributes、Prefix Attributes 及 SRv6 SID Attributes 等类型。由于 BGP-LS Attributes 属

4　现阶段，IS-IS 协议 TLV 的 Type、Length 字段长度均为 8bit，OSPF 协议 TLV 的 Type、Length 字段长度均为 16bit。为与 IS-IS、OSPF 协议对应，BGP-LS 协议 TLV 的 Type、Length 字段长度均为 16bit。

5　BGP 的 Path Attributes 在 Attr.Flags 字段定义了 4 个标志位（从最高位开始）：最高位为 Optional-Flag，置 1 表示该 Attribute 为 optional Attribute，否则为 well-known Attribute；次高位 Transitive-Flag，置 1 则表示该 Optional Attribute 为 transitive，否则为 non-transitive；第三位为 Partial-Flag，置 1 则表示该 Optional Transitive Attribute 中的信息为部分信息，否则为完整信息；第四位为 Extended Length-Flag，置 1 表示 Attribute Length 为 2byte，否则为 1byte。

于可选（optional）、非可传递（non-transitive）属性，其 Attr.Flags 字段为 0x80（对应二进制 10000000）。

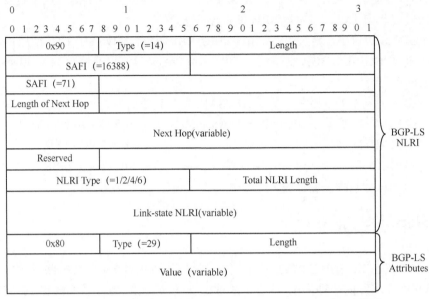

图 4-13　面向 SRv6 的 BGP-LS NLRI 及其 BGP-LS Attributes 格式

1. Node NLRI 及其属性扩展

任何一个节点均由 Node NLRI 和其所带属性（Node Attributes）来一起描述。面向 SRv6，Node NLRI 无须扩展，主要针对与 Node Attributes 相关 TLV 进行扩展。面向 SRv6 的 Node Attributes 属性扩展示例如图 4-14 所示，这些 TLV 主要用于通告节点的 SRv6 支持能力。为此，新定义了 SRv6 Capabilities TLV 以通告节点支持的 SRv6 能力，基于 SR Node MSD TLV 通告 SRv6 节点支持的 MSD，基于 SR Algorithm TLV 通告节点支持的算法。

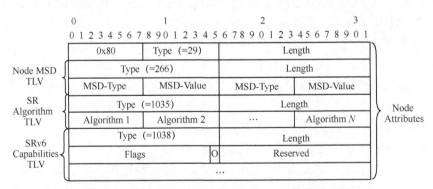

图 4-14　面向 SRv6 的 Node Attributes 属性扩展示例

（1）新增 SRv6 Capabilities TLV

SRv6 Capabilities TLV 类型值为 1038，用于通告网络节点 SRv6 的支持能力。此 TLV 分别与 IS-IS SRv6 Capabilities Sub-TLV、OSPFv3 的 SRv6 Capabilities TLV 相对应。每个支持 SRv6 的节点必须在 BGP-LS 属性中包含这个 TLV。其中的 O 标志位为 OAM 能力标志，指

示节点是否支持 SRv6 OAM 处理。

（2）SR Node MSD TLV

与 IGP 类似，在 BGP-LS 中同样也定义了通告节点 MSD 和链路 MSD 的方法。IETF RFC 8814 定义了基于 BGP-LS 协议通告节点不同类型 SID 最大栈深的方法，与 IS-IS/OSPFv3 协议一致，Node MSD Type 也包含 SRH Max SL、SRH Max End Pop、SRH Max H.encaps 和 SRH Max End D 4 种类型。

BGP-LS 基于 Node MSD TLV（类型值为 266）携带与节点 MSD 相关信息。

（3）SR Algorithm TLV

SRv6 基于 SR Algorithm TLV（类型值 1035）通告节点支持的 SR Algorithm。TLV 的 Algorithm 含义与 IS-IS/OSPF 协议中的定义相同，此处不再赘述。

2．Link NLRI 及其属性扩展

任何一条链路均由 Link NLRI 和其所带属性（Link Attributes）来一起描述。面向 SRv6，Link NLRI 无须扩展，主要针对与 Link Attributes 相关 TLV 进行扩展。面向 SRv6 的 Link Attributes 扩展示例如图 4-15 所示。这些 TLV 主要用于通告与邻居相关的 SRv6 SID 及链路 MSD 等信息。为此，BGP-LS 新增了 SRv6 End.X SID TLV、SRv6 LAN End.XSID TLV 和 SRv6 SID Structure TLV。SRv6 End.X SID TLV 主要用于通告 P2P/点到多点（Point-to-Multipoint，P2MP）链路中的 IGP 邻接 SID（如 End.X）及 BGP EPE Peer 邻接 SID；SRv6 LAN End.XSID TLV 用于通告广播网的 IGP 邻接 SID（非 DR 或非 DIS 邻居）；SRv6 SID Structure TLV 用于通告 SID 中各字段的长度。另外，Link NLRI 还基于 Link MSD TLV 通告链路最大栈深。

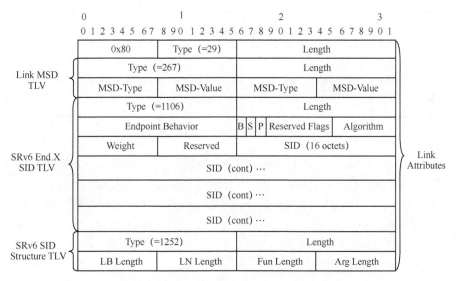

图 4-15　面向 SRv6 的 Link Attributes 扩展示例

（1）Link MSD TLV

Link MSD TLV 类型值为 267，由 IETF RFC 8814 定义，用于通告链路支持的最大栈深。其报文格式与 Node MSD TLV 格式一致，包含的类型也相同，此处不再赘述。

（2）SRv6 End.X SID TLV

SRv6 End.X SID TLV 类型值为 1106，用于通告 P2P/P2MP 链路或 IS-IS/OSPFv3 邻接相

对应的 SRv6 End.X SID。同时，此 TLV 也可用于通告三层捆绑接口（L3 Bundle Interface，指由多个物理接口"捆绑"而成的一个逻辑接口）的二层成员链路，此时则是作为 L2 Bundle Member Attribute TLV 的 Sub-TLV 携带。另外，对于运行了 BGP 的节点，该 TLV 还可以用于通告 BGP EPE Peer 的 End.X SID。

SRv6 End.X SID TLV 与 IS-IS/OSPFv3 协议中 SRv6 End.X SID Sub-TLV（除 Type、Length 外）中的各字段含义相同，此处不再赘述。

（3）SRv6 LAN End.X SID TLV

SRv6 LAN End.X SID TLV 用于发布多播网邻居类型的 SRv6 End.X SID 信息。根据注入信息来源不同，SRv6 LAN End.X SID TLV 分为 IS-IS SRv6 LAN End.XSID TLV（类型值为 1107）与 OSPFv3 SRv6 LAN End.X SID TLV（类型值为 1108）两种，SRv6 LAN End.X SID TLV 的格式如图 4-16 所示。

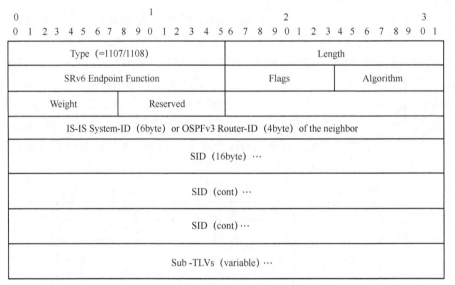

图 4-16　SRv6 LAN End.X SID TLV 的格式

在 IS-IS/OSPFv3 协议中，SRv6 End.X SID Sub-TLV 与 SRv6 LAN End.X SID Sub-TLV 的区别在于是否存在 Neighbor ID 以区分邻居。BGP-LS 协议中，SRv6 End.X SID TLV 与 SRv6 LAN End.X SID TLV 的差别同样在于是否存在 Neighbor ID 以区分邻居：对于 IS-IS 协议，Neighbor ID 为节点的 System-ID（长度为 6byte）；对于 OSPFv3 协议，Neighbor ID 为节点的 Router-ID（长度为 4byte）。

（4）SRv6 SID Structure TLV

SRv6 SIDStructureTLV 类型值为 1252，在 Link NLRI 中作为 SRv6 End.X TLV、IS-IS SRv6 LAN End.X TLV 与 OSPFv3 SRv6 LAN End.XTLV 的 Sub-TLV，用于描述一个 SRv6 SID 各部分长度（包括 Locator、Function 和 Arguments 等）。该 TLV 中各字段含义与 IS-IS/OSPFv3 中 SRv6 SID Structure Sub-sub-TLV 中相应字段含义相同，此处不再赘述。

需要说明的是，SRv6 SID Structure TLV 不仅用在 Link NLRI 中，还可用在 BGP-LS 新增的 SRv6 SID NLRI 中。

3．IPv6 Topology Prefix NLRI 及其属性扩展

一条 IPv6 前缀由 IPv6 Topology Prefix NLRI 和 Prefix Attributes 一起描述。面向 SRv6，IPv6 Topology Prefix NLRI 无须扩展，主要针对与 Prefix Attributes 相关的 TLV 进行扩展。面向 SRv6 的 Prefix Attributes 属性扩展示例如图 4-17 所示，这些 TLV 主要用于通告与 IPv6 Topology Prefix 相关的信息。BGP-LS 协议新增了 SRv6 Locator TLV，通告该前缀对 SRv6 的支持能力。SRv6 Locator TLV 的类型值为 1162，其中的 D 标志位用于防止当 Level1/Level2 渗透时发生路由环路，Algorithm、Metric 字段定义与前述一致，Sub-TLV 字段用于承载与该 Locator 相关的附加属性（目前尚无定义）。

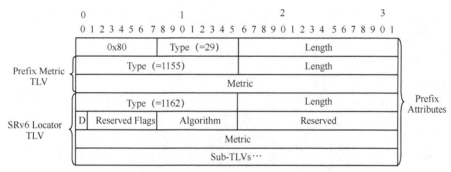

图 4-17　面向 SRv6 的 Prefix Attributes 属性扩展示例

SRv6 Locator 的属性信息可通过 draft-ietf-idr-bgp-ls-segment-routing-ext 定义的 Prefix Attribute Flags TLV 携带，主要用于通告与 IGP 路由协议对应的前缀属性信息（如 IETF RFC 7794 定义的 IPv4/IPv6 Extended Reachability Attribute Flags 信息、IETF RFC 5340 定义的 OSPFv3 Prefix Options Flags 信息）。

需要说明的是，如果 SRv6 Locator TLV 用于在 Underlay 网络中传递 Locator Prefix 的可达性，它必须与 Prefix Metric TLV（类型值为 1155）[6]同时出现；否则，缺省的 SPF 算法中就不能将 Locator Prefix 纳入计算。

4．SRv6 SID NLRI 及其属性扩展

为了通告 SRv6 SID 及其 Endpoint 指令等信息，BGP-LS 新增 SRv6 SID NLRI 类型（类型值为 6）。SRv6 SID NLRI 及其扩展属性如图 4-18 所示，SRv6 SID 由 SRv6 SID NLRI 和 SRv6 SID Attributes 一起描述。

SRv6 SID NLRI 由协议标识符（Protocol-ID）、标识符（Identifier）、本地节点描述符（Local Node Descriptors）与 SRv6 SID 描述符（SRv6 SID Descriptors）等字段组成：Protocol-ID、Identifier、Local Node Descriptors 的含义/用法与前述 NLRI 相同；SRv6 SID Descriptors 用于描述 SRv6 SID 信息，由一个 SRv6 SID Information TLV 和可选的 Multi-Topology Identifier TLV（IETF RFC 7752 定义）组成。

SRv6 SID 由 SRv6 SID Descriptors 和 SRv6 SID Attributes 共同描述。SRv6 SID Attributes 则由一系列 TLV 组成，用于携带 SRv6 SID 可达性等信息，具体如下。

- SRv6 Endpoint Function TLV：用于携带与某个 SID NLRI 相关的 Endpoint Function 信

6　Prefix Metric TLV 为 BGP-LS 协议中 IPv4/IPv6 Topology Prefix NLRI 的既有属性，并针对 SR-MPLS 和 SRv6 的扩展。

息（如 End.DT4 等）。

- SRv6 BGP Peer Node SID TLV：用于携带与某个 SID NLRI 相关的 BGP Peer 信息。
- SRv6 SID Structure TLV：用于描述 SRv6 SID 的结构，包括各部分的长度等。

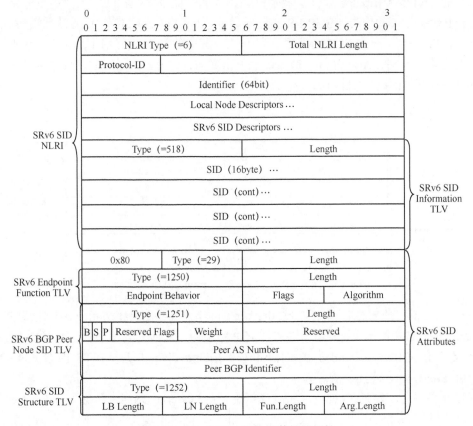

图 4-18　SRv6 SID NLRI 及其扩展属性

（1）SRv6 SID Information TLV

SRv6 SID Information TLV 类型值为 518，携带于 SRv6 SID NLRI 的 SRv6 SID Descriptors 中，用于通告所有类型的 SRv6 SID（End.X SID 除外）信息。

（2）SRv6 Endpoint Function TLV

SRv6 Endpoint Function TLV 类型值为 1250，是 SRv6 SID NLRI 必须携带的一种 SRv6 SID Attributes，用于传递每种 SID 类型的网络功能指令（由 Endpoint Behavior 字段承载）。Length 字段值为 4，代表该 TLV 中的"Value"字段（包括 Endpoint Behavior、Flags、Alogrithm 字段）的长度为 4byte。Algorithm 字段的含义/用法与前述一致。

（3）SRv6 BGP Peer Node SID TLV

SRv6 BGP Peer Node SID TLV 类型值为 1251，是一种 SRv6 SID Attributes，用于携带 BGP EPE 场景下与 Peer Node 和 Peer Set 相关的 BGP Peer 信息。此 TLV 必须与 BPG Peer Node 或 BGP Peer Set 功能相关的 SRv6 SID 一起使用。

该 TLV 中，Weight 以及 B/S/P 标志位的含义/用法与 SRv6 End.X SID Sub-TLV 一致；Peer AS Number 字段用于标识 BGP Peer 的 AS 号；Peer BGP Identifier 字段用于标识 BGP Peer 的 Router ID。

为方便理解，BGP-LS 针对 SRv6 所做主要扩展如图 4-19 所示。

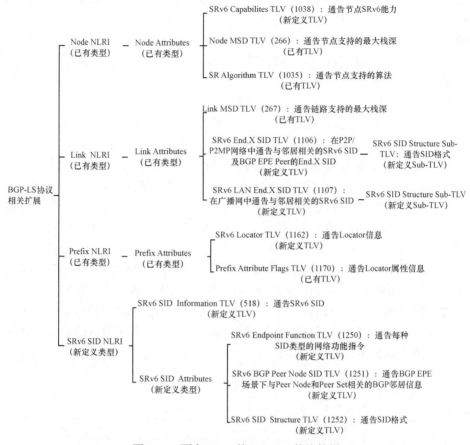

图 4-19　面向 SRv6 的 BGP-LS 协议扩展

4.2.2　BGP SRv6 Policy 协议

SR Policy 是一种基于有序 SID 列表实现 TE 意图的技术，在数据平面则可以理解为基于有序 SID 列表而形成的报文路径。在头端节点生成 SR Policy 候选路径（Candidate Path，CP）既可以通过 CLI 配置方式，也可以通过 SR 控制器下发。

BGP 也可作为 SR 控制器的南向接口协议下发 SR Policy 候选路径，这种机制称为 BGP SR-TE 或 BGP SR Policy。BGP SR Policy 通过定义新的 BGP AFI/SAFI 并使用新的 NLRI 来实现所需扩展，BGP SRv6 Policy 所对应 AFI/SAFI 为 2/73。

作为控制器的南向接口协议，BGP SR Policy 的功用与 PCEP 类似，为叙述方便，本书将其称为 BGP SR Policy 协议。此处，将用于下发 SRv6 Policy 的 BGP SR Policy 协议称为 BGP SRv6 Policy 协议。

基于 BGP SRv6 Policy 协议生成 SRv6 Policy 路径的过程如下：

步骤 1　控制器计算得到 SRv6 Policy 后，通过 BGP Peer 关系将相应 Candidate Path 以路由发布方式通告至 SRv6 头端节点；

步骤 2 头端节点对接收的 Candidate Path 进行 BGP 路由优选，确定 SRv6 Policy 路径；

步骤 3 头端节点的 BGP 模块将选择结果（SRv6 Policy 路径）下发给本地 SRv6 Policy 管理模块；

步骤 4 管理模块将该 SRv6 Policy 路径安装到数据平面。

BGP SRv6 Policy 协议新定义了 NLRI 和 Attribute 属性信息，并扩展了相应 Community 属性，主要包括：

- 新定义 NLRI 标识 SRv6 Policy 候选路径；
- 新定义隧道封装（Tunnel Encapsulation）属性，以承载 SRv6 Policy 候选路径信息；
- 扩展 Color Extended Community[7]的 Flags 字段，用于实现引流功能。

需要说明的是，上述扩展信息并非全部由 BGP SR Policy 的 Update 报文携带。SRv6 Policy NLRI 及 Tunnel Encapsulation 属性通过 BGP SR Policy 报文携带，而 Color Extended Community 信息则通过节点间的 BGP 路由通告报文携带。另外，BGP SRv6 Policy 协议基于 Update 消息 通告 SRv6 Policy 候选路径，而非路由前缀（实际上它与任何路由前缀都无关）。

1．SRv6 Policy AFI/SAFI 及其 NLRI

SRv6 Policy NLRI 的格式如图 4-20 所示，用于描述 SRv6 Policy 的一条 Candidate Path。 SRv6 Policy NLRI 实际上是 SR Policy NLRI 的一种。当 AFI/SAFI 为 1/73 时，该 NLRI 标识 一条 SR-MPLS Policy Candidate Path，对应的 NLRI Length[8]为 96bit（12byte）；当 AFI/SAFI 为 2/73 时，该 NLRI 标识一条 SRv6 Policy Candidate Path，对应的 NLRI Length 为 192bit （16byte）。此外，其他字段的含义如下。

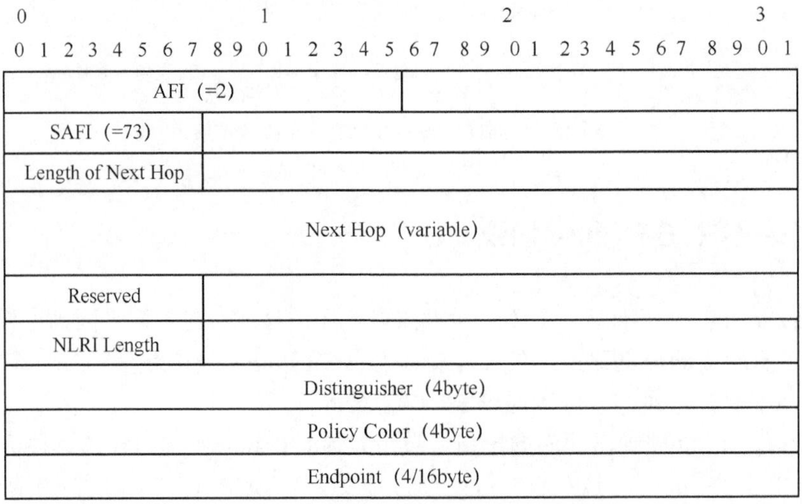

图 4-20　SRv6 Policy NLRI 的格式

7　Color Extended Community 是 BGP 中一种可传递的 Opaque Extended Community 属性，具体参见 IETF RFC 4360 及 draft-ietf-idr-tunnel-encaps。

8　NLRI Length 字段标识该字段后续字段的总长度，以 bit 为单位。SR Policy NLRI 的 Distinguisher、Policy Color 字段长度均为 4byte（32bit），Endpoint 字段则根据 SR-MPLS 与 SRv6 而有所不同。当 Endpoint 为 SR-MPLS 节点时，其标识为 IPv4 地址(4byte)；当 Endpoint 为 SRv6 节点时，其标识为 IPv6 地址(16byte)。故而，针对 SR-MPLS 与 SRv，NLRI Length 分别为 96bit 与 192bit。

- Distinguisher（区分符）：用于区分同一 SRv6 Policy 中的多条 Candidate Path，该值在 SRv6 Policy NLRI 范围内具有唯一性。
- Policy Color（Policy 颜色）：与 Endpoint 一起标识一个 SRv6 Policy。当 Color 与目标路由前缀的 Color 值匹配时，流量将被引入指定的 SRv6 Policy。
- Endpoint（SRv6 Policy 尾节点）：以 IPv6 地址方式标识 SRv6 Policy 的目的节点。

2. SR Policy 隧道类型及其封装属性

SRv6 Policy NLRI 标识了 Candidate Path 属于哪条 SRv6 Policy，而 Candidate Path 本身的信息则由隧道类型及其封装的属性提供。

SRv6 Policy 路径信息通过[I-D.ietf-idr-tunnel-encaps]定义的隧道封装属性（即 Tunnel Encapsulation Attribute，Type code 为 23）进行编码。为携带 SR Policy 信息，隧道封装属性中新定义了 SR Policy 类型的 Tunnel 类型（类型值为 15）。

SR Policy 信息的封装结构如下。

```
SR Policy SAFI NLRI: <Distinguisher, Policy-Color, Endpoint>
Attributes:
Tunnel EncapsAttribute (23)
    Tunnel Type: SR Policy (15)
        Binding SID
        SRv6 Binding SID
        Preference
        Priority
        Policy Name
        Policy Candidate Path Name
        Explicit NULL Label Policy (ENLP)
        Segment List
            Weight
            Segment
            Segment
            ...
    ...
```

上述格式可以看作一个 SR Policy TLV 下携带 Binding SID、SRv6 Binding SID、Preference、Priority、Policy Name、Policy Candidate Path Name、ENLP 和 Segment-List 等 Sub-TLV，Segment-List Sub-TLV 下携带 Weight、Segment 等 Sub-sub-TLV。

需要说明的是，根据 Tunnel Encapsulation Attribute（Tunnel Encaps Attribute）定义的封装格式，SRv6 Policy 的 Tunnel Encaps Attribute 中可能携带 Egress Endpoint Sub-TLV 和 Color Sub-TLV 字段，但在 SR-MPLS Policy Tunnel Encaps Attribute 中是不需要的，需对此信息进行忽略处理。

（1）Binding SID Sub-TLV

Binding SID Sub-TLV 类型值为 13，为可选 TLV，用于描述与 SR Policy Candidate Path 关联的 Binding SID（BSID）信息。Binding SID Sub-TLV 的格式如图 4-21 所示。其中，Length 字段不仅表示后续字段长度（以 byte 为单位），还用以指示 BSID 类型：Length=2，表示 Binding SID 字段为空；Length=6，表示 Binding SID 为 MPLS 标签格式；Length=18，表示 Binding SID 为 IPv6 地址格式。

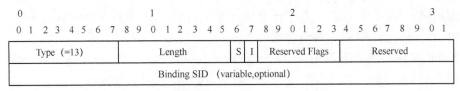

图 4-21　Binding SID Sub-TLV 的格式

该 Sub-TLV 还定义了 S、I 两个标志位：

- S 标识"Specified-BSID-only"行为，表示 SRv6 Policy 的这条 Candidate Path 必须要有一个指定的合法 BSID。若未指定 BSID 或指定的 BSID 不可用，则忽略此条 Candidate Path；
- I 标识"drop-upon-invalid"行为，表示 SR Policy 不合法时，将目的地址为此 BSID 的流量丢弃。

如果 Binding SID Sub-TLV 携带 SRv6 BSID，将由源节点来决定是否将此 BSID 的 Endpoint Behavior 功能实例化。因此，通常建议由 SRv6 Binding SID Sub-TLV 来描述与 SRv6 Policy Candidate Path 关联的 BSID 信息。

（2）SRv6 Binding SID Sub-TLV

SRv6 Binding SID Sub-TLV（类型值尚未确定），为可选 TLV，专用于描述与 SR Policy Candidate Path 关联的 BSID 信息。SRv6 Binding SID Sub-TLV 的格式如图 4-22 所示。与 Binding SID Sub-TLV 相比，SRv6 Binding SID Sub-TLV 增加了一个 B 标志位。该标志位用于指示本 Sub-TLV 是否携带了 SRv6 Endpoint Behavior and SID Structure 字段。SRv6 Endpoint Behavior and SID Structure 各字段含义/用法与前述一致，此处不再赘述。

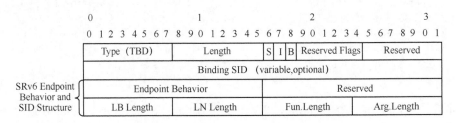

图 4-22　SRv6 Binding SID Sub-TLV 的格式

（3）Preference Sub-TLV

Preference Sub-TLV 类型值为 12，为可选 TLV，用于指定 SRv6 Policy 中 Candidate Path 的优先级（Preference）。Preference Sub-TLV 的格式如图 4-23 所示。未携带此 Sub-TLV 时，SRv6 Policy 的默认优先级为 100。

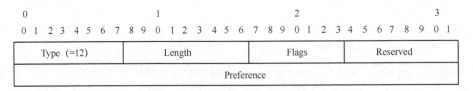

图 4-23　Preference Sub-TLV 的格式

（4）Policy Priority Sub-TLV

Policy Priority Sub-TLV 用于指示当拓扑变化时 SRv6 Policy 重算路的优先级（Priority），Priority Sub-TLV 的格式如图 4-24 所示。

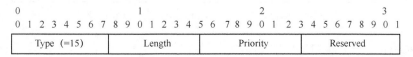

图 4-24　Priority Sub-TLV 的格式

（5）Policy Name Sub-TLV

Policy Name Sub-TLV（类型值尚未确定），为可选 TLV，用于指定 SRv6 Policy 的名称（Policy Name），Policy Name Sub-TLV 的格式如图 4-25 所示。其中，Policy Name 为一串可显示的 ASCII 字符（不包含 NULL 结尾符）。

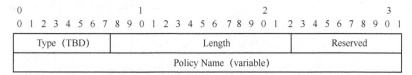

图 4-25　Policy Name Sub-TLV 的格式

（6）Policy Candidate Path Name Sub-TLV

Policy Candidate Path Name Sub-TLV 类型值为 129，为可选 TLV，用于指定 SRv6 Policy 中本条 Candidate Path 的名称（Policy Candidate Path Name）。Policy Candidate Path Name Sub-TLV 的格式如图 4-26 所示。其中，Policy Candidate Path Name 为一串可显示的 ASCII 字符（不包含 NULL 结尾符）。

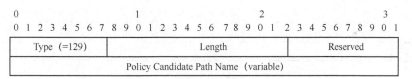

图 4-26　Policy Candidate Path Name Sub-TLV 的格式

（7）Explicit NULL Label Policy Sub-TLV

需要说明的是该 Sub-TLV 仅适用 SR-MPLS。SRv6 中不存在显式空标签，因而并不需要此 Sub-TLV。

在数据平面，SR Policy 实际上是在 IP 报文封装基础上压入 SID 列表。Explicit NULL Label Policy Sub-TLV 类型值为 14，为可选 TLV，用于指示在 IP 报文中压入其他标签之前是否先压入一个显式空标签（Explicit NULL Label），Explicit NULL Label Policy Sub-TLV 的格式如图 4-27 所示。其中，ENLP（Explicit NULL Label Policy）用于表示是否压入以及压入何种显式空标签，具体如下。

- ENLP=1：在 IPv4 报文中压入 IPv4 显式空标签。
- ENLP=2：在 IPv6 报文中压入 IPv6 显式空标签。
- ENLP=3：在 IPv4 报文中压入 IPv4 显式空标签，并在 IPv6 报文中压入 IPv6 显式空标签。
- ENLP=4：不压入显式空标签。

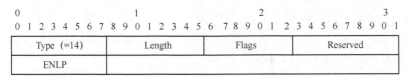

图 4-27　Explicit NULL Label Policy Sub-TLV 的格式

（8）Segment List Sub-TLV

Segment List Sub-TLV 类型值为 128，为可选 TLV，用于指定 SRv6 Policy 的显式路径，Segment List Sub-TLV 的格式如图 4-28 所示。Segment List Sub-TLV 可在 SRv6 Policy 中出现多次。

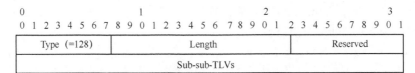

图 4-28　Segment List Sub-TLV 的格式

目前，Segment List Sub-TLV 中定义了 Weight Sub-sub-TLV 和 Segment Sub-sub-TLV 类型，用于携带 Candidate Path 的权重和路径单元（即 Segment）信息。

（a）Weight Sub-sub-TLV

Weight Sub-sub-TLV 类型值为 9，为可选 TLV，用于指定 Segment List 在 Candidate Path 中的权重（Weight）以便实现路径的负载分担。Weight Sub-sub-TLV 的格式如图 4-29 所示。若未指定权重值，则默认为 1。

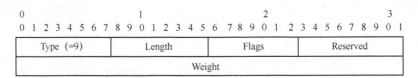

图 4-29　Weight Sub-sub-TLV 的格式

（b）Segment Sub-sub-TLV

Segment Sub-sub-TLV 用于描述 Segment List 中的一个 Segment，一个 Segment List Sub-TLV 可携带多个 Segment Sub-sub-TLV。

根据 BGP 下发 SR Policy 路径时携带的信息类型不同（如直接通过 SID 下发或通过节点地址下发等），定义了多种 Segment Sub-sub-TLV 类型（Segment Sub-sub-TLV 类型见表 4-5）。

表 4-5　Segment Sub-sub-TLV 类型

Segment Sub-sub-TLV	含义/用法
Type A	SR-MPLS Label
Type B	SRv6 SID
Type C	带 SR 算法的 IPv4 前缀信息（IPv4 Prefix with Optional SR Algorithm）
Type D	带 SR 算法的全局 IPv6 前缀信息，用于 SR-MPLS 场景（IPv6 Global Prefix with Optional SR Algorithm for SR-MPLS）

（续表）

Segment Sub-sub-TLV	含义/用法
Type E	IPv4 地址与本地接口 ID 信息（IPv4 Prefix with Local Interface ID）
Type F	基于本地/远端 IPv4 地址对链路节点信息（IPv4 Addresses for Link Endpoints as Local/Remote Pair）
Type G	本地/远端 IPv6 地址与接口 ID 信息，用于 SR-MPLS 场景（IPv6 Prefix and Interface ID for Link Endpoints as Local/Remote Pair for SR-MPLS）
Type H	本地/远端 IPv6 地址信息，用于 SR-MPLS 场景（IPv6 Addresses for Link Endpoints as Local/Remote Pair for SR-MPLS）
Type I	带 SR 算法的 IPv6 全局地址，用于 SRv6 场景（IPv6 Global Prefix with Optional SR Algorithm for SRv6）
Type J	本地/远端 IPv6 地址与接口 ID 信息，用于 SRv6 场景（IPv6 Prefix and Interface ID for Link Endpoints as Local，Remote Pair for SRv6）
Type K	本地/远端 IPv6 地址信息，用于 SRv6 场景（IPv6 Addresses for Link Endpoints as Local，Remote Pair for SRv6）

源节点可根据 Type A 和 Type B 两种类型的 Segment Sub-sub-TLV 获取相应的 SID，进而生成 Segment List；而其他类型的 Segment Sub-sub-TLV 则是通过节点地址、接口 ID 及接口地址等信息进行描述，由源节点解析后生成相应的 SID（此情况下节点间需要先通过 IGP 路由协议通告各节点分配的 SID 信息），进而生成 Segment List。

SRv6 通告的 Segment Sub-sub-TLV 类型为 Type B、Type I、Type J、Type K。下面分别介绍这 4 类 Segment Sub-sub-TLV。

- Type B Segment Sub-sub-TLV

Type B（Type 值为 13）Segment Sub-sub-TLV 携带了 SRv6 SID 及其 Endpoint Behavior 等信息，可用于通告任意类型的 SRv6 SID。源节点可从 Segment Sub-sub-TLV 中直接获取 SRv6 SID。

Type B Segment Sub-sub-TLV 的格式如图 4-30 所示，其中的 SRv6 Endpoint Behavior and SID Structure 各字段含义/用法与前述一致，此处不再赘述。

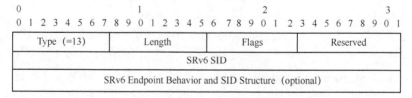

图 4-30　Type B Segment Sub-sub-TLV 的格式

- Type I Segment Sub-sub-TLV

Type I（类型值为 14）Segment Sub-sub-TLV 携带了 IPv6 全局地址及 SR 算法等信息。源节点可将此 IPv6 节点地址解析为相应节点生成的 SRv6 SID。此类型 Segment Sub-sub-TLV 用于通告与节点相关 SID 类型（如 End SID）。

Type I Segment Sub-sub-TLV 的格式如图 4-31 所示。与 Type B 类型相比，此类型的 Segment Sub-sub-TLV 增加了 SR Algorithm 和 IPv6 Node Address 字段，各字段含义/用法此处不再赘述。

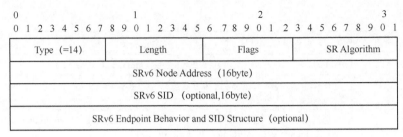

图 4-31　Type I Segment Sub-sub-TLV 的格式

- Type J Segment Sub-sub-TLV

Type J（类型值为 15）Segment Sub-sub-TLV 携带了 IPv6 本地节点地址（IPv6 Local Node Address）、本地接口（Local Interface）ID、IPv6 远端节点地址（IPv6 Remote Node Address）、远端接口 ID（Remote Interface ID）以及可选的 SRv6 SID，以通告与 IPv6 链路相关信息。此类型 Segment Sub-sub-TLV 可用于发布邻接类型 SID（如 End.X）或与 BGP EPE 相关类型 SID 信息。

Type J Segment Sub-sub-TLV 的格式如图 4-32 所示。

```
0                   1                   2                   3
0 1 2 3 4 5 6 7 8 9 0 1 2 3 4 5 6 7 8 9 0 1 2 3 4 5 6 7 8 9 0 1
+-------------------+-------------------+-------------------+-------------------+
| Type (=15)        | Length            | Flags             | SR Algorithm      |
+-------------------+-------------------+-------------------+-------------------+
|                 Local Interface ID (4byte)                                  |
+-----------------------------------------------------------------------------+
|                 IPv6 Local Node Address (16byte)                            |
+-----------------------------------------------------------------------------+
|                 Remote Interface ID (4byte)                                 |
+-----------------------------------------------------------------------------+
|                 IPv6 Remote Node Address (16byte)                           |
+-----------------------------------------------------------------------------+
|                 SRv6 SID (optional,16byte)                                  |
+-----------------------------------------------------------------------------+
|          SRv6 Endpoint Behavior and SID Structure (optional)                |
+-----------------------------------------------------------------------------+
```

图 4-32　Type J Segment Sub-sub-TLV 的格式

- Type K：IPv6 本地和远端地址及其可选的 SRv6 SID

Type K（类型值为 16）Segment Sub-sub-TLV 中携带了一个邻接的本端 IPv6 地址及远端 IPv6 地址，同样用于发布邻接类型的 SID（如 End.X）或与 BGP EPE 相关的类型的 SID 信息。

此时，Type K Segment Sub-sub-TLV 的格式如图 4-33 所示。与 Type J 相比，此 Segment Sub-sub-TLV 通过本端和对端接口的 IPv6 地址描述了一条链路，无须再携带接口 ID，各字段含义此处不再赘述。

目前，Segment Sub-sub-TLV 的 Flags 字段格式（如图 4-34 所示）共定义了 4 个标志位，具体如下。

- V 标志位：标识 "SID Verification" 行为，表示需对 SRv6 SID 进行校验以确认其是否可以使用。
- A 标志位：表示 "SR 算法" 字段中的算法 ID 是否应用于当前 Segment（Active Segment）。A 标志位只在 Type C/Type D/Type I/Type J/Type K 的 Segment Sub-sub-TLV 中有效。当在网络中应用 Flex- Algo 算法时，网络中将基于不同需求形成多个 IGP 路由平面。

此场景下，同一节点在不同平面生成的 SRv6 SID 可能不同。为此，需为描述 SR Policy 路径的节点地址等信息指定其应用的算法类型，从而映射到相应转发平面的 SID。

- S 标志位：指示根据 Segment 类型携带 SR-MPLS 或 SRv6 标签。S 标志位只在 Type C/Type D/Type E/Type F/Type G/Type H/Type I/Type J/Type K 的 Segment Sub-sub-TLV 中有效（在这些类型中，SID 均为可选字段）。
- B 标志位：指示携带 SRv6 Endpoint Behavior and SID Structure 字段。B 标志位只在 Type B/Type I/Type J/Type K 的 Segment Sub-sub-TLV 中有效。

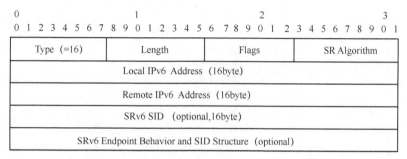

图 4-33　Type K Segment Sub-sub-TLV 的格式

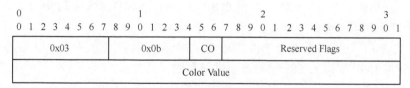

图 4-34　Segment Sub-sub-TLV 的 Flags 字段格式

3. Color Extended Community

用于指示是否根据下一跳（Next Hop）地址与 Color 值将流量引导至隧道并转发，Color Extended Community 的格式如图 4-35 所示。其中，0x03 表明此 TLV 为可传递的 Opaque Extended Community 类型，0x0b 则标识此 TLV 为 Color Extended Community 类型。Color Value 字段则标识与路由相关的 Color 值。

图 4-35　Color Extended Community 的格式

为支持基于 Color 的 SR Policy 引流功能，新定义了 Flags 标志位，即 CO 标志位（Color Only），用于指示是否根据匹配下一跳地址的 Color 值将流量引导至 SR Policy 隧道，具体如下。

- CO 标志位取值为 "00"：CO 标志位默认值，当下一跳地址和 Color 值均匹配时，进行引流。
- CO 标志位取值为 "01"：下一跳地址匹配或为空，且 Color 值匹配时，进行引流。
- CO 标志位取值为 "10"：Color 值匹配时，进行引流。

当基于 BGP SRv6 Policy 协议下发 SRv6 Policy 信息时，面向 SRv6 Policy 的 BGP 扩展如图 4-36 所示。

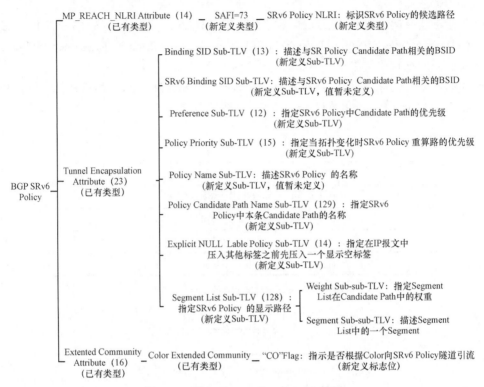

图 4-36　面向 SRv6 Policy 的 BGP 扩展

4.2.3　BGP Service 扩展

由于 SRv6 可实现 Underlay 网络与 Overlay 业务的统一，因而前面章节所提到的与 PE 节点特定业务行为相关的 SRv6 SID 可以称为 SRv6 Service SID。这些 SRv6 Service SID 包括 END.DT、END.DX 等 SID。

BGP 可实现 PE 间业务前缀可达性的通告。SRv6 可以通过 BGP 扩展来发布业务前缀可达性信息，目前 BGP 支持的 SRv6 Service 类型有以下几种。

- BGP based L3 service over SRv6：这类业务包括 IPv4 VPN over SRv6（对应 End.DX4 SID、 End.DT4 SID）、IPv6 VPN over SRv6（对应 End.DX6 SID、End.DT6 SID）、 Global IPv4 over SRv6（对应 End.DX4 SID、End.DT4 SID）与 Global IPv6 over SRv6（对应 End.DX6 SID、End.DT6 SID）等。

- BGP based Ethernet VPN（EVPN）over SRv6：这类业务对应了 EVPN 定义的 Type 1～Type 8 共 8 种路由类型。但是对于 Type4（Ethernet Segment route）、Type6（Selective Multicast Ethernet Tag route）、Type7（IGMP join sync route）和 Type8（IGMP leave sync route）类型的 EVPN，无须基于 SRv6 Service TLV 承载相应的业务信息，因而本书不对这些业务进行介绍。

BGP Prefix-SID Attribute（类型值为 40）属性在 IETF RFC 8669 中定义，用于传递 SR 网络中的 BGP 前缀标签信息。为实现基于 BGP 的 SRv6 业务，BGP 扩展了该属性，以通告 SRv6 SID 及与其相关的信息。现阶段，BGP 主要定义了两个 BGP Prefix-SID 属性的 TLV，用于携带与业务相关的 SRv6 SID 信息，具体如下。

- SRv6 L3 Service TLV：类型值为 5，用于携带 End.DT4、End.DX4、End.DT6、End.DX6 等三层业务的 SRv6 SID 信息。
- SRv6 L2 Service TLV：类型值为 6，用于携带 End.DX2、End.DX2V、End.DX2U、End.DX2M 等二层业务的 SRv6 SID 信息。

SRv6 Services TLV 的格式如图 4-37 所示。其中 Type 值为 5、6 时，分别表示该 TLV 为 SRv6 L3 Service TLV、SRv6 L2 Service TLV；SRv6 Service Sub-TLV 用于携带具体的 SRv6 业务信息。目前，仅定义了一种 SRv6 Service Sub-TLV 类型，即 SRv6 SID Information Sub-TLV（类型值为 1），用于携带 SRv6 SID 信息。

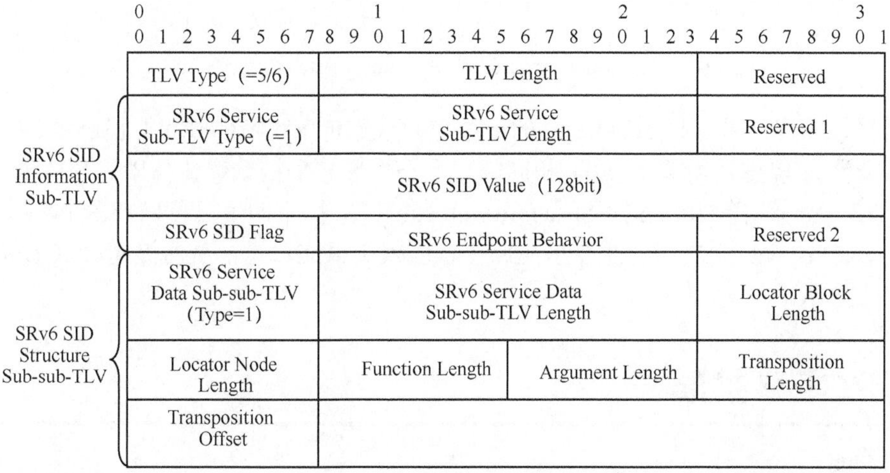

图 4-37　SRv6 Service TLV 的格式

SRv6 SID Information Sub-TLV 可通过 SRv6 Service Data Sub-sub-TLV 携带 SRv6 SID 的属性信息。目前，仅定义了一种 SRv6 Service Data Sub-sub-TLV 类型，即 SRv6 SID Structure Sub-sub-TLV（类型值为 1），用于携带 SID 中各字段的长度信息。该 Sub-sub-TLV 中的 Locator Block Length、Locator Node Length、Function Length 与 Arguments Length 等字段的含义/用法与前述一致。为提升 BGP Update 报文发送和接收效率，SRv6 在该 Sub-sub-TLV 中引入了 Transposition（移位）Length 与 Transposition Offset 字段，具体如下。

- Transposition Length：长度为 8bit，标识被移位到 BGP 报文 Labelp 字段的 SID 部分的长度。
- Transposition Offset：长度为 8bit，标识被移位到 BGP 报文 Label 字段的 SID 部分的偏移量。

基于 Transposition Length 与 Transposition Offset 字段，可以将 SRv6 SID 的可变部分（Function/Argument）移位（即将该部分从 SRv6 SID 中移除），置入已有的 BGP Update 报文 Label 字段中，而 SRv6 SID 中被移位部分则置 0。Transposition Length/Transposition Offset 字

段标识了 SRv6 SID 中被移位的长度/偏移量。当 Transposition Length 字段置为 0 时，表示不进行移位操作，SRv6 SID 被完整地存放在 SID Information Sub-TLV 中，此时 Transposition Offset 字段必须置为 0。由于 BGP Update 报文的 Label 字段的大小是 24bit，最多只有 24bit 从 SRv6 SID 移位到 Label 字段中。

为便于理解，Transposition Length 和 Transposition Offset 的含义如图 4-38 所示。由图 4-38 可知，SRv6 SID 各字段 LOC:FUNCT:ARG 长度分别为 64:20:0。如果将该 SID 的 Function 部分移位，则 Transposition Length=20，Transposition Offset=108。

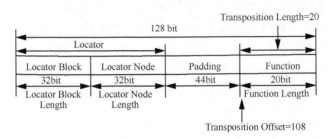

图 4-38　Transposition Length 和 Transposition Offset 的含义

通过移位操作，可以将 SRv6 SID 的可变部分（Function/Argument）移位至 BGP Update 报文的 Label 字段中，而多个 SID 相同、固定不变部分仍被编码在 SRv6 SID Information Sub-sub-TLV 中。这样 SRv6 SID Structure Sub-sub-TLV 携带的信息可以被多个 SRv6 SID 复用，一条 BGP Update 报文可以携带多条路由，以减少报文数量，从而提高 BGP Update 报文发送和接收效率。

4.3　PCEP 扩展

集中式控制模式下，除可采用 BGP SRv6 Policy 协议外，还可基于 PCEP 实现 SRv6 Policy 信息的发布。为实现集中式 SRv6-TE 功能，PCEP 在 Stateful PCE（有状态 PCE）基础上进行了扩展。基于有状态 PCE 的 SRv6-TE 典型交互过程如图 4-39 所示。

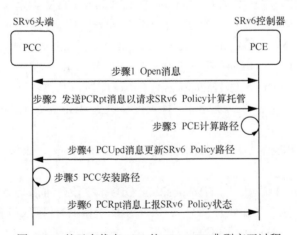

图 4-39　基于有状态 PCE 的 SRv6-TE 典型交互过程

步骤 1　SRv6 头端（Headend）节点（已使能 SRv6 Policy）与 SRv6 Controller 之间通过 PCEP 会话相互发送 Open 消息，协商各自支持的能力。其中，PCEP 新增 SRv6 PCE Capabilities Sub-TLV，用于 PCC 和 PCE 协商 SRv6 能力。

步骤 2　头端节点发送 PCRpt 消息至 Controller（携带托管标记 Delegate = 1），托管 SRv6 Policy，请求 PCE 计算路径。PCRpt 消息中携带了各种对象以指定 SRv6 Policy 路径的约束和属性集合。

步骤 3　Controller 接收头端节点发送的 PCRpt 消息，基于路径约束和属性信息，进行 SRv6 路径计算。

步骤 4　Controller 完成路径计算后，通过 PCUpd 消息中的显式路由对象（Explicit Route Object，ERO）携带路径信息发送至 PCC 头端节点。为支持 SRv6，PCEP 新增 SRv6-ERO 子对象以携带 SRv6 路径信息。

步骤 5　头端节点接收 Controller 下发的路径信息，安装 SRv6 路径。

步骤 6　头端节点完成路径安装后，发送 PCRpt 消息至 Cotroller，报告 SRv6 Policy 状态信息。为此，新增 SRv6-RRO 子对象携带 SRv6 实际路径信息。

根据以上过程可以看出，PCEP 针对 SRv6 的扩展包括 3 个方面，具体如下。

- 通告 SRv6-TE 路径创建能力：新增 SRv6 路径创建类型（Path Setup Type，PST）类型，用于表示可创建 SRv6-TE 路径。此扩展类型通过 Path-Setup-Type-Capabilities TLV 和 Path-Setup-Type TLV 携带。

- 通告 SRv6 能力：新增 SRv6 PCE Capabilities Sub-TLV，用于描述节点支持 SRv6 的能力，此 Sub-TLV 通过 Open 对象中的 Path-Setup-Type-Capabilities TLV 携带。

- 通告基于 SRv6 SID 的路径信息：新增 SRv6-ERO Subobject，用于携带 PCE 计算的路径信息；新增 SRv6-RRO Subobject，用于携带 PCE 实际路径信息。

1. 扩展 Path-Setup-Type-Capabilities TLV、新增 SRv6 PCE Capabilities Sub-TLV

建立 PCEP 连接时，PCC 和 PCE 通过 OPEN 消息各自通告所支持的能力。支持路径创建的能力由 Path-Setup-Type-Capabilities TLV（类型值为 34）描述。Path-Setup-Type- Capabilities TLV 的格式如图 4-40 所示。其中，PST 字段表示所支持的路径创建类型。目前，共定义了 RSVP-TE（类型值为 0）、Segment Routing（类型值为 1）和 SRv6（类型值为 2）3 种 PST 类型。在通告能力时，如果 PATH-SETUP-TYPE-CAPABILITIES TLV 携带类型值为 2 的 PST，则表示头端节点支持建立 SRv6 路径。此时该 TLV 必须携带一个 SRv6 PCE Capabilities Sub-TLV，以详细描述其对 SRv6 的支持能力。

SRv6 PCE Capabilities Sub-TLV（类型值尚未确定）主要用于描述 PCC 节点的 MSD 支持能力。其中，MSD 字段含义/用法与前述一致；N 标志位表示该 PCC 节点是否具备将节点或邻接标识符（Node or Adjacency Identifier，NAI）解析为 SRv6 SID 的能力；X 标志位标识该 PCC 节点是否存在 MSD 限制。

2. 扩展 PATH-SETUP-TYPE TLV

在请求计算路径时，RP（Request Parameters）/SRP（Stateful PCE Request Parameters）会携带 PATH-SETUP-TYPE TLV 以描述路径类型。PATH-SETUP-TYPE TLV 的格式如图 4-41 所示。为支持 SRv6-TE 的算路请求，PCEP 同样对 PATH-SETUP-TYPE TLV 进行了扩展，新增类型值为 2 的 PST 以支持 SRv6。

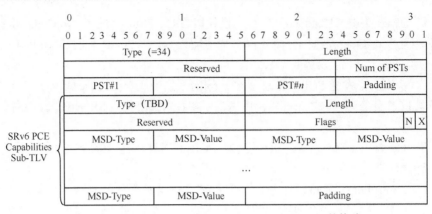

图 4-40　PATH-SETUP-TYPE-CAPABILITIES TLV 的格式

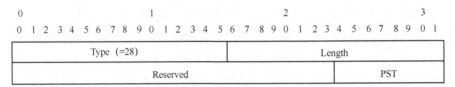

图 4-41　PATH-SETUP-TYPE TLV 的格式

3. 新增 SRv6-ERO Subobject

PCEP 的 ERO（Explicit Route Object）由一系列 Subobject 组成，用于描述路径。为了携带 SRv6 SID 和 NAI，PCEP 协议新增了 SRv6-ERO Subobject（SRv6-ERO 子对象）。NAI 与 SRv6 SID 相关，可通过 NAI 解析到对应的 SRv6 SID。SRv6-ERO Subobject 可由 PCRep/PCInitiate/PCUpd/PCRpt 消息携带。SRv6-ERO Subobject 的格式如图 4-42 所示。

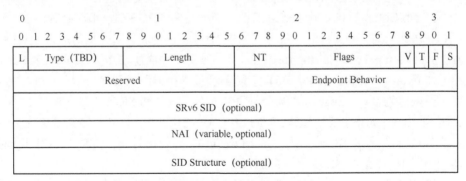

图 4-42　SRv6-ERO Subobject 的格式

SRv6-ERO Subobject 各字段的说明见表 4-6。

表 4-6　SRv6-ERO Subobject 各字段的说明

字段名	长度	含义
L	1bit	松散路径标记。当 L 置 0 时，不允许 PCC 修改所接收 ERO 消息中的 SID 值；当 L 为 1 时，PCC 节点可基于本地策略扩展或替换接收的 SRv6-ERO 信息中的 SID 值
Type	7bit	类型，目前尚未确定
Length	8bit	长度

（续表）

字段名	长度	含义
NT	4bit	标识 NAI 类型（NAI Type） NT = 0：NAI 为空； NT = 2：与 SRv6 SID 相关的节点的 IPv6 地址； NT = 4：用于描述与 SRv6 End.X SID 相关的链路的 IPv6 地址对； NT = 6：用于描述与 SRv6 End.X SID 相关的链路的 IPv6 地址和接口标识符
Flags	12bit	标志位，其中： V 标志位：标识“SID verification”行为，表示需对 SRv6 SID 进行校验，确认其是否可以使用； T 标志位：指示 Subobject 中携带 SRv6 SID Structure 字段。当 S 标志位值为 1 时，T 标志位需置 0； F 标志位：如果取值为 1，标识该 Subobject 中不包含 NAI； S 标志位：如果取值为 1，标识该 Subobject 中不包含 SRv6 SID
Endpoint Behavior	16bit	标识 SRv6 SID 的 Behavior
SRv6 SID	128bit	表示 SRv6 Segment
NAI	长度可变	SRv6 SID 对应的 NAI，和 NT 相对应，携带 NT 指示的详细信息
SID Structure	64bit	描述 SID 结构

SRv6-ERO Subobject 中的 SID Structure 格式如图 4-43 所示，其中 LB Length、LN Length、Fun.Length、Arg.Length 字段含义/用法与前述一致，Flags 字段目前尚未定义。

0　　　　　　　　　　1　　　　　　　　　　2　　　　　　　　　　3
0 1 2 3 4 5 6 7 8 9 0 1 2 3 4 5 6 7 8 9 0 1 2 3 4 5 6 7 8 9 0 1

LB Length	LN Length	Fun Length	Arg Length
Reserved			Flags

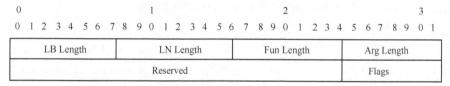

图 4-43　SRv6-ERO Subobject 中的 SID Structure 格式

4．新增 SRv6-RRO Subobject

RRO 表示 PCC 节点所采用的标签列表（代表了 LSP 实际路径）。PCC 上报 LSP 状态时，使用此对象报告 LSP 的实际路径。为了携带 SRv6 SID 信息，PCEP 新增 SRv6-RRO Subobject（SRv6-RRO 子对象），通过 PCRpt 消息通告 SRv6-RRO Subobject 的格式如图 4-44 所示。SRv6-RRO Subobject 除没有 L 字段外，其他字段与 SRv6-ERO Subobject 一致，各字段含义也相同，此处不再赘述。其中，V-Flag 在 SRv6-RRO 报文中无实际意义。

0　　　　　　　　　　1　　　　　　　　　　2　　　　　　　　　　3
0 1 2 3 4 5 6 7 8 9 0 1 2 3 4 5 6 7 8 9 0 1 2 3 4 5 6 7 8 9 0 1

Type（TDB）	Length	NT	Flags	V	T	F	S
Reserved		Endpoint Behavior					
SRv6 SID（optional）							
NAI（variable, optional）							
SID Structure（optional）							

图 4-44　SRv6-RRO Subobject 的格式

为便于理解，面向 SRv6 的 PCEP 扩展如图 4-45 所示。

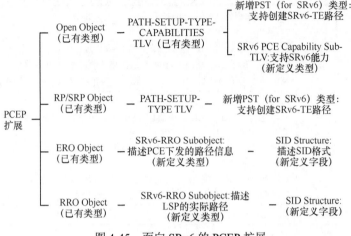

图 4-45　面向 SRv6 的 PCEP 扩展

参考文献

[1] KOMPELLA K，REKHTER Y. Intermediate system to intermediate system (IS-IS) extensionsin support of generalized multi-protocol label switching (GMPLS): RFC 4205[R]. 2005.

[2] REKHTER Y, LI T, HARES S.. A border gateway protocol 4 (BGP-4): RFC 4271[R]. 2006.

[3] SANGLI S, TAPPAN D, REKHTER Y. BGP extended communities attribute: RFC 4360 [R]. 2006.

[4] FARREL A, VASSEUR J P, ASH J. A path computation element (PCE)-based architecture: RFC 4655 [R]. 2006.

[5] ASH J, LE J L. Path computation element (PCE) communication protocol generic requirements: RFC 4657 [R]. 2006.

[6] BATES T, CHANDRA R, KATZ D, et al. Multiprotocol extensions for BGP-4: RFC 4760[R]. 2007.

[7] PRZYGIENDA T, SHEN N, SHETH N. M-ISIS: multi topology (MT) routing in intermediate system to intermediate systems (IS-ISs): RFC 5120[R]. 2008.

[8] LI T, SMIT H, PRZYGIENDA T,.et al. Domain-wide prefix distribution with two-level IS-IS: RFC 5302[R]. 2008.

[9] LI T, SMIT H. IS-IS extensions for traffic engineering: RFC 5305[R]. 2008.

[10] HOPPS C. Routing IPv6 with IS-IS: RFC 5308[S]. 2008.

[11] COLTUN R, FERGUSON D, MOY J, et al. OSPF for IPv6: RFC 5340 [R]. 2008.

[12] VASSEUR J, ROUX J L. Path computation element (PCE) communication protocol (PCEP): RFC 5440[R]. 2009.

[13] ANDERSSON L, ASATI R. Multiprotocol label switching (MPLS) label stack entry: "EXP" field renamed to "Traffic Class" field: RFC 5462[R]. 2009.

[14] MOHAPATRA P, ROSEN E. The BGP encapsulation subsequent address family identifier (SAFI) and the BGP tunnel encapsulation attribute[R]. 2009.

[15] WIJNANDS I J, MINEI I, KOMPELLA K, et al. Label distribution protocol extensions for point-to-multipoint and multipoint-to-multipoint label switched paths: RFC 6388[R]. 2011.

[16] AMANTE S, CARPENTER B, JIANG S, et al. IPv6 flow label specification: RFC 6437[R]. 2011.

[17] WIJNANDS I J, ROSEN E, JOORDE U, et al. Encoding multipoint LDP (mLDP) forwarding equivalence classes (FECs) in the NLRI of BGP MCAST-VPN routes: RFC 7441[R]. 2015.

[18] GIACALONE S, WARD D, DRAKE J, et al. OSPF traffic engineering (TE) metric extensions: RFC 7471[R]. 2015.

[19] GREDLER H, MEDVED J, PREVIDI S, et al. North-bound distribution of link-state and traffic engineering (TE) information using BGP: RFC 7752[R]. 2016.

[20] LINDEM A, SHEN N, VASSEUR J P, et al. Extensions to OSPF for advertising optional router capabilities: RFC 7770[R]. 2016.

[21] GINSBERG L, DECRAENE B, PREVIDI S, et al. IS-IS prefix attributes for extended IPv4 and IPv6 reachability: RFC 7794 [R]. 2016.

[22] PREVIDI S, GIACALONE S, WARD D, et al. IS-IS traffic engineering (TE) metric extensions: RFC 7810[R]. 2016.

[23] LAPUKHOV P, PREMJI A. Use of BGP for routing in large-scale data centers: RFC 7938[R]. 2016.

[24] GINSBERG L, PREVIDI S, CHEN M. IS-IS extensions for advertising router information: RFC 7981[R]. 2016.

[25] CRABBE E, MINEI I, MEDVED J, et al. Path computation element communication protocol (PCEP) extensions for stateful PCE: RFC 8231[R]. 2017.

[26] CRABBE E, MINEI I, SIVABALAN S, et al. Path computation element communication protocol (PCEP) extensions forPCE-initiated LSP setup in a stateful PCE model: RFC 8281[R]. 2017.

[27] LINDEM A, ROY A, GOETHALS D, et al. OSPFv3 link state advertisement (LSA) extensibility: RFC 8362[R]. 2018.

[28] SIVABALAN S, TANTSURA J, MINEI I, et al. Conveying path setup type in communication protocol (PCEP) messages: RFC 8408[R]. 2018.

[29] GINSBERG L, PREVIDI S, GIACALONE S, et al. IS-IS traffic engineering (TE) metric extensions: RFC 8570[R]. 2019.

[30] GINSBERG L, PREVIDI S, WU Q, et al. BGP - link state (BGP-LS) advertisement of IGP traffic engineering performance metric extensions: RFC 8571[R]. 2019.

[31] SIVABALAN S, FILSFILS C, TANTSURA J, et al. Path computation element communication protocol(PCEP) extensions for segment routing: RFC 8664[R]. 2019.

[32] PSENAK P, PREVIDI S, FILSFILS C, et al. OSPF extensions for segment routing: RFC 8665[R]. 2019.

[33] PSENAK P, PREVIDI S. OSPFv3 extensions for segment routing: RFC 8666[R]. 2019.

[34] PREVIDI S, GINSBERG L, FILSFILS C, et al. IS-IS extensions for segment routing: RFC 8667[S]. 2019.

[35] PREVIDI S, FILSFILS C, SREEKANTIAH A, et al. Segment routing prefix segment identifier extensions for BGP: RFC 8669[S]. 2019.

[36] TANTSURA J, CHUNDURI U, TALAULIKAR K, et al. Signaling maximum SID depth (MSD) using the border gateway protocol - link state[R]. 2020.

[37] GINSBERG L, PSENAK P, PREVIDI S, et al. IS-IS application-specific link attributes: RFC 8919[S]. 2020.

[38] LOIBL C, HARES S, RASZUK R, et al. Dissemination of flow specification rules: RFC 8955[R]. 2020.

[39] LOIBL C, RASZUK R, HARES S. Dissemination of flow specification rules for IPv6: RFC 8956[R]. 2020.

[40] CHAN L. Color operation with BGP label unicast: draft-chan-idr-bgp-lu2-02[R]. 2020.

[41] DAWRA G, FILSFILS C, TALAULIKAR K, et al. BGP-LS advertisement of segment routing service segments: draft-dawra-idr-bgp-ls-sr-service-segments-05[R]. 2020.

[42] LI Z, PENG S, GENG X, et al. CEP procedures and protocol extensions for using PCE as a central controller (PCECC) for SRv6: draft-dhody-pce-pcep-extension-pce-controller-srv6-05 [R]. 2020.

[43] RABADAN J, HENDERICKX W, DRAKE J, et al. IP prefix advertisement in EVPN: draft-ietf-bess-evpn-prefix-advertisement-11[R]. 2021.

[44] DAWRA G, FILSFILS C, TALAULIKAR K, et al. SRv6 BGP based overlay services: draft-ietf-bess-srv6-services-08[R]. 2021.

[45] PREVIDI S, TALAULIKAR K, FILSFILS C, et al. BGP-LS extensions for segment routing BGP egress peer engineering: draft-ietf-idr-bgpls-segment-routing-epe-19[R]. 2019.

[46] DAWRA G, FILSFILS C, TALAULIKAR K, et al. BGP link state extensions for SRv6: draft-ietf-idr-bgpls-srv6-ext-05[R]. 2020.

[47] PREVIDI S, FILSFILS C, TALAULIKAR K, et al. Advertising segment routing policies in BGP: draft-ietf-idr-segment-routing-te-policy-11[R]. 2020.

[48] PATEL K, VAN DE VELDE G, SANGLI S, et al. The BGP tunnel encapsulation attribute: draft-ietf-idr-tunnel-encaps-22[R]. 2021.

[49] PSENAK P, FILSFILS C, BASHANDY A, et al. IS-IS extension to support segment routing over IPv6 dataplane: draft-ietf-lsr-isis-srv6-extensions-11[R]. 2020.

[50] LI Z, HU Z, CHENG D, et al. OSPFv3 extensions for SRv6: draft-ietf-lsr-ospfv3-srv6-extensions-01[R]. 2020.

[51] MAINO F, KREEGER L, ELZUR U, et al. Generic protocol extension for VXLAN (VXLAN-GPE): draft-ietf-nvo3-vxlan-gpe-11[R]. 2021.

[52] LI C, NEGI M, SIVABALAN S, et al. PCEP extensions for segment routing leveraging the IPv6 data plane: draft-ietf-pce-segment-routing-ipv6-08[R]. 2020.

[53] LI C, CHEN M, CHENG W, et al. Path computation element communication protocol (PCEP) extension for path segment in segment routing (SR): draft-ietf-pce-sr-path-segment-02[R]. 2020.

[54] J W, LIU Y, GU Y, et al. Traffic steering using BGP flowspec with SRv6 policy: draft-jiang-idr-ts-flowspec-srv6-policy-02[R]. 2020.

[55] LIU Y, SONG B. BGP extensions for services in SRv6 and MPLS coexisting network: draft-ls-bess-srv6-mpls-coexisting-vpn-00[R]. 2020.

[56] 唐宏, 朱永庆, 伍佑明, 等. vBRAS 原理实现与部署[M]. 北京: 人民邮电出版社, 2019.

[57] 李振斌, 胡志波, 李呈. SRv6 网络编程：开启 IP 网络新时代[M]. 北京: 人民邮电出版社, 2020.

第5章

SRv6 头压缩技术

尽管 SRv6 技术受业界推崇，但在推广过程中遇到了两大挑战：报文承载效率与网络设备处理能力。SID 层数的增加，不仅导致 SRv6 报文承载效率的劣化，更对网络设备处理能力产生了巨大的挑战。未来，随着 SRv6 技术的规模部署，特别是端到端 SRv6 Policy 的应用，这种性能折损将显著增加网络建设成本。为此，业界提出了 SRv6 头压缩技术，以减小 SRv6 报头封装长度，降低硬件处理难度，提升信息承载效率。

业界提出了多种 SRv6 头压缩技术，目前在标准上还未统一。本章介绍了目前业界主流的头压缩技术（如 G-SRv6、uSID、SRm6 等）的实现原理，并对这些主流方案的压缩效率进行了仿真对比。

5.1　SR 报文开销与承载效率

SR 报文的承载效率随 SID 封装层数的增加而逐步下降，SRv6 尤甚。SR-MPLS 与 SRv6 报文开销如图 5-1 所示，无论是 SR-MPLS 还是 SRv6，当封装多层 SID 时，都会导致报文开销的增加：对于 SR-MPLS，报文开销与 MPLS 标签长度（4byte）成正比；对于 SRv6 Insert 模式，报文开销是 SRH 基本信息字段长度（8byte）与 SRv6 SID 列表长度（16byte 的倍数）之和；对于 SRv6 Encaps 模式，报文开销是外层 IPv6 基本报头（40byte）、SRH 基本信息字段长度（8byte）与 SRv6 SID 列表长度（16byte 的倍数）之和。

网络可编程究竟需要多少层 SID 才能满足需求？在《Segment Routing 详解第二卷　流量工程》中，作者 Clarence Filsfils 等认为，在部署 SR-TE 过程中，"大多数应用场景只需要少于 5 层的标签"，对于超过 5 层 SID 的应用场景，则可以通过 BSID 和 Flex-Algo Segment 方案将 SID 层数保持在 5 层以内。作者在实际工作过程中，综合 TI-LFA、跨域流量工程等场景，认为即使采用 BSID 和 Flex-Algo Segment 方案，SID 层数仍可能超过 5 层（但通常不会超过12 层）。

以 5 层和 12 层报文封装为例，可以分别计算出 SR-MPLS 和 SRv6 报文开销：当报文封装 5 层 SID 时，SR-MPLS 报文开销为 20byte，SRv6 报文开销为 88byte；当报文封装 12 层 SID 时，SR-MPLS 报文开销为 48byte，SRv6 报文开销为 200byte。报文开销最终影响报文承载效率，而报文承载效率与报文长度密切相关。

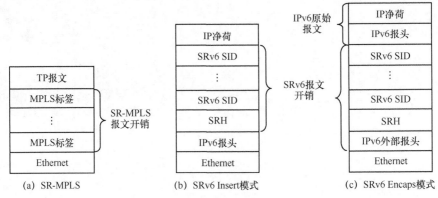

图 5-1　SR-MPLS 与 SRv6 报文开销

根据现网流量统计，平均报文长度（包括 Ethernet 帧头）为 320～520byte。当报文长度为 448byte（此处取平均报文长度的中位数）时，根据报文开销，即可计算出 SR-MPLS 和 SRv6 报文承载效率。具体 SR-MPLS 与 SRv6 报文开销/承载效率对比见表 5-1。

表 5-1　SR-MPLS 与 SRv6 报文开销/承载效率对比

报文封装方式	5 层 SID		12 层 SID	
	报文开销	承载效率	报文开销	承载效率
SR-MPLS	20byte	95.7%	48byte	90.3%
SRv6 Insert 模式	88byte	83.6%	200byte	69.1%
SRv6 Encaps 模式	128byte	77.8%	240byte	65.1%

由此可见，封装多层 SRv6 SID 将对网络承载效率产生比较大的影响。

5.2　SRv6 技术的硬件实现挑战

现阶段，网络设备仍以路由器、交换机为主，SRv6 给这些设备的处理能力带来了巨大挑战。SRv6 的控制平面基于现有路由协议/信令协议（如 IS-IS、OSPFv3、BGP、PCEP 等）扩展实现，不存在功能/性能瓶颈。SRv6 的数据平面仍以路由器/交换机硬件实现为主，带来巨大的处理压力。

5.2.1　IP 报文的硬件处理过程

在介绍 SRv6 报文数据平面的硬件处理过程之前，首先以路由器为例介绍报文的通用处理流程。路由器数据平面通常由 NP/ASIC、流量管理（Traffic Management，TM）、交换矩阵接口芯片（Fabric Interface Chip，FIC）、交换芯片等芯片组成。其中，NP 芯片主要实现二层和三层的报头处理，包括流分类、查表转发、流量监管等；TM 芯片负责流量管理功能，包括拥塞避免、拥塞管理及流量整形（Traffic Shaping）等；FIC 则负责信元（Cell）切分与重组，实现报文在不同板卡/接口的快速转发。需要说明的是，不同厂商会根据自身情况将芯片功能组合/拆分（如有些厂商将 NP 与 TM 芯片功能合二为一），此处的芯片功能仅用于介绍 IP 报文的硬件处理流程。

此处以路由器针对 IP 报文的常规转发过程为例，简要介绍 IP 报文的硬件处理流程（如图 5-2 所示），具体如下。

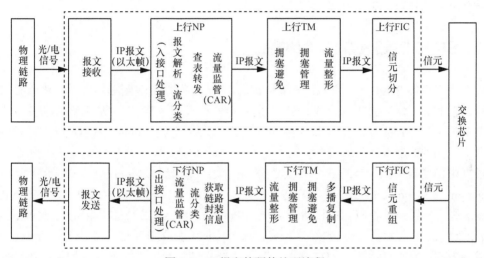

图 5-2　IP 报文的硬件处理流程

步骤 1　报文通过物理链路基于比特流（采用光/电信号形式）进入路由器，路由器将串行比特流转换为以 byte 为单位的以太帧（Ethernet 帧）。若"报文接收"环节具备 Ethernet 帧处理功能（即集成了 MAC 芯片功能），则将该帧转化为 IP 报文，并送至 NP 处理；否则以 Ethernet 帧方式送至 NP 处理。

步骤 2　上行 NP 若集成 MAC 芯片功能，则将 Ethernet 帧转化为 IP 报文（即图中的"入接口处理"过程）；否则，直接对 IP 报文进行处理。

步骤 3　上行 NP 首先对 IP 报文进行报文解析（Parse）、流分类[1]，根据分类结果执行包过滤、重标记、重定向等处理；随后，进行查表操作，获得报文的出接口、下一跳信息；最后，根据报文入接口配置或上行复杂流分类中配置的承诺访问速率（Committed Access Rate，CAR）进行报文处理。

步骤 4　报文进入上行 TM 的队列（Queue）后，由 TM 进行队列调度，并进行拥塞避免/管理以及流量整形等操作。

步骤 5　报文在上行 FIC 处被切分为信元，以便在路由器内部进行快速交换。

步骤 6　交换矩阵将信元交换至下行 FIC；下行 FIC 将信元重组为 IP 报文。

步骤 7　报文进入下行 TM 的队列后，由 TM 进行队列调度，并进行拥塞避免/管理以及

1　流分类包括路由器内部流分类与外部流分类，为叙述简便，此处不做区分。

流量整形等操作。

步骤 8　报文进入下行 NP 后，首先获得链路封装信息；随后，下行 NP 对 IP 报文进行流分类，根据分类结果执行包过滤、重标记、重定向等处理；接着，根据报文出接口配置或下行复杂流分类中配置的 CAR 进行报文处理。

步骤 9　下行 NP 若集成 MAC 芯片功能，则将 IP 报文转化为 Ethernet 帧（即图中的"出接口处理"过程）；否则，直接将 IP 报文转至"报文发送"环节。

步骤 10　若"报文发送"环节具备 Ethernet 帧封装功能（即集成了 MAC 芯片功能），则将 IP 报文转化为 Ethernet 帧；否则，对 NP 生成的 Ethernet 帧直接进行处理。路由器将该帧转换为串行比特流，采用光/电信号形式发送出去。

5.2.2　SRv6 报文处理对硬件的挑战

根据第 3 章的介绍，与普通 IPv6 报文相比，SRv6 报文在端到端转发过程中主要增加了 SRv6 报文封装、本地 SID 表查表、SRH 报头操作以及报文解封装等环节。这些环节都由图 5-1 中的上行 NP 完成，而与图 5 中的其他部件/环节无关，因而，SRv6 报文对硬件的需求主要集中在 NP 芯片。

根据内部实现方式，NP 芯片可大致分为两类：流水线（PipeLine）式、RTC（Run to Completion）式。PipeLine 式 NP 芯片将芯片所实现功能交由每个功能模块，报文在 NP 内部像"流水线"一样经过相应功能模块。典型的 PipeLine 式 NP 芯片如 EZchip 公司的 NP 系列芯片。RTC 式 NP 芯片内含多个核（Core），每个核作为独立单元在协处理器（Co-processor）可完成 NP 芯片的所有功能。RTC 式 NP 芯片通过多核并行处理方式提升性能，典型代表有华为公司的 Solar 系列芯片。各 NP 厂商的设计理念不同，实现各异（即使同一类 NP 芯片也存在较大差异），因而本节通过对 NP 的逻辑工作流程进行描述，不关注具体实现细节。

SRv6 报文封装过程通常发生在 SRv6 的 Headend 节点。在该节点，NP 芯片可根据指令对 IP 报文进行 SRv6 Insert 模式与 SRv6 Encaps 模式的封装。本节以 SRv6 Insert 封装模式为例进行介绍，NP 对 SRv6 报文封装过程示意图如图 5-3 所示。

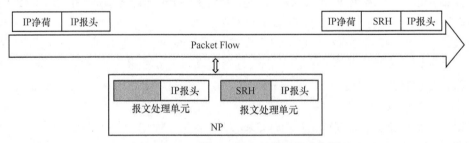

图 5-3　NP 对 SRv6 报文封装过程示意图

NP 在对 IP 报头进行解析、封装等操作时，会为每个报头分配一个固定大小的报文处理单元（即 NP 为每个 IP 报头所分配的 RAM 空间）。该报文处理单元的大小通常为 144byte（每个厂商的实现略有差异）。假定 NP 芯片为每个 IP 报头所分配的报文处理单元为 144byte，每个 IPv6 基本报头为 40byte，则每个报文处理单元为封装 SRv6 报头所剩余的空间为 104byte。

Insert 模式下，SRH 长度=8byte（SRH 长度）+ 16byte（单个 SID 长度）× *N*（SID 层数）。

由此可知，Insert 模式下可封装的 SRv6 SID 不超过 6 层。同理，如果采用 Encaps 模式，所封装的 SRv6 SID 将不超过三层。

需要说明的是，由于 SRv6 报文端到端的传送过程中（除 PSP 行为外）不弹出 SID，所以不仅仅是 Headend 节点，沿途的 SRv6 节点均存在这种限制。如果 SRv6 报头超过了报文处理单元尺寸，则 IP 报头需在 NP 芯片内多次流转，才能完成操作。这对报文转发性能与带宽都将产生巨大影响。为了实现更多层数的 SRv6 SID 封装，需要对 NP 芯片进行重新优化设计。

5.3　SRv6 头压缩技术概况

针对 SRv6 的承载效率与硬件挑战，业界正在积极探索 SRv6 头压缩方案。目前，业界所提出的 SRv6 头压缩方案各有侧重。但无论怎样，这些方案都应面向网络与业务部署需求，充分利用现有网络/设备资源，以降低研发/部署成本与难度。因此，SRv6 头压缩方案设计应综合考虑与 SRv6/IPv6 的兼容性、压缩效率及可扩展性等因素。

1．与 SRv6/IPv6 的兼容性

理想的 SRv6 头压缩方案应在 SRv6 基础上演进，兼容 SRv6 基本实现、SRH 格式以及控制平面扩展等，以免报文处理逻辑复杂化。此外，SRv6 头压缩方案应同样支持各种网络功能（如 VPN SID、BSID 等）的灵活实现。由于 SRv6 本身兼容 IPv6，SRv6 头压缩方案应兼容原生 IPv6，具备在 IPv6 网络中的路由能力。

2．压缩效率

压缩效率是评判 SRv6 头压缩方案的核心指标，但同时也应考虑网络规模、硬件实现难度等因素，以达到压缩效率与实现代价的最优化。压缩 SID 长度是影响压缩效率的关键因素，当前业界普遍认为 16bit、32bit 均是较为理想的压缩 SID 长度，考虑与 IPv4/MPLS 长度一致性及硬件实现难易程度，32bit 更受推崇。

3．可扩展性

SRv6 头压缩方案应兼容当前的 IPv6 网络地址划分方式，支持灵活的地址规划，并支持跨域压缩互通。此外，SRv6 头压缩方案应具备 SRv6 灵活可编程的特点，以满足面向未来新业务部署的灵活扩展需求。

SRv6 头压缩技术通过有效降低 SID 长度，可大幅降低 SRv6 报头长度，从而有效地提升承载效率。在 SRH 中，标识节点/链路的 SID 通常具有相同的公共前缀（Common Prefix），可进行压缩；标识业务的 SID 通常只在 SRH 中出现一次，且常与节点/链路 SID 基于不同的 Locator 进行分配，可视情况选择是否压缩。根据 SRH 封装原则与 SID 分配方式，不同类型 SID 的压缩需求及说明见表 5-2。

目前，业界提出了多种 SRv6 头压缩解决方案，根据实现方案的思路差异，主要分为共享方案和映射方案两类，如图 5-4 所示。

（1）共享方案

通常同一域内的 SRv6 SID（如 End、End.X SID）存在公共前缀，通过将此前缀提取出来以公共 Block 字段承载，后续 SID 仅携带差异部分，从而大幅减少 SRH 中的 Segment List 长度。

表 5-2 不同类型 SID 的压缩需求及说明

SID 类型	是否需压缩	说明
End/End.X/End.T	是	通过域内地址规划可为各节点和链路分配合适的 SRv6 SID，其中包含相同的公共前缀，易实现 SRv6 头压缩
End.DT4/DX4 等与 VPN 业务相关 SID	可选	VPN SID 用于实现各种 VPN 功能，受业务量变化影响较大，当 VPN SID 规划满足压缩条件时，可进行压缩
End.B 系列	可选	不同域的 Binding SID 公共前缀可能不同，跨域场景下的 Binding SID 可不压缩

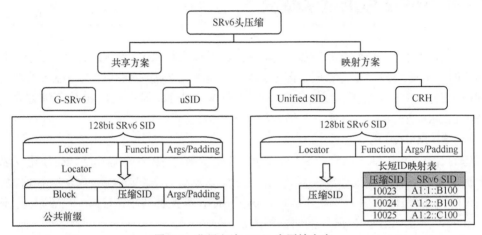

图 5-4 业界主流 SRv6 头压缩方案

共享头压缩方案的控制平面只需在已有的 SRv6 协议扩展基础上进行增强，具有较好的扩展性；数据平面兼容 SRH 格式，易于实现。

（2）映射方案

新定义较短 ID（如 16bit/32bit）并与 SRv6 的 SID 建立映射关系，在沿途所有设备上存储映射表项，SRH 则只需携带较短的 ID 值即可，从而降低 SRv6 报头开销。

映射头压缩方案压缩效率高，但不兼容 SRv6，控制平面实现复杂（需通过协议扩展通告压缩 SID 与 SRv6 SID/IPv6 地址的映射关系，需额外维护映射表项）；另外，数据平面也不兼容 SRH 格式，需定义新的路由扩展头以实现压缩 SID 的封装。

针对上述两种类型的 SRv6 头压缩技术，业界均提出了相应实现方案。目前，共享方案包括 G-SRv6 压缩（G-SRv6 for Cmpr）、SRv6 uSID（SRv6 Micro Segment）方案等，映射方案包括 SRm6 方案等。

5.4 G-SRv6 头压缩方案

G-SRv6 压缩技术基于 SRv6，通过提取公共前缀和 Arguments 等字段，以减少 SRH 中 SID 冗余信息的携带。G-SRv6 采用与 SRH 相同的数据平面，但控制平面需在 SRv6 控制平面基础上进行协议扩展。

5.4.1　G-SID 以及 G-SID Container

G-SRv6（Generalized SRv6）作为一种通用 SRv6 技术方案，不仅支持 SRv6 报头压缩，而且可与传统 SRv6 SID 混合编程。G-SRv6 定义了 G-SRv6 SID 格式。标准 SRv6 SID 与 G-SRv6 SID 格式如图 5-5 所示，可知 G-SRv6 SID 与标准 SRv6 SID 格式完全兼容：Common Prefix（对应标准 SRv6 SID 中的 Locator Block）是网络运营主体（如网络运营商、内容提供商等）为子网分配的地址空间前缀；Node ID（对应标准 SRv6 SID 中的 Locator Node）则是该子网内用于区分节点的标识；Node ID 字段与 Function 字段合称为 G-SID（Generalized Segment ID）字段。

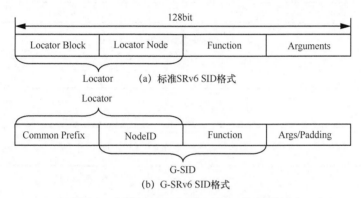

图 5-5　标准 SRv6 SID 与 G-SRv6 SID 格式

为了压缩 SRv6 报头，G-SRv6 压缩方案将 SID 列表中冗余的 Common Prefix 移除，仅携带变化的 G-SID 部分，从而可大幅减少 SRv6 的报头开销。

为便于实现 byte 对齐，G-SRv6 定义了 G-SID Container（长度为 128bit），用于携带 3 类 SID：

- 标准 SRv6 SID，一个 G-SID Container 可承载一个标准 SRv6 SID；
- Micro SID Container（详见第 5.5 节），一个 G-SID Container 可承载一个 Micro SID Container；
- G-SID，一个 G-SID Container 可承载 4 个 G-SID（目前规定 G-SID 长度为 32bit）；如果多个 G-SID 不足以填满一个 G-SID Container，需通过 Padding 字段补充至 128bit。G-SID Container 承载 G-SID 示例如图 5-6 所示。

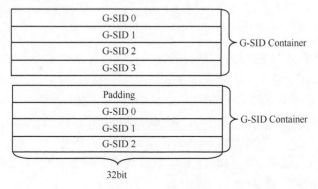

图 5-6　G-SID Container 承载 G-SID 示例

5.4.2　G-SRv6 数据平面技术

由 G-SID Container 构成的 SRv6 SRH 称为 G-SRH（Generalized SRH）。G-SRH 格式如图 5-7 所示，其与标准的 SRH 格式保持一致，可实现标准 SRv6 SID 与 G-SID 的混合编码（即可以实现压缩 SID 与非压缩 SID 在同一 SID 列表中的混合编码）。

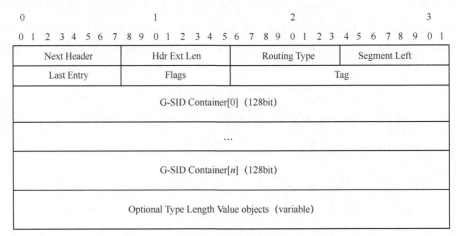

图 5-7　G-SRH 格式

为实现混合编码，G-SRv6 定义了压缩子路径（Compression Sub-Path）的概念。压缩子路径中的每个 G-SID 都具有相同的 Common Prefix。每个压缩子路径的起始 128bit（即起始 G-SID Container）需携带完整的 Commom Prefix、起始 G-SID 及 Argments/Padding 等字段，后续的 G-SID Container 中则只携带 G-SID 部分，最后一个 G-SID 即该压缩子路径的最后一跳。

在报文转发过程中，为了定位 G-SRH 中压缩子路径的下一个 G-SID，需要新增 SI（G-SID Index）来定位其在 G-SID Container 中的位置。SI 在 G-SRv6 SID 中的位置如图 5-8 所示，其是 G-SID 中的定位参数（Location Argument），是 Arguments 字段的最后 2bit。

Common Prefix	G-SID	SI	Padding
		2bit	

图 5-8　SI 在 G-SRv6 SID 中的位置

G-SRH 采用 SL 指针与 SI 字段相结合的方式实现混合编码条件下的 G-SID 定位，G-SRH 混合编码条件下的 DA 更新示意图如图 5-9 所示，具体为 SL 指示 G-SID Container 在 G-SRH 中的位置，而 SI 指示了 G-SID 在 G-SID Container 中的位置。按照 Segment List 的倒序排列规则（即 Segment List[0]为最后一个 SID，Segment List[n]为第一个 SID），G-SID 也采用倒序排列，即 SI=3 时，定位为 G-SID Container 的最低 32bit，SI=0 时，定位到 G-SID Container 的最高 32bit。通过以上描述，可以知道：在转发过程中，只有当 Active SID 为可压缩 SID 时，目的地址中的 SI 字段才有意义。

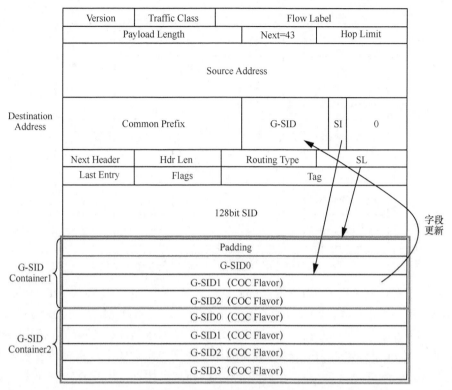

图 5-9　G-SRH 混合编码条件下的 DA 更新示意图

为了在 G-SRH 中标识 G-SID 和 SRv6 SID，G-SID 提出了 COC（Continue of Compression）Flavor 概念。COC Flavor 是与 SID 相关的一种行为属性，用于标识下一个 SID（Next SID）是否为 G-SID，进而用于标识 Segment List 中 SRv6 压缩子路径的起始和结束（即 128bit SID 和 32bit 的 G-SID 之间的边界）。结合图 5-9 介绍 COC 在 G-SRH 中的作用：Container1 中的 G-SID1 携带了 COC 特性，即指示 Next SID 为 G-SID 类型，报头处理时需将 G-SID0 更新至目的地址（Destination Address，DA）字段中的 G-SID 字段；而 G-SID0 未携带 COC 属性，则指示其下一跳为非压缩的 128bit SID，报头处理时需将对应的 128bit SID 信息全部更新至 DA 字段中。

以 32bit G-SID 为例，节点 N 收到报文后，发现其 IPv6 报文的目的地址与本地 SID 表中某 SID 表项（带 COC Flavor）相匹配，则其报文处理伪码如下。

```
If (DA.SI != 0) {
Decrement DA.SI by 1.
} Else {
Decrement SL by 1.
Set DA.SI to 3 in the IPv6 Destination Address
}
Copy Segment List[SL][DA.SI] into thebit [B..B+31] of the IPv6 Destination Address.
```

伪码中，B 指 Locator Block（即 Common Prefix）的长度。由于 G-SID 长度为 32bit，故而将 G-SID 内容复制到 IPv6 DA 的[B..B+31]字段中。

G-SRv6 混编场景下的 G-SRH 封装示例如图 5-10 所示，可见 G-SID 压缩子路径、SRH、G-SID Container、G-SID 之间的关系。

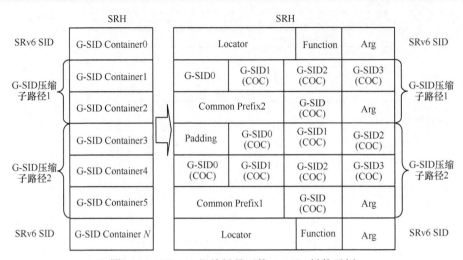

图 5-10　G-SRv6 混编场景下的 G-SRH 封装示例

在 SRv6 报文转发过程中，当采用 Reduced 模式时，由于第一跳 SRv6 SID 已经在 DA 中，因此无须在 SRH 中携带（以减少 SRH 长度），此处理过程与普通 SRv6 的 Reduced 模式相同。然而，在 G-SRv6 中，若 Segment List 的第一段子路径为压缩路径且后续存在 128bit 长度的完整 SID 时，Reduced 模式下报文转发到压缩子路径字段之后的下一跳时，会丢失第一段压缩子路径的 Common Prefix，可能存在故障定位难等问题。因此，当 SRH 中存在多个 Common Prefix 时，不建议采用 Reduced 模式；当 Common Prefix 不替换，或 Common Prefix 可预知时（如域内仅有一个 Block），可使用 Reduced 模式，此时完整路径信息可恢复。

5.4.3　G-SRv6 控制平面技术

G-SRv6 部署需对控制平面协议进行扩展，包括 IGP、BGP-LS 及 BGP SRv6 Policy 等协议。其中，IGP 扩展主要用于节点间发布 SRv6 头压缩支持能力与相应的 G-SID 信息；BGP-LS 协议扩展用于网络节点向控制器发送 SRv6 头压缩支持能力与相应 G-SID 信息；BGP SRv6 Policy 协议扩展主要用于控制器下发 SRv6 路径信息。

1. IGP 扩展

本节以 IS-IS 协议为例，介绍 IGP 针对 G-SRv6 的扩展。为支持节点间发布 SRv6 头压缩支持能力与相应 G-SID 信息，IS-IS 协议在对 SR/SRv6 扩展基础上，做了进一步扩展。

（1）扩展 SRv6 Capabilities Sub-TLV，增加 C 标志位，通告节点支持压缩的能力。SRv6 Capabilities Sub-TLV 面向 G-SRv6 压缩方案的扩展如图 5-11 所示。将图 5-11 与图 4-2 对比可知，为通告节点的 SRv6 压缩能力，在 SRv6 Capabilities Sub-TLV 中新增 C 标志位用以表示"当前节点具有 SRv6 压缩能力"。在 Headend 节点，SRv6 压缩能力指处理包含 G-SID 的 SRv6 Policy 的能力；在 Endpoint 节点，这种能力则是处理 G-SID 并转发报文的能力。

（2）扩展 SRv6 End SID Sub-TLV、SRv6 End.X SID Sub-TLV 和 SRv6 LAN End.X SID Sub-TLV，增加 C 标志位以标识该 SID 支持压缩。

SRv6 End SID Sub-TLV 面向 G-SRv6 压缩方案的扩展如图 5-12 所示，SRv6 End.X SID Sub-TLV 面向 G-SRv6 压缩方案的扩展如图 5-13 所示，SRv6 LAN End.X SID Sub-TLV 面向

G-SRv6 压缩方案的扩展如图 5-14 所示。

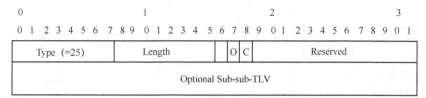

图 5-11　SRv6 Capabilities Sub-TLV 面向 G-SRv6 压缩方案的扩展

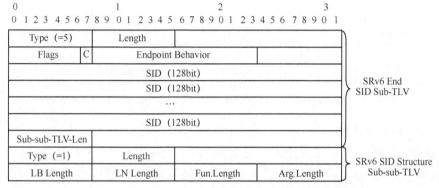

图 5-12　SRv6 End SID Sub-TLV 面向 G-SRv6 压缩方案的扩展

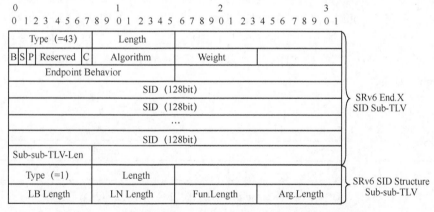

图 5-13　SRv6 End.X SID Sub-TLV 面向 G-SRv6 压缩方案的扩展

将图 5-12~图 5-14 与图 4-6~图 4-8 分别对比可知，相应的 SID TLV/Sub-TLV 均增加了 C 标志位。当 C 标志位置 1 时，上述 Sub-TLV 均需携带 SRv6 SID Structure Sub-sub-TLV。其中，LB Length 描述 Common Prefix 的长度；LN Length 和 Fun. Length 分别描述 Node ID 和 Function 字段的长度，二者之和即 G-SID 长度。

若 C 标志位置 1 且携带了 SRv6 SID Structure Sub-sub-TLV，则 SRv6 End Sub-TLV 中的 SID 被认定为可压缩 SRv6 SID。若 SID 的 Behavior 携带了 COC Flavor 属性，则 C 标志位必须置 1，且必须携带 SRv6 SID Structure Sub-sub-TLV。

当不支持压缩的节点接收不支持的 Endpoint Behavior 的 SID（如 COC Flavor 的 SID）时，在本地处理时直接忽略掉与该 SID 相关的 TLV，但仍会继续发送给其他节点。

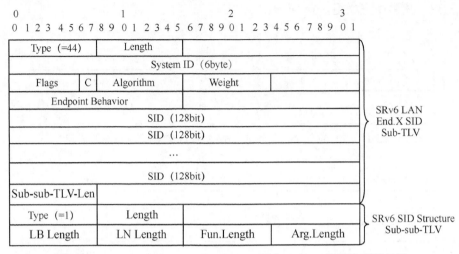

图 5-14 SRv6 LAN End.X SID Sub-TLV 面向 G-SRv6 压缩方案的扩展

2. BGP-LS 协议扩展

控制器为实现 SRv6-TE 路径计算，需获取全网拓扑视图，包括拓扑信息、拓扑的 TE 属性以及 SR 属性等信息。控制器主要通过 BGP-LS 协议实现对网络拓扑信息的收集。为支持 SRv6 头压缩，BGP-LS 需要扩展 3 类信息。

（1）扩展 SRv6 Capabilities TLV，增加 C 标志位，通告节点支持压缩的能力。

BGP-LS SRv6 Capabilities TLV 面向 G-SRv6 压缩方案的扩展如图 5-15 所示。相对图 4-14，图 5-15 增加了 C 标志位以表示"当前节点具有 SRv6 压缩能力"。节点的 SRv6 压缩能力通过 BGP-LS 上报给 SDN 控制器后，SDN 控制器在计算 SRv6-TE 路径时，可根据节点的压缩能力编排 Segment List。

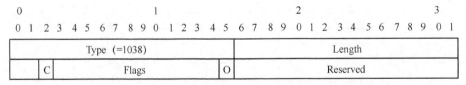

图 5-15 BGP-LS SRv6 Capabilities TLV 面向 G-SRv6 压缩方案的扩展

（2）扩展 SRv6 Link Attributes 下的 SRv6 End.X SID TLV、SRv6 LAN End.X SID TLV，增加 C 标志位以标识该 SID 支持压缩。

BGP-LS SRv6 End.X TLV 面向 G-SRv6 压缩方案的扩展如图 5-16 所示。此处仅以 SRv6 End.X SID TLV 扩展为例进行介绍。相对图 4-15，图 5-16 增加了 C 标志位以表示"当前链路具有 SRv6 压缩能力"。链路的 SRv6 压缩能力通过 BGP-LS 上报给 SDN 控制器后，SDN 控制器在计算 SRv6-TE 路径时，可根据链路的压缩能力编排 Segment List。

（3）扩展 SRv6 SID Attributes 中的 Endpoint Function TLV，增加 C 标志位，标识该 SID 的格式支持压缩。

BGP-LS SRv6 Endpoint Function TLV 面向 G-SRv6 压缩方案的扩展如图 5-17 所示。相对图 4-18，图 5-17 增加了 C 标志位以表示"该 SID 具有 SRv6 压缩能力"。

```
 0                   1                   2                   3
 0 1 2 3 4 5 6 7 8 9 0 1 2 3 4 5 6 7 8 9 0 1 2 3 4 5 6 7 8 9 0 1
```

Type (=1106)					Length		
Endpoint Behavior	B	S	P	C	Reserved	Algorithm	
Weight	Reserved		SID (16byte) …				
SID (cont) …							
SID (cont) …							
SID (cont) …							

图 5-16　BGP-LS SRv6 End.X TLV 面向 G-SRv6 压缩方案的扩展

```
 0                   1                   2                   3
 0 1 2 3 4 5 6 7 8 9 0 1 2 3 4 5 6 7 8 9 0 1 2 3 4 5 6 7 8 9 0 1
```

Type (=1250)		Length		
Endpoint Behavior		Flags	C	Algorithm

图 5-17　BGP-LS SRv6 Endpoint Function TLV 面向 G-SRv6 压缩方案的扩展

建立 BGP-LS 连接时，若节点支持 SRv6 压缩，则需要将 SRv6 Capabilities Sub-TLV 中的 C 标志位置 1。节点可以通过 BGP-LS 将支持压缩的 SID 信息上送控制器。上送这些 SID 时，需要在 SID 对应的 SRv6 End.X SID Sub-TLV、SRv6 LAN End.X SID Sub-TLV 以及 Endpoint Function Sub-TLV 中将 C 标志位置 1，以完整描述 SID；同时，必须携带 SRv6 SID Structure TLV，用于描述 SID 的格式。

3. BGP SRv6 Policy 扩展

控制器可通过 BGP SRv6 Policy 给头端节点下发 SRv6 Policy。为支持 SRv6 头压缩，需扩展 BGP SRv6 Policy。如第 4.2 节介绍，SRv6 Policy 信息的封装结构如下。

```
SR Policy SAFI NLRI: <Distinguisher, Policy-Color, Endpoint>
Attributes:
Tunnel EncapsAttribute (23)
    Tunnel Type: SR Policy (15)
        Binding SID
        SRv6 Binding SID
        Preference
        Priority
        Policy Name
        Policy Candidate Path Name
        Explicit NULL Label Policy (ENLP)
        Segment List
            Weight
        Segment
        Segment
        ...
    ...
```

字段的介绍请参见第 4.2 节。

若头端节点支持 SRv6 头压缩，则下发包含压缩 SID 的 SRv6 Policy，否则只下发普通 SRv6 Policy。在混合编码情形下，为描述 Segment List 编码格式，扩展定义 Segment List Sub-TLV

下的 SID Encoding Sub-TLV 来描述 G-SID 在 SID 中的具体位置。SID Encoding Sub-TLV 格式如图 5-18 所示。

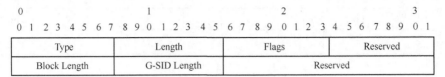

图 5-18　SID Encoding Sub-TLV 的格式

其中，各字段含义如下。

- Type：长度为 8bit，类型值尚未确定。
- Length：长度为 8bit，指 TLV（不包含 Type 和 Length 字段）长度。该 Sub-TLV 的长度（不包含 Type 和 Length 字段）为 6byte。
- Flags：长度为 8bit，暂无定义，发送时必须置零，接收时必须忽略。
- Reserved：长度为 8bit，预留字段，必须设置为 0，且接收时忽略。
- Block Length：长度为 8bit，指 Common Prefix 字段长度。当压缩 SID 长度为 32bit 时，Block Length 理论取值范围可以为 0～94。
- G-SID Length：长度为 8bit，表示压缩 SID 长度（如 32bit）。
- Reserved：长度为 16bit，预留字段，必须设置为 0，且接收时忽略。

此扩展可用于头端节点感知 SID 信息的场景。若节点无须感知 SID 信息，则可以由控制器直接编码成 128bit 的 SRv6 SID 下发至头端节点。

节点在进行 G-SRH 编码时，若 SID Encoding Sub-TLV 所描述 SID 的 Block Length 为 0，G-SID 长度为 128bit，则表示完整复制 128bit SID。否则按照 Common Prefix 值和 G-SID Length 进行对应复制。从当前 SID Encoding Sub-TLV 之后一直到下一个 SID Encoding Sub-TLV 出现之前，中间的所有 SID 都按照当前 SID Encoding Sub-TLV 指示的 G-SID 位置，将 G-SID 编码到 G-SRH 中。

修改后的 Segment List 示例如下，其中 SID Encoding Sub-TLV1 定义了 Segment2 和 Segment3 的 G-SID 的位置信息，SID Encoding Sub-TLV2 定义了 Segment4 和 Segment5 和 Segment6 的 G-SID 的位置信息。

```
SR Policy SAFI NLRI: <Distinguisher, Policy-Color, Endpoint>
Attributes:
Tunnel EncapsAttribute(23)
    Tunnel Type: SR Policy(15)
        Binding SID
        SRv6 Binding SID
        Preference
        Priority
        Policy Name
        Policy Candidate Path Name
        Explicit NULL Label Policy(ENLP)
        Segment List
            Weight
            Segment1
            SID Encoding Sub-TLV1
            Segment2
```

```
          Segment3

          SID Encoding Sub-TLV2
          Segment4
          Segment5
          Segment6
   ...
      ...
```

为简化实现，明确压缩路径计算结果，明确压缩使用的 SID，建议只使用类型 B 的 Segment Sub-sub-TLV（见表 4-6）。若选择类型 I、J、K 3 种 Segment Sub-sub-TLV，则必须携带 SRv6 SID，以便由控制器完全实现压缩 SID 算路，避免由路由器自行查询 NAI 映射 SID 而可能导致的错误。

5.5　SRv6 uSID 压缩方案

SRv6 uSID（又称 SRv6 Micro Segment）方案与 G-SRv6 压缩方案基本思想类似，都是将 128bit SID 中的公共前缀（uSID Block）字段提取出来，通过消除 SRH 中的冗余信息达到压缩的目的。但 uSID 的封装方式与 G-SRv6 不同，其基于 uSID Container（uSID 承载器）携带公共前缀与 uSID 信息。uSID 方案数据平面兼容 SRv6/IPv6，支持与 SRv6 SID 混编，其控制平面则需通过 uN 等行为实现移位与查表转发功能。

5.5.1　uSID 以及 uSID Container

SRv6 uSID 方案主要采用"共享前缀"+"移位出栈"方式实现。与 G-SRv6 类似，通过提取 Locator Block 作为 uSID Block，并在 128bit SID 中携带此 uSID Block 与多个 uSID 字段。将这样的 128bit 数据复制到 IPv6 报头的 DA 字段后，当进行 uSID 转发处理时，需进行比特移位，即将当前 Active uSID 之后的所有比特向前移位一个 uSID 长度，并在末尾填充 0，从而实现报文逐跳转发。

与 G-SRv6 类似，为方便实现字节对齐，uSID 中也定义了 uSID Container（uSID 承载器）概念。uSID Container 是 128bit 的 Segment List 空间，但与 G-SRv6 不同的是，uSID Container 主要用于携带 uSID，而不用于承载标准的 SRv6 SID。在 uSID Container 中，还定义了承载器结束（End-of-Container，EOC）标志，其通过在 uSID 后携带值为 0 的填充字段标识，用于指示承载器中 uSID 编码结束。

uSID Container 的格式如图 5-19 所示。其中，uSID Block 与 G-SRv6 方案中的 Common Prefix 字段含义相同，都是指公共前缀；uSID 则是从相应 SRv6 SID 中提取的一个定长的 ID（携带 SID 差异部分，其典型长度为 16bit 或 32bit）。若 uSID Block 长度为 32bit，当 uSID 字段长度为 32bit，则一个 uSID Container 最多可携带 3 个 uSID；当 uSID 字段长度为 16bit，则一个 uSID Container 最多可携带 6 个 uSID。

图 5-19　uSID Container 的格式

uSID 方案兼容 SRv6/IPv6，具备在 IPv6 网络中的路由能力。相对 G-SRv6 压缩方案，每个 uSID Container 需携带 1 个 uSID Block，对压缩效率有一定影响，但也具有更好的扩展性。此外，uSID 方案通过移位操作实现报头处理，无须引入新的 COC/SI 标志位信息，硬件实现更为简单。

5.5.2　SRv6 uSID 数据平面技术

SRv6 uSID 方案支持标准 SRv6 SID 与 uSID Container 的混合编码，携带 uSID 的 SRH 封装格式示例如图 5-20 所示。

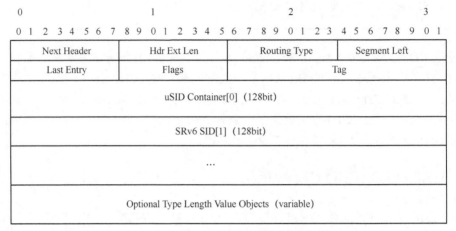

图 5-20　携带 uSID 的 SRH 封装格式示例

基于 uSID 进行报文转发时，SRv6 节点会将整个 uSID Container 复制到 IPv6 DA 字段中（即 IPv6 DA 字段为某个 uSID Container），此时采用 uSID 的 IPv6 报头格式示例如图 5-21 所示。

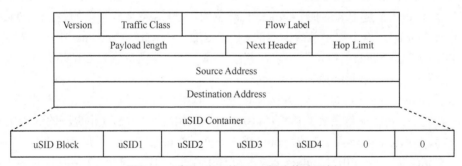

图 5-21　采用 uSID 的 IPv6 报头格式示例

与 G-SRH 中 G-SID 采用倒序封装方式不同，uSIDContainer 按照 SRv6 路径顺序进行 uSID 封装，多个 uSID 从左到右进行排列。uSID Container 编码示意图如图 5-22 所示，根据在 uSID Container 中的位置，uSID 包含以下 3 种角色。

- Active uSID：表示当前活动的 uSID，位置在最左侧，正在用于 IPv6 转发或执行 SRv6

Endpoint 动作。如图 5-21 中的 uSID1。

- Next uSID：表示下一个 uSID，Active uSID 右侧的第一个 uSID。如图 5-21 中的 uSID2。
- Last uSID：表示最后一个 uSID，在 uSID 排列的最右侧。如图 5-21 中的 uSID4。

uSID Block	Active uSID	Next uSID	uSID	Last uSID	<0> EOC标志	0

图 5-22　uSID Container 编码示意图

当某节点收到采用 uSID 压缩方案的 SRv6 报文后，将该报文 DA 字段（即当前活动的 uSID Container）中的 uSID Block 与 Active uSID 进行组合，构成一个路由前缀 SID。该节点基于此路由前缀 SID 查询本地 SID 表：若命中，则执行相应指令、转发报文；若不命中，则查询 IPv6 FIB 基于最长匹配原则转发报文。上述操作过程称为"移位+转发"操作。"移位+转发"操作包括"Shift and Lookup（移位+查表转发）"与"Shift and Xconnect（移位+邻接转发）"两种。"移位+查表转发"操作指在 DA 中进行 uSID 移位操作后，基于新的 DA 查表转发报文；"移位+邻接转发"操作指在 DA 中进行 uSID 移位操作后，从指定邻接接口转发报文。uSID 移位过程示例如图 5-23 所示，此处结合图 5-23，对"移位+查表转发"操作过程进行介绍。

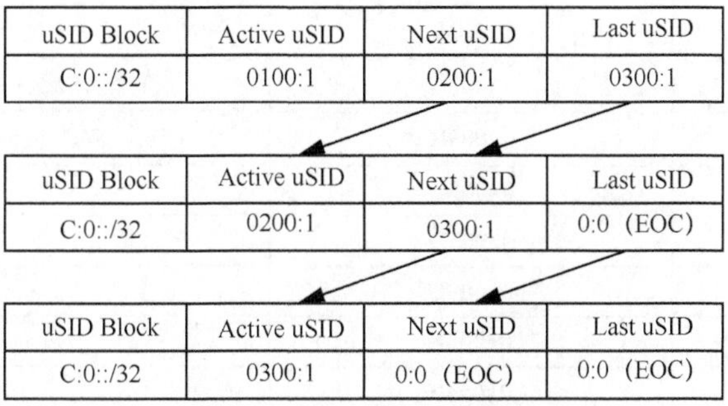

uSID Block	Active uSID	Next uSID	Last uSID
C:0::/32	0100:1	0200:1	0300:1

uSID Block	Active uSID	Next uSID	Last uSID
C:0::/32	0200:1	0300:1	0:0（EOC）

uSID Block	Active uSID	Next uSID	Last uSID
C:0::/32	0300:1	0:0（EOC）	0:0（EOC）

图 5-23　uSID 移位过程示例

- 如果 Next uSID 不为 0，将 Next uSID 以及后面的所有 uSID 向前移位（整体移位一个 uSID 长度），并将 uSID Container 的尾部补零。此时 Next uSID 成为 Active uSID，并根据新的 DA 进行查表转发。
- 如果 Next uSID 为 0（即 EOC），表明当前 uSID Container 中的 uSID 已经全部处理完毕，此时执行 End 行为操作：当 SL 不为 0 时，把 SRH 中的下一个标准 Segment 或 uSIDContainer 更新到 IPv6 的 DA（并将 SL 减去 1），然后根据更新的 DA 进行查表转发；当 SL=0 时，弹出 SRH，完成 SRv6 报文转发操作。

uSID Container 中多个 uSID 所构成的有序排列，指明了 SRv6 报文需依次经过的 Endpoint 节点。每经过一个节点，就弹出一个 uSID。通过这种"移位+转发"方式即可实现对同一 uSID Container 中不同 uSID 的遍历。

IETF 目前定义了多种 uSID 类型（如 uN、uA、uDT、uDX 等），每种 uSID 类型分别绑定不同的行为，以实现对应的 Endpoint 行为。uSID 及其附加 Flavor 的行为代码见表 5-3。表 5-3 中的 S&L 为"Shift and Lookup"的缩写，S&X 为"Shift and Xconnect"的缩写。

表 5-3　uSID 及其附加 Flavor 的行为代码

Codepoint 值	十六进制代码	Segment Endpoint 行为
42	0x002A	uN
43	0x002B	uN（S&L+End）
44	0x002C	uN（S&L+End PSP）
45	0x002D	uN（S&L+End USP）
46	0x002E	uN（S&L+End PSP/USP）
47	0x002F	uN（S&L+End USD）
48	0x0030	uN（S&L+End PSP/USD）
49	0x0031	uN（S&L+End USP/USD）
50	0x0032	uN（S&L+End PSP/USP/USD）
51	0x0033	uA
52	0x0034	uA（S&X+End.X）
53	0x0035	uA（S&X+End.X PSP）
54	0x0036	uA（S&X+End.X USP）
55	0x0037	uA（S&X+End.X PSP/USP）
56	0x0038	uA（S&X+End.X USD）
57	0x0039	uA（S&X+End.X PSP/USD）
58	0x003A	uA（S&X+End.X USP/USD）
59	0x003B	uA（S&X+End.X PSP/USP/USD）
60	0x003C	uDX6
61	0x003D	uDX4
62	0x003E	uDT6
63	0x003F	uDT4
64	0x0040	uDT46
65	0x0041	uDX2

5.5.3　uSID 控制平面技术

SRv6 uSID 方案需对控制平面协议进行扩展。uSID 通告方式与其 Endpoint Behavior 类型有关。目前定义的 SRv6 uSID 类型中，uN、uA SRv6 SID 及其绑定的行为由 IGP 通告，uDT、uDX SRv6 SID 及其绑定的行为由 BGP 通告。

1．uN 行为

uN 行为是 Endpoint 行为的扩展，对应 SRv6 End 操作，可附加 PSP、USP、USD 等 Flavor 行为。uN 行为与 SRv6 uSID 绑定，执行"移位+查表转发"操作。

此处将与 uN 行为绑定的 uSID 简称为 uN SID。uN SID 代表节点 N 的 Locator 信息，需通过路由协议通告此路由，以提供在 SRv6 网络中节点 N 的全局可达性。

IS-IS 协议基于 SRv6 End SID Sub-TLV/SRv6 SID Structure Sub-sub-TLV 通告与 uNSID 相关信息，无须另行扩展。SRv6 End SID Sub-TLV/SRv6 SID Structure Sub-sub-TLV 的格式

如图 5-24 所示。在图 5-24 中，SRv6 End SID Sub-TLV 中的 SID 字段用于携带 uN SID，Endpoint Behavior 字段用于携带 uN 行为代码（codepoint），而 SRv6 SID Structure Sub-sub-TLV 中各字段则表示 uN SID 的结构。具体可参见第 4.1.1 节。

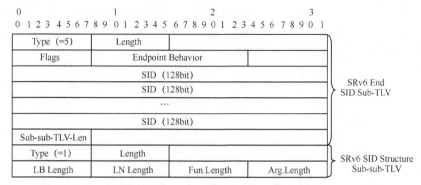

图 5-24　SRv6 End SID Sub-TLV/SRv6 SID Structure Sub-sub-TLV 的格式

假定 uSID Block 为 2001:db8:0::/48，uSID 长度为 16bit，则 uN SID 可表示为 2001:db8:0:0N00::/64，而 2001:db8:0:0N00::/80 则可表示绑定至附加 PSP 和 USD Flavor 的、与 End 行为相同的 uN SID。与 uN SID 相关 TLV 各字段说明见表 5-4。

表 5-4　与 uN SID 相关 TLV 各字段说明

SID	值	行为	LB Length	LN Length	Fun.Length	Arg.Length
uN SID	2001:db8:0:0N00::/64	uN (S&L+End)	48bit	16bit	0	64bit
uN SID (PSP/USD)	2001:db8:0:0N00::/80	uN(S&L+End PSP/USD)	48bit	32bit	0	48bit

2. uA 行为

uA 行为同样是 Endpoint 行为的扩展，对应 SRv6 End.X 操作，同样可附加 PSP、USP、USD 等 Flavor 行为。uA 行为与 SRv6 uSID 绑定，执行"移位+邻接转发"操作。此处将与 uA 行为绑定的 uSID 简称为 uA SID，uA SID 本地有效。

与 uN SID 信息通告相仿，IS-IS 协议基于 SRv6 End.X SID Sub-TLV 或 SRv6 LAN End.X SID Sub-TLV 以及 SRv6 SID Structure Sub-Sub-TLV 通告与 uASID 相关信息，而无须另行扩展。具体参见第 4.1.1 节。

为保证 uA SID 全局可见，IS-IS 协议通常采用 uN+uA 组合方式通告 uA SID。其中，uN 提供了全局可见的节点 N 的 uSID 信息，uA 则标识节点 N 本地有效的邻接 uSID。假定节点 N 的 uSID Block 为 2001:db8:0:0N00::/64，"FNAJ"为 16bit 的 uA 字段，则 uA SID 可为 2001:db8:0:0N00:FNAJ:: /80。与 uA SID 相关 TLV 各字段说明见表 5-5。

表 5-5　与 uA SID 相关 TLV 各字段说明

字段类型	值
SID	2001:db8:0:0N00:FNAJ::
LB Length	48bit
LN Length	16bit
Fun.Length	16bit
Arg.Length	48bit

3. uDT 行为

uDT 行为与 SRv6 End.DT4/End.DT6/ End.DT2 行为相对应，其行为与对应的 uSID 绑定。此处将与 uDT 行为绑定的 SRv6 uSID 简称为 uDT SID，uDT SID 本地有效。

BGP 基于 SRv6 SID Information Sub-TLV/SRv6 SID Structure Sub-sub-TLV 通告与 uDT SID 相关信息，而无须另行扩展。SRv6 SID Information Sub-TLV/SRv6 SID Structure Sub-sub-TLV 的格式如图 5-25 所示，具体参见第 4.2.3 节。

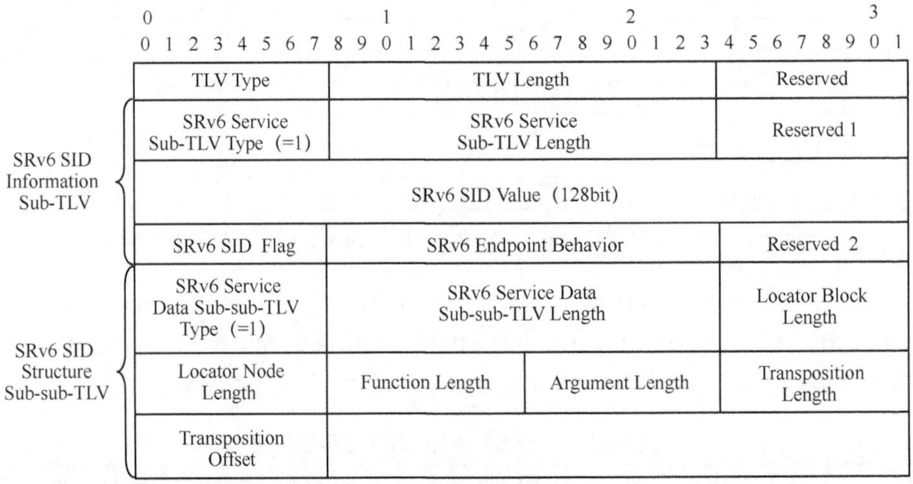

图 5-25　SRv6 SID Information Sub-TLV/SRv6 SID Structure Sub-sub-TLV 的格式

为保证与 uDT 相关信息全局可见，BGP 通常采用 uN+uDT 组合方式进行通告。其中，uN 提供了全局可见的节点 N 的 uSID 信息，uDT 则标识节点 N 本地有效的 uSID。假定节点 N 的 uSID Block 为 2001:db8:0:0N00::/64，"FNVT" 为 16bit 的 uDT 字段，则 uDT SID 可为 2001:db8:0:0N00:FNVT:: /80。与 uDT SID 相关 TLV 各字段说明见表 5-6。

表 5-6　与 uDT SID 相关 TLV 各字段说明

字段类型	值
SID	2001:db8:0:0N00:FNVT::
LB Length	48bit
LN Length	16bit
Fun.Length	16bit
Arg.Length	0
Trans.Length	16bit
Trans.Offset	64bit

4. uDX 行为

uDX 行为与 SRv6 End.DX4/End.DX6/ End.DX2 行为相对应，其行为与对应的 uSID 绑定。此处将与 uDX 行为绑定的 SID 简称为 uDX SID，uDX SID 本地有效。

与 uDT SID 通告方式一致，BGP 基于 SRv6 SID Information Sub-TLV/SRv6 SID Structure Sub-sub-TLV 通告与 uDXSID 相关信息，而无须另行扩展。

为保证与 uDX 相关信息全局可见，BGP 通常采用 uN+uDX 组合方式进行通告。其中，

uN 提供了全局可见的节点 N 的 uSID 信息，uDX 则标识节点 N 本地有效的 uSID。假定节点 N 的 uSID Block 为 2001:db8:0:0N00::/64，"FNXJ"为 16bit 的 uDXSID 字段，则 uDX SID 可为 2001:db8:0:0N00:FNXJ:: /80。与 uDX SID 相关 TLV 各字段说明见表 5-7。

表 5-7　与 uDX SID 相关 TLV 各字段说明

字段类型	值
SID	2001:db8:0:0N00:FNXJ::
LB Length	48bit
LN Length	16bit
Fun.Length	16bit
Arg.Length	0
Trans.Length	16bit
Trans.Offset	64bit

5.6　SRm6 压缩方案

SRm6（Segment Routing Mapped to IPv6）技术采用映射方案实现 SRv6 头压缩，是一种新的路由机制。SRm6 方案需新定义压缩 SID，且基于 IPv6 扩展报头重新定义压缩 SRv6 报头格式，不兼容 SRv6 和 SRH，不能实现与普通 SRv6 SID 的混编。同时，为了在网络中通告新定义的压缩 SID，控制平面需对协议进行扩展。

5.6.1　SRm6 实现原理

SRm6 方案的基本思想是采用 16bit 或 32bit 的 SID 代替 SRv6 中 128bit 的 SID，并在两者之间建立一一映射关系，将 IPv6 地址格式的 SID 转变为更短字节的压缩 SID（标准文稿中称为 SID。为了与 128bit 的 SRv6 SID 区分，本书将基于 SRm6 方案压缩的 SID 称为 mSID），从而减小 SRv6 报头的长度，实现压缩效果。

SRm6 方案中定义了 3 种 mSID 类型，包括邻接（Adjacency，Adj）mSID、节点（Node）mSID 和绑定（Binding）mSID，每一种 mSID 都与指定的行为相关，具体如下。

- Adj mSID 与下一跳设备的接口地址及其接口 ID 产生映射。Adj mSID 的指令为将该 mSID 对应的 IPv6 接口地址复制到 IPv6 报头的 DA 字段中，报文将沿着指定的链路转发至下一跳节点。
- Node mSID 与下一跳设备的一个接口地址产生映射。Node mSID 的指令为将该 mSID 对应的 IPv6 接口地址复制到 IPv6 报头的 DA 字段中，报文将沿着到达下一跳节点的最短路径进行转发。
- Binding mSID 与 SRm6 隧道目的节点的一个接口地址及隧道路径的 mSID 列表产生映射。Binding mSID 执行的指令为将该 mSID 对应的隧道目的节点的 IPv6 接口地址复制到 IPv6 报头的 DA 字段中，并在报头外层添加 SRm6 隧道报头，其中携带了报文转发的 mSID 列表，以指导报文沿 mSID 隧道进行转发。

与 SRv6 SID 不同的是，SRm6 方案中定义的各种 mSID 均为本地有效。mSID 由分配它的节点定义，并映射到一个唯一的接口地址，不同节点分配的 mSID 可以相同。

为了实现 SRv6 灵活的可编程能力，SRm6 方案中定义了两种服务 mSID 类型：基于分段的服务指令（Per-Segment Service Instruction，PSSI）和基于路径的服务指令（Per-Path Service Instruction，PPSI）。

（1）PSSI

PSSI 用于指示每个 mSID 出口节点需处理的行为（如防火墙、采样等指令）。为了承载 PSSI 信息，SRm6 中定义了新的 PSSI 目的选项扩展报头，并携带在 SRm6 头（即 CRH）之前。沿途的每个 Endpoint 节点均需执行 PSSI。PSSI 可用于标识一条业务功能链（Service Function Chaining，SFC），SFC 上的每个节点通过配置相同的 PSSI ID，并与本地需处理的指令相关，即可实现 SFC 的功能。

（2）PPSI

PPSI 用于指示 SRv6 路径的尾节点需处理的行为，其执行的动作如解封装 SRm6 报文并通过指定接口进行转发（类似 VPN 的 DX 系列功能）、解封装 SRm6 报文并通过查找指定路由表进行转发（类似 VPN 的 DT 系列功能）等。为标识 PPSI，SRm6 定义了一种携带 IPv6 隧道载荷转发（Tunnel Payload Forwarding，TPF）选项的目的选项扩展报头，并将 PPSI 信息编码在 TPF 选项中。此目的选项扩展报头封装在 IPv6 报头最后，只在 SRv6 路径的尾节点执行。

SRm6 方案支持 16bit 和 32bit 的压缩长度，其压缩效率主要取决于 mSID 的长度。但该方案不兼容 SRv6/IPv6，其 mSID 也不具备在 IPv6 网络中的路由能力。此外，SRm6 方案采用类似 MPLS 的标签分配方式，需根据网络规模规划 mSID 空间大小，与 IPv6 地址规划并无关联。

5.6.2 SRm6 数据平面技术

SRm6 方案定义了承载 mSID 的压缩报头压缩路由报头（Compressed Routing Header，CRH）。针对 16bit 长度的 mSID 和 32bit 长度的 mSID，分别定义了 CRH-16 报头格式（如图 5-26 所示）与 CRH-32 报头格式（如图 5-27 所示）。

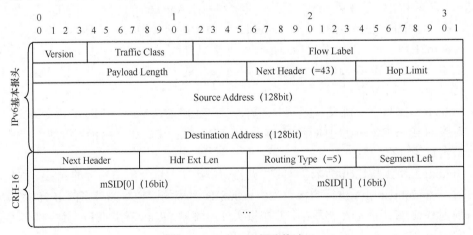

图 5-26　CRH-16 报头格式

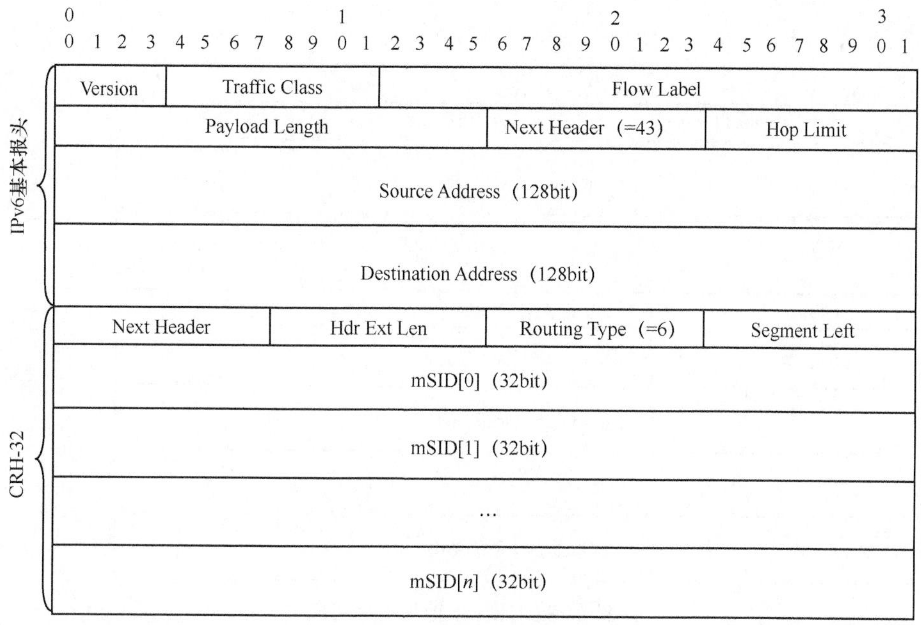

```
 0                   1                   2                   3
 0 1 2 3 4 5 6 7 8 9 0 1 2 3 4 5 6 7 8 9 0 1 2 3 4 5 6 7 8 9 0 1
```

Version	Traffic Class	Flow Label
Payload Length	Next Header (=43)	Hop Limit
Source Address（128bit）		
Destination Address（128bit）		
Next Header	Hdr Ext Len	Routing Type（=6）	Segment Left
mSID[0]（32bit）		
mSID[1]（32bit）		
...		
mSID[n]（32bit）		

（左侧标注：IPv6 基本报头、CRH-32）

图 5-27　CRH-32 报头格式

在图 5-26、图 5-27 中，CRH-16/32 与 SRH 在 IPv6 基本报头中所对应的 Next Header 均为 43；CRH 报头中的 Routing Type 值目前尚未确定，但建议为 5/6（分别对应 CRH-16/CRH-32）；为提升报文承载效率，CRH 不仅删除了 SRH 中的 Last Entry、Flag 和 Tag 字段，而且将标准 SRv6 Segment 替换为完全不兼容的 mSID（为 16bit 或 32bit 的长度）。

当需要指定报文转发路径时，头端节点为报文封装外层 IPv6 报头以及 CRH。mSID 在 CRH 中同样采用倒序方式排列，并通过 Segment Left 字段标识当前 Active Segment。CRH 中携带的 Segment List 不仅标识报文的转发路径，还标识了 CRH-FIB（CRH Forwarding Information Base）条目信息。这意味着每个 mSID 都绑定了一条 IPv6 转发信息条目，从而可实现基于 mSID 的报文转发。

CRH-FIB 条目中包含所绑定的 IPv6 地址、节点指令（可选）、转发方法及参数（可选）等：IPv6 地址为下一跳 Endpoint 节点的接口地址；节点指令是指节点为特定业务指定的功能行为，以实现灵活的网络可编程（如 Telemetry、防火墙功能等）；转发方法则是指节点采用的报文转发方式（如通过指定接口转发或通过最优路径转发）。当指定出接口转发时，需携带接口参数信息进行标识。

基于 CRH 的报文转发流程与 SRH 的报文转发流程相似，不同点在于 CRH 进行报头处理时需进行地址映射。在 SRm6 方案中，当 IPv6 报文的 DA 地址与到节点自身地址相匹配时，将 SL 减 1，指示将 Active mSID 指向 Segment List 中的下一个 mSID。此时，节点需根据此 mSID 的信息查找 CRH-FIB 表项，获取其绑定的 IPv6 地址，并将其复制至 IPv6 报文的 DA 字段中。CRH 地址映射示意图如图 5-28 所示。

SRm6 方案不改变 IPv6 地址的原有语义，通过标签映射的方式实现显式路径指定，并通过扩展报头携带 PSSI 及 PPSI 等服务指令实现 SRv6 网络可编程。

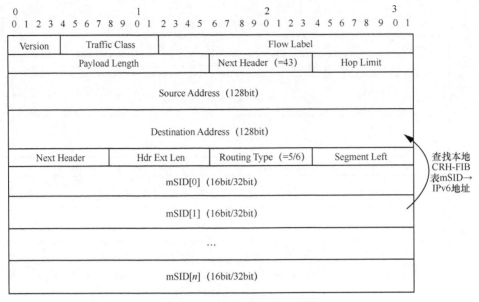

图 5-28　CRH 地址映射示意图

5.6.3　SRm6 控制平面技术

为支持 SRm6 方案，需对控制平面的相关协议进行扩展，以实现 mSID 及其绑定的 IPv6 接口地址及服务指令等信息在网络中的通告。SRm6 方案目前定义了基于 IS-IS 协议的扩展，主要包含通告 CRH 能力、通告 Prefix SID 信息、通告邻接 mSID 以及通告 LAN 邻接 mSID 等方面。

1．通告 CRH 能力

SRm6 方案在 IS-IS Router Capability TLV 中新增了 CRH Sub-TLV，以通告节点支持 CRH 能力和支持 CRH 的最大长度。CRH Sub-TLV 的格式如图 5-29 所示。其中，Type 值尚未确定（但建议为 30）；Max CRH Length 指不包括第一个 8byte 的 CRH 最大长度（以 8byte 为计量单位）。

2．通告 Prefix SID 信息

SRm6 新增 Prefix SID Sub-TLV 通告 mSID 以及其与绑定的 IPv6 地址的映射关系，该 Sub-TLV 通过扩展 IPv6 Reachability TLV（类型值为 236）或 Multitopology IPv6 IP Reachability TLV（类型值为 237）携带。仅当父 TLV 标识 128bit 长度的地址前缀时，Prefix SID Sub-TLV 才有效。此处以 IPv6 IP Reachability TLV 为例描述 Prefix SID Sub-TLV 格式。Prefix SID Sub-TLV 格式示例如图 5-30 所示。

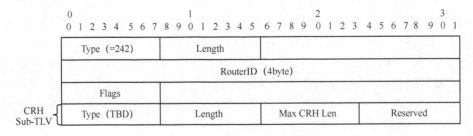

图 5-29　CRH Sub-TLV 的格式

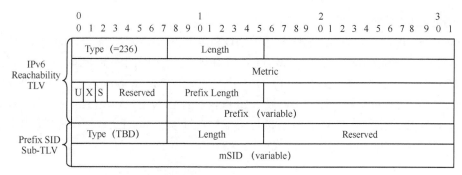

图 5-30　Prefix SID Sub-TLV 格式示例

Prefix SID Sub-TLV 各字段说明见表 5-8。

表 5-8　Prefix SID Sub-TLV 各字段说明

字段	长度	说明
Type	8bit	Prefix SID Sub-TLV 字段类型
Length	8bit	长度
Reserved	16bit	预留字段
mSID	变长字段	mSID

3. 通告邻接 mSID

SRm6 方案在 IS-IS 协议中新增邻接 mSID Sub-TLV（Adjacency SID sub-TLV）通告邻接 mSID 以及其与绑定的接口 IPv6 地址之间的映射关系。邻接 mSID Sub-TLV 可通过 Extended IS Reachability TLV（类型值为 22）、Multitopology IS TLV（类型值为 222）、IS Neighbor Attribute TLV（类型值为 23）、Multitopology IS Neighbor Attribute TLV（类型值为 223）以及 Inter-AS Reachability Information TLV（类型值为 141）等字段携带。仅当父 TLV 标识 128bit 长度的地址前缀时，邻接 mSID Sub-TLV 才有效。邻接 mSID Sub-TLV 的格式如图 5-31 所示。

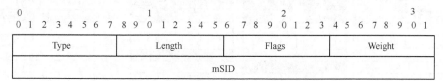

图 5-31　邻接 mSID Sub-TLV 的格式

邻接 mSID Sub-TLV 各字段说明见表 5-9。

表 5-9　邻接 mSID Sub-TLV 各字段说明

字段	长度	说明
Type	8bit	Prefix SID Sub-TLV 字段类型
Length	8bit	长度
Flags	8bit	标志字段，目前定义了 3 个标志位：B 标志位、S 标志位和 P 标志位，格式与含义与 SRv6 End.X SID Sub-TLV 中的定义一致
Weight	8bit	负载分担时的权重值
mSID	变长字段	段标识

4．通告 LAN 邻接 mSID

SRm6 在 IS-IS 协议中新增 LAN 邻接 mSID Sub-TLV（LAN Adjacency SID sub-TLV）通告 LAN 场景下邻接 mSID 以及其与绑定的接口 IPv6 地址之间的映射关系。LAN 邻接 mSID Sub-TLV 可通过 Extended IS reachability TLV（值为 22）、Multitopology IS TLV（值为 222）、IS Neighbor Attribute TLV（值为 23）以及 Multitopology IS Neighbor Attribute TLV（值为 223）等 TLV 字段携带。仅当父 TLV 标识 128bit 长度的地址前缀时，LAN 邻接 mSID Sub-TLV 才有效。LAN 邻接 mSID Sub-TLV 的格式如图 5-32 所示。

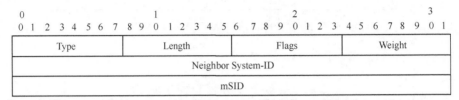

图 5-32　LAN 邻接 mSID Sub-TLV 的格式

与邻接 mSID Sub-TLV 相比，LAN 邻接 mSID Sub-TLV 增加了长度为 6byte 的邻居 System ID（Neighbor System-ID）字段，其他字段含义/用法可参见 LAN End.X SID Sub-TLV。

5.7　SRv6 头压缩典型应用场景

5.7.1　G-SRv6 压缩方案与标准 SRv6 混合应用场景

G-SID 与 SRv6 SID 混编的场景示例如图 5-33 所示。

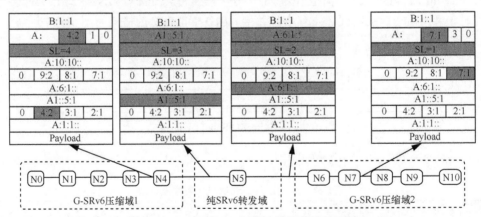

图 5-33　G-SID 与 SRv6 SID 混编的场景示例

本节结合图 5-33 介绍 G-SRv6 压缩方案与标准 SRv6 混合使用的场景。

图 5-33 中，节点 N0~N4 属于 G-SRv6 压缩域 1，节点 N6~N10 属于 G-SRv6 压缩域 2。上述节点是具备 G-SRv6 压缩能力的节点，简称为 G-SRv6 压缩节点。节点 N5 不具备 G-SRv6 压缩能力，简称普通 SRv6 节点。

为各节点相连链路分配 End.X SID。每个 G-SRv6 压缩节点都通过路由协议发布两套 G-SID 信息（通过置位 TLV/Sub-TLV 的 C 标志位表示该节点支持 SID 压缩）：一套携带 COC Flavor，另一套不携带 COC Flavor。例如 A:k:1::为节点 k 绑定到某接口的携带 COC 的 End.X SID，A:k:2::为节点 k 绑定到同一接口的不携带 COC Flavor 的 End.X SID。此外，尽管 N0、N10 节点均具备 G-SRv6 压缩能力，但由于二者均为 VPN PE 节点，可以不发布 G-SID 信息。

每个 G-SRv6 压缩节点在发布 G-SID 信息时还需携带 SID Structure Sub-sub-TLV 标识 G-SID 各字段的长度。此处假定各 G-SRv6 节点所发布的 Common Prefix 长度（LB Length）为 64bit，G-SID 长度为 32bit（LN.Length 和 Fun.Length 的长度分别为 16bit），Argument 长度（Arg.Length）为 32bit。N1~N10 节点所发布 SID 及其说明见表 5-10。

表 5-10　N1~N10 节点所发布 SID 及其说明

节点	SID	LB Length/LN Length	Fun.Length	Arg.Length	备注	
N1	A:1:1::	64/16	16	32	可压缩，	COC Flavor
	A:1:2::	64/16	16	32	可压缩，	No COC Flavor
N2	A:2:1::	64/16	16	32	可压缩，	COC Flavor
	A:2:2::	64/16	16	32	可压缩，	No COC Flavor
N3	A:3:1::	64/16	16	32	可压缩，	COC Flavor
	A:3:2::	64/16	16	32	可压缩，	No COC Flavor
N4	A:4:1::	64/16	16	32	可压缩，	COC Flavor
	A:4:2::	64/16	16	32	可压缩，	No COC Flavor
N5	A1:5::1	64/16	48	0	不可压缩，	A1 前缀
N6	A:6:1::	64/16	16	32	可压缩，	COC Flavor
	A:6:2::	64/16	16	32	可压缩，	No COC Flavor
N7	A:7:1::	64/16	16	32	可压缩，	COC Flavor
	A:7:2::	64/16	16	32	可压缩，	No COC Flavor
N8	A:8:1::	64/16	16	32	可压缩，	COC Flavor
	A:8:2::	64/16	16	32	可压缩，	No COC Flavor
N9	A:9:1::	64/16	16	32	可压缩，	COC Flavor
	A:9:2::	64/16	16	32	可压缩，	No COC Flavor
N10	A:10:10::	64/16	16	32	不可压缩 VPN SID	

在 G-SID 与 SRv6 SID 混编场景下，报文转发流程如下。

- 节点 N0：封装 G-SID 与 SRv6 SID 混编报文，源地址为 B:1::1，目的地址 DA 为 G-SID Container[5]。G-SID Container[5] = Common Prefix（A::/64）+ 节点 N1 的 G-SID（1:1::/16）。由于 A:1:1::为 SRH 中第一个 SID，所以 DA.SI=0。在图 5-33 所示的混编场景下，SRH 中共有 6 个 G-SID Container，因而 SL=5。N0 节点将报文转发到节点 N1。

- 节点 N1：收到报文后，查询本地 SID 表，发现报文目的地址 A:1:1::可与本地 SID 表中的 End.X SID（带 COC Flavor）匹配；此时由于 DA.SI=0，因而将 SL 减 1（指向 G-SID Container[4]），DA.SI=3（指向 G-SID3）；节点 N1 将 G-SID Container[4].G-SID3 字段（2:1::/16）更新到报文 DA（更新后的 DA 为 A:2:1::3），并转发到节点 N2。

- 节点 N2：收到报文后，查询本地 SID 表，发现报文目的地址 A:2:1::3 可与本地 SID 表中的 End.X SID（带 COC Flavor）基于 LPM（最长匹配）原则进行匹配；此时 DA.SI=3，则 SL 仍指向 G-SID Container[4]，DA.SI 减 1（指向 G-SID2）；N2 节点将 G-SID Container[4].G-SID2 字段（3:1::/16）更新到报文 DA（更新后的 DA 为 A:3:1::2），并转发到节点 N3。

- 节点 N3：收到报文后，查询本地 SID 表，发现报文目的地址 A:3:1::2 可与本地 SID 表中的 End.X SID（带 COC Flavor）基于 LPM 匹配；此时 DA.SI=2，则 SL 仍指向 G-SID Container[4]，DA.SI 减 1（指向 G-SID1）；N3 节点将 G-SID Container[4].G-SID1 字段（4:2::/16）更新到报文 DA（更新后的 DA 为 A:4:2::1），并转发到节点 N4。

- 节点 N4：收到报文后，发现报文目的地址 A:4:2::1 可与本地 SID 表中的 End.X SID（不带 COC Flavor）基于 LPM 匹配；由于该 SID 不带 COC Flavor，所以默认将 SL 减 1，指向 G-SID Container[3]（对应 SID 为普通 SRv6 SID，A1::5:1），将 A1::5:1 复制到报文 DA，并查找 FIB 表转发到节点 N5。

- 节点 N5：作为一个普通 SRv6 节点，发现报文目的地址 A1::5:1 与本地 SID 表中的 End.X SID 匹配；SL 减 1（指向 G-SID Container[2]，对应 A:6:1::），将 G-SID Container[2] 复制到报文 DA（更新后的 DA 为 A:6:1::），并转发到节点 N6。

- 节点 N6：收到报文后，发现报文目的地址 A:6:1::与本地 SID 表中的 End.X SID（带 COC Flavor）匹配；此时 DA.SI=0，则 SL 减 1（指向 G-SID Container[1]），DA.SI=3（指向 G-SID3）；N6 节点将 G-SID Container[1].G-SID3 字段（7:1::/16）更新到报文 DA（更新后的 DA 为 A:7:1::3），并转发到节点 N7。

- 节点 N7：收到报文后，发现报文目的地址 A:7:1::3 可与本地 SID 表中的 End.X SID（带 COC Flavor）基于 LPM 匹配；此时 DA.SI=3，则 SL 仍指向 G-SID Container[1]，DA.SI 减 1（指向 G-SID2）；N7 节点将 G-SID Container[1].G-SID2 字段（8:1::/16）更新到报文 DA（更新后的 DA 为 A:8:1::2），并转发到节点 N8。

- 节点 N8：收到报文后，发现报文目的地址 A:8:1::2 可与本地 SID 表中的 End.XSID（带 COC Flavor）基于 LPM 匹配；此时 DA.SI=2，则 SL 仍指向 G-SID Container[1]，DA.SI 减 1（指向 G-SID1）；N8 节点将 G-SID Container[1].G-SID1 字段（9:2::/16）更新到报文 DA（更新后的 DA 为 A:9:2::1），并转发到节点 N8。

- 节点 N9：收到报文后，发现报文目的地址 A:9:2::1 可与本地 SID 表中的 End.X SID（不带 COC Flavor）基于 LPM 匹配；由于该 SID 不带 COC Flavor，所以默认将 SL 减 1，指向 G-SID Container[0]（对应 SID 为标准 SRv6 SID，A:10:10::），将 A:10:10::复制到报文 DA 并查找 FIB 表转发到节点 N10。

- 节点 N10：收到报文后，发现报文目的地址 A:10:10::与本地 SID 表中的 SID（此处假定为 End.DX6）匹配，则按照相应动作进行报文处理。

端到端组网中，SRv6 压缩域可部署于运营商网络中，此时节点 N0、N10 为运营商网络边缘设备 PE 等；若终端支持 SRv6 头压缩功能，SRv6 压缩域可延伸至接入网或客户网络中，此时节点 N0、N10 可以为家庭接入网关、政企网关等。

5.7.2　G-SRv6 压缩方案与 uSID、标准 SRv6 混合应用场景

G-SID 与 SRv6 SID、uSID 混编场景示例如图 5-34 所示。

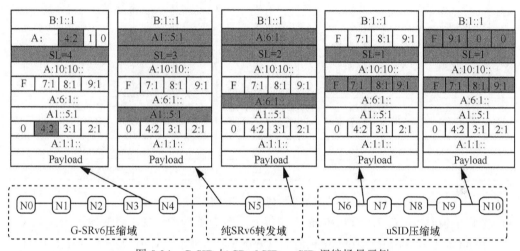

图 5-34　G-SID 与 SRv6 SID、uSID 混编场景示例

本节结合图 5-34 介绍 G-SRv6 压缩方案与 uSID、标准 SRv6 混合使用的场景。

图 5-34 中，节点 N0~N4 属于 G-SRv6 压缩域，节点 N5 属于纯 SRv6 转发域，节点 N6~N10 属于 uSID 压缩域。具备 G-SRv6 压缩能力的节点，简称为 G-SRv6 压缩节点；具备 uSID 压缩能力的节点，简称为 uSID 压缩节点；节点 N5 不具备 SRH 压缩能力，简称普通 SRv6 节点。

为节点 N0~N6 的各个相连链路分配 End.X SID，其中节点 N1~N4 的 End.X SID 为 G-SID，节点 N5、N6 发布的为普通 End.X SID；为节点 N7~N9 发布的 End SID 为 uNSID。

每个 G-SRv6 压缩节点都通过路由协议发布两套 G-SID 信息（通过置位 TLV/Sub-TLV 的 C 标志位表示该节点支持 SID 压缩）：一套携带 COC Flavor，另一套不携带 COC Flavor。例如 A:k:1:: 为节点 k 绑定到某接口的携带 COC 的 End.X SID，A:k:2:: 为节点 k 绑定到同一接口的不携带 COC Flavor 的 End.X SID。此外，尽管节点 N0、N10 均具备 G-SRv6 压缩能力，但由于二者均为 VPN PE 节点，可以不发布 SRH 压缩信息。

每个 SRH 压缩节点在发布 SID 信息时还需携带 SID Structure Sub-sub-TLV 标识相应 SID Container（此处分别为 G-SID Container、uSID Container）各字段长度。此处假定各 G-SRv6 节点所发布 Common Prefix 长度（LB Length）为 64bit，G-SID 长度为 32bit（LN Length 和 Fun. Length 分别为 16bit），Argument 长度（Arg. Length）为 32bit；假定 uSID Block 为 32bit，uSID 长度为 32bit，uSID 通过移位和最长匹配进行 SID 表查询，无须额外的标志位（COC）进行指示。节点 N1~N10 所发布的 SID 及其说明见表 5-11。

表 5-11　节点 N1～N10 所发布的 SID 及其说明

节点	SID	LB Length/LN Length	Fun.Length	Arg.Length	备注
N1	A:1:1::	64/16	16	32	可压缩，COC Flavor
	A:1:2::	64/16	16	32	可压缩，No COC Flavor
N2	A:2:1::	64/16	16	32	可压缩，COC Flavor
	A:2:2::	64/16	16	32	可压缩，No COC Flavor
N3	A:3:1::	64/16	16	32	可压缩，COC Flavor
	A:3:2::	64/16	16	32	可压缩，No COC Flavor
N4	A:4:1::	64/16	16	32	可压缩，COC Flavor
	A:4:2::	64/16	16	32	可压缩，No COC Flavor
N5	A1:5::1	64/16	48	0	不可压缩，A1 前缀
N6	A:6:1::	64/16	16	32	不可压缩
N7	F:7:1::	32/16	16	32	可压缩，uN
N8	F:8:1::	32/16	16	32	可压缩，uN
N9	F:9:1::	32/16	16	32	可压缩，uN
N10	A:10:10::	64/16	16	32	不可压缩，VPN SID

在 G-SID 与 SRv6 SID、uSID 混编的场景下，报文转发流程如下。

- 节点 N0：封装 G-SID 与 SRv6 混编报文，源地址为 B:1::1，目的地址 DA 为 G-SID Container[5]。G-SID Container[5] = Common Prefix（A::/64）+节点 N1 的 G-SID（1:1::/16）。由于 A:1:1::是 SRH 中第一个 SID，所以 DA.SI=0。在图 5-33 所示的混编场景下，SRH 中共有 6 个 G-SID Container，因而 SL=5。节点 N0 将报文转发到节点 N1。

- 节点 N1：收到报文后，查询本地 SID 表，发现报文目的地址 A:1:1::可与本地 SID 表中 End.X SID（带 COC Flavor）匹配；此时 DA.SI=0，因而将 SL 减 1（指向 G-SID Container[4]），DA.SI=3（指向 G-SID3）；节点 N1 将 G-SID Container[4].G-SID3 字段（2:1::/16）更新到报文 DA（更新后的 DA 为 A:2:1::3），并转发到节点 N2。

- 节点 N2：收到报文后，查询本地 SID 表，发现报文目的地址 A:2:1::3 可与本地 SID 表中的 End.X SID（带 COC Flavor）基于 LPM 原则匹配；此时 DA.SI=3，则 SL 仍指向 G-SID Container[4]，DA.SI 减 1（指向 G-SID2）；节点 N2 将 G-SID Container[4].G-SID2 字段（3:1::/16）更新到报文 DA（更新后的 DA 为 A:3:1::2），并转发到节点 N3。

- 节点 N3：收到报文后，查询本地 SID 表，发现报文目的地址 A:3:1::2 可与本地 SID 表中的 End.X SID（带 COC Flavor）基于 LPM 原则匹配；此时 DA.SI=2，则 SL 仍指向 G-SID Container[4]，DA.SI 减 1（指向 G-SID1）；节点 N3 将 G-SID Container[4].G-SID1 字段（4:2::/16）更新到报文 DA（更新后的 DA 为 A:4:2::1），并转发到节点 N4。

- 节点 N4：收到报文后，发现报文目的地址 A:4:2::1 可与本地 SID 表中的 End.X SID（不带 COC Flavor）基于 LPM 原则匹配；由于该 SID 不带 COC Flavor，所以默认将 SL 减 1，指向 G-SID Container[3]（对应 SID 为标准 SRv6 SID，A1::5:1），将 A1::5:1 复制到报文 DA，并查找 FIB 表转发到节点 N5。

- 节点 N5：作为一个普通 SRv6 节点，发现报文目的地址 A1::5:1 与本地 SID 表中的 End.XSID 匹配；SL 减 1（指向 G-SID Container[2]，对应 A:6:1::），将 G-SID Container[2] 复制到报文 DA（更新后的 DA 为 A:6:1::），并转发到节点 N6。
- 节点 N6：收到报文后，发现报文目的地址 A:6:1::与本地 SID 表中的 End.X SID 匹配；SL 减 1（指向 SID Container[1]），并将 SID Container[1]更新到报文 DA（更新后的 DA 为 F:7:1:8:1:9:1），并查找 FIB 表转发到节点 N7。
- 节点 N7：收到报文后，发现报文目的地址（F:7:1:8:1:9:1）与本地 SID 表中的 End SID（F:7:1::）匹配，且下一个 uSID 字段不是 EOC 标志，则对报文的 DA 字段进行"移位"操作（将后续 uSID 字段向前移动 32bit，并在 uSIDContainer 末尾补 0），"移位"后的 DA 地址为 F:8:1:9:1::。节点 N7 基于 F:8:1:9:1::执行查表转发操作，将报文转发至节点 N8。
- 节点 N8：收到报文后，发现报文目的地址（F:8:1:9:1::）与本地 SID 表中的 End SID（F:8:1::）匹配，且下一个 uSID 字段不是 EOC 标志，则对报文的 DA 字段进行"移位"操作（将后续 uSID 字段向前移动 32bit，并在 uSIDContainer 末尾补 0），"移位"后的 DA 地址为 F:9:1::。节点 N8 基于 F:9:1::执行查表转发操作，将报文转发至节点 N9。
- 节点 N9：收到报文后，发现报文目的地址（F:9:1::）与本地 SID 表中的 End SID（F:9:1::）匹配，且下一个 uSID 字段为 EOC 标志，所以默认将 SL 减 1，指向 SID Container[0]（对应 SID 为标准 SRv6 SID，A:10:10::），将 A:10:10::复制到报文 DA 并查找 FIB 表转发到节点 N10。
- 节点 N10：收到报文后，发现报文目的地址 A:10:10::与本地 SID 表中的 SID（此处假定为 End.DX6）实现 LPM 匹配，则按照相应动作进行报文处理。

5.8　SRv6 头压缩主要技术对比分析

目前，G-SRv6、uSID 及 SRm6 头压缩方案，在对多播、业务链等应用的支持方面，以及 OAM 与 TI-LFA 等功能支持方面，都需要进一步地完善，才能真正实现规模部署和应用。然而，业界对 SRv6 头压缩方案的争论始终伴随着 SRv6 技术的发展。本节针对前述 3 种 SRv6 头压缩方案进行对比分析，并对其报文承载效率进行分析探讨。

G-SRv6、uSID 及 SRm6 头压缩方案在技术实现上各具优势，3 种 SRv6 头压缩方案对比见表 5-12。

表 5-12　3 种 SRv6 头压缩方案对比

项目	G-SRv6	uSID	SRm6
SRv6/SRH 兼容性	兼容	兼容	不兼容
地址规划	需规划一致的 Locator Block，前缀长度灵活	需规划一致的 Locator Block，前缀长度灵活	与 IP 地址规划无关，可沿用已有 IPv6 地址规划
控制平面	需基于 SRv6 控制平面进一步扩展协议，以通告节点支持 G-SRv6 能力及 COC Flavor 等指令信息	需基于 SRv6 控制平面，通告 uN/uA/uDT/uDX 等指令信息	SRm6 引入全新的协议扩展，通告 mSID 及其与 IPv6 地址的映射关系。同时，需通告 PSSI/PPSI 等服务指令信息

（续表）

项目	G-SRv6	uSID	SRm6
SID 表项	需为 G-SID 新增 SID 表项	需为 uSID 新增 SID 表项	需引入 CRH-FIB 表项存储 mSID 与 IPv6 地址映射关系；对 PSSI 与 PPSI，还需维护复杂的指令映射表
路由信息	基于 SRv6 Locator 路由，不新增路由信息	基于 SRv6 Locator 路由，不新增路由信息	基于 IPv6 路由表，不新增路由信息
功能扩展	只要地址规划符合压缩条件，支持所有类型 SID 压缩	支持 End、End.X、End.DT 系列和 End.DX 系列压缩	支持节点、邻接及绑定 SID 压缩功能，PSSI 与 PPSI 功能可用于 SFC 及 VPN 场景
数据平面	兼容 SRH，但需在 IPv6 DA 中新定义 SI 标志位	兼容 SRH，不改变报文格式	新定义 CRH 携带压缩 SID；在 PSSI 和 PPSI 场景下，需新增其他扩展报头
硬件实现	较容易，基于 COC 指示压缩 SID 并复制至 DA 相应字段	容易，通过移位操作即可实现	较复杂，需查找本地 CRH FIB 表，将 mSID 映射为 IPv6 地址并复制到 DA 中

在压缩效率方面，G-SRv6 方案的压缩效率与 Locator Block 规划及 G-SID 长度有关，uSID 方案的压缩效率与 Locator Block 规划及 uSID 长度有关，而 SRm6 方案则不受地址规划影响，只与 mSID 长度相关。上述 3 种头压缩方案基于不同的实现原理，难以简单比较各方案压缩效率的优劣，特别在处理跨域时，受实际部署场景影响较大。

本节，作者针对普通 SRH、G-SRv6 压缩方案、uSID 方案以及 SRm6 等报文承载效率进行比较。假定原始报文长度为 448byte，Locator Block 为 32bit，理想情况下（SRH 中所有 SID 均可压缩），压缩 SID 长度分别为 16bit 或 32bit 时，对各方案的报文承载效率进行网络仿真计算，各方案报文承载效率比较（压缩 SID 长度为 16bit）如图 5-35 所示，各方案报文承载效率比较（压缩 SID 长度为 32bit）如图 5-36 所示。

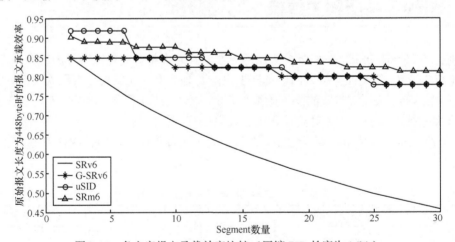

图 5-35　各方案报文承载效率比较（压缩 SID 长度为 16bit）

从总体来看，SRm6 映射方案的报文承载效率较 G-SRv6 压缩方案和 uSID 方案好，这主要是因为 SRm6 方案无须携带公共前缀 Block，且使用了更简化的 CRH 报头格式。针对 G-SRv6 压缩方案与 uSID 方案：若压缩 SID 长度为 16bit，uSID 方案报文承载效率稍高于 G-SRv6 压缩方案；若压缩 SID 长度为 32bit，SID 不超过 7 层情况下，uSID 方案的报文承载优于 G-SRv6 压缩方案，SID 超过二层后，G-SRv6 压缩方案更优。

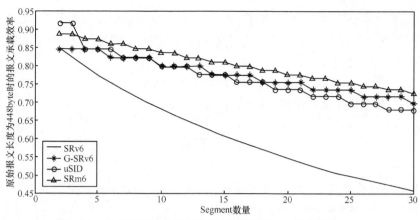

图 5-36　各方案报文承载效率比较（压缩 SID 长度为 32bit）

上述比较只是针对单 AS 域（即公共前缀不变）的仿真结果，下面结合针对跨越多个 AS 域（假定同一 AS 域内只经过 4 跳 Segment）的场景，对各方案的报文承载效率进行仿真。跨域场景下各方案报文承载效率比较（压缩 SID 长度为 16bit）如图 5-37 所示，跨域场景下各方案报文承载效率比较（压缩 SID 长度为 32bit）如图 5-38 所示。

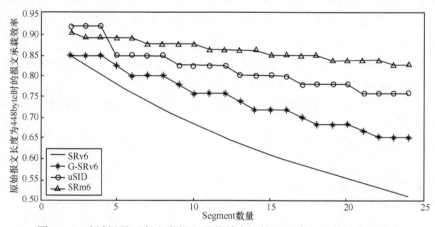

图 5-37　跨域场景下各方案报文承载效率比较（压缩 SID 长度为 16bit）

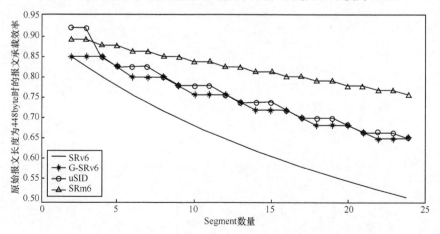

图 5-38　跨域场景下各方案报文承载效率比较（压缩 SID 长度为 32bit）

由上述仿真结果可知，在跨域场景下 SRm6 方案报文承载效率仍然最高，uSID 方案次之，G-SRv6 压缩方案报文承载效率最低。特别是当压缩 SID 长度为 16bit 时，uSID 方案相对 G-SRv6 压缩方案更具优势。

总体而言，兼容 SRv6/SRH 的 G-SRv6 压缩方案与 uSID 方案，更受业界推崇。至于业界在二者中做出何种选择，最终要看产业链的支持情况。

参考文献

[1] KANERIYA P, SHETTY R, HEGDE S, et al. IS-IS extensions to support the IPv6 compressed routing header (CRH): draft-bonica-lsr-crh-isis-extensions-03[R]. 2020.

[2] BONICA R, HEGDE S, KAMITE Y, et al. Segment routing mapped to IPv6 (SRm6): draft-bonica-spring-sr-mapped-six-02[R]. 2020.

[3] CHENG W, LI Z, LI C, et al. Generalized SRv6 network programming for SRv6 compression: draft-cl-spring-generalized-srv6-for-cmpr-02[R]. 2020.

[4] DECRAENE B, RASZUK R, LI Z, et al. SRv6 vSID: network programming extension for variable length SIDs: draft-decraene-spring-srv6-vlsid-04[R]. 2020.

[5] CHENG W, FILSFILS C, LI Z, et al. Compressed SRv6 segment list encoding in SRH: draft-filsfilscheng-spring-srv6-srh-comp-sl-enc-02[R]. 2020.

[6] FILSFILS C, CAMARILLO P, CAI D, et al. Network programming extension: SRv6 uSID instruction: draft-filsfils-spring-net-pgm-extension-srv6-usid-08[R]. 2020.

[7] CHENG W, STEFFANN S. Compressed SRv6 SID list requirements: draft-srcompdt-spring-compression-requirement-01[R]. 2020.

第6章

SRv6 典型技术应用

SRv6 是一种源路由技术，基于 SRv6 的网络可编程能力，可以对现有的网络业务进行优化部署，应用于传统的 TE、VPN、FRR、SFC 等，可突破既有技术局限性，提供更为灵活便利的业务部署功能。同时，基于 SRv6 的 Flex-Algo 可实现不相交路径（Disjoint Path）功能，进一步提升网络编程的灵活性。

本章从 SRv6 Policy 模型、控制平面和转发平面等方面介绍了 SRv6 在流量工程场景的应用；从 SRv6 L3VPN 和 SRv6 EVPN 的维度分别介绍了 SRv6 在 VPN 场景的应用；从 SFC 的实现入手，介绍了基于 SRv6 的多种 SFC 方案；结合传统 FRR 介绍了基于 SRv6 的 TI-LFA 实现机制，并介绍了面向 SRv6 的 TI-LFA 实现。读者从本章可以领略 SRv6 丰富的应用场景及广阔的应用前景。

6.1 SRv6-TE

流量工程是在路由协议基础上为满足特定目标实现的网络局部优化。IGP 路由协议的设计准则是"路径优先"，通常以 SPF 算法确定路由，不考虑带宽利用率、时延等因素。TE 技术在特定目标（或指定约束）条件下的网络优化可分为以下两个维度。

- 面向流量（Traffic-Oriented）：其优化目标在于提升数据流的服务质量（QoS），通常包括丢包最小化（Minimization of Packet Loss）、时延最小化（Minimization of Delay）、通量最大化（Maximization of Throughput）、SLA 提升等。
- 面向资源（Resource-Oriented）：其优化目标在于网络资源的有效使用，特别是带宽资源的有效管理。

实际上，网络优化通常会针对两个维度同时进行。譬如，拥塞最小化（Congestion Minimization）既是面向流量也是面向资源的网络优化目标。

为满足特定目标而使流量选择指定路径是 TE 的基本手段。策略路由（Policy Based Routing，PBR）、MPLS TE 等都是常见的 TE 手段。MPLS TE 基于叠加（Overlay）模型在物理网络拓扑上建立虚拟路径，可较好地实现上述面向流量与面向资源的优化目标：

- 通过 MPLS TE，网络管理员可以较为精准地控制流量路径，避开拥塞路径，实现网络带宽资源的有效管理；
- 建立 LSP 过程中，MPLS TE 可以预留资源，保证数据流的 QoS；
- MPLS TE 还可实现路径备份（Path Backup）与 FRR，在链路故障时即时切换，从而保障 SLA。

如第 1.2.1 节所分析，MPLS TE 采用 RSVP-TE/CR-LDP 作为信令，导致路径状态 N^2 等问题，其扩展性受到极大挑战。作为 SR 技术的一种重要应用，SR-TE 则较好地解决了 MPLS TE 的相应问题。SR-TE 技术基于 SR 源路由机制，通过在报头中携带有序指令列表的方式构成显式流量路径。这些指令并非面向数据流，而是面向节点与链路，因而网络设备只需维护有限的节点与链路状态，不会出现 MPLS TE 的扩展性问题。

SRv6-TE 是基于 SRv6 的 SR-TE。基于 SRv6 灵活编程特性，SRv6-TE 可实现更加灵活的路径选择和业务提供能力。

6.1.1 SRv6-TE 简介

如第 2 章介绍，典型的 SR 架构是一种集中式控制与分布式优化结合的网络架构，通常采用混合式控制平面。一种以混合式控制平面为基础的 SR-TE 功能架构如图 6-1 所示。

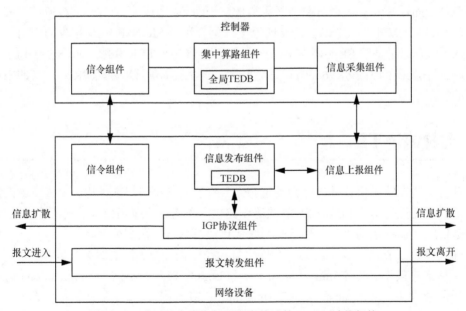

图 6-1 一种以混合式控制平面为基础的 SR-TE 功能架构

SR-TE 功能架构主要包含控制器、网络设备（网络节点）等。控制器包含集中算路组件（Component）、信息采集组件以及信令组件等，网络设备则包含信令组件、信息发布组件、信息上报组件、IGP 组件以及报文转发组件等。

1. SR-TE 控制器集中算路组件

集中算路组件是 SR-TE 控制器的核心组件。通常情况下，该组件响应网络设备的路径计算请求，基于全局 TEDB，通过 CSPF 算法计算满足指定约束条件的路径。采用控制器集中算路的方式，一方面可以避免分布式 TE 场景下网络设备的算力局限，另一方面可以实现端到端跨域算路（从而实现跨域 TE）。

集中算路组件基于全局 TEDB 进行路径计算。TEDB 包含一个/多个 AS 的 IGP 拓扑信息（节点、链路、IGP 度量等）、AS 域间信息、TE 链路属性（TE 度量、链路时延度量、SRLG、链路属性、亲和属性等）、SR 信息（Prefix-SID、Adj-SID 等）以及 SR Policy 信息（Headend、Endpoint、Color、SID 列表等）等。

CSPF 算法是一种改进的 SPF 算法。该算法在计算某流量的 TE 路径时，需将指定的约束条件纳入其中。CSPF 算法的输入包括 TEDB 信息以及用户自定义信息（如带宽需求、最大跳转数、管理策略需求等），输出则是相应路径。CSPF 算法首先根据约束条件（如带宽、亲和属性、SRLG 和管理策略需求等）对网络拓扑进行"裁剪"，然后对"裁剪"后的网络拓扑基于 SPF 算法进行 TE 路径计算。理论上，网络管理员可以自行开发/选择其他算法，但 CSPF 算法作为一种在线计算方法，可在网络拓扑变化情况下及时响应并提供相应 TE 路径，仍然是目前大多数控制器采用的主要算法。

2．SR-TE 控制器信息采集组件

TEDB 中的信息独立于协议。SR-TE 控制器为建立全局 TEDB，通过信息采集组件将网络拓扑、TE 以及 SR 信息等从网络设备中收集并注入 TEDB。信息采集组件主要通过 BGP-LS 等协议与网络设备交互。

3．信令组件

信令组件分为 SR-TE 控制器的信令组件和网络设备的信令组件，二者基于 PCEP 或 BGP SR Policy 协议交互，完成 SR-TE 路径计算请求与结果下发的过程。

步骤 1　网络设备信令组件向 SR-TE 控制器发送 TE 路径计算请求。

步骤 2　SR-TE 控制器信令组件接收来自网络设备的路径计算请求，并将请求发送给集中算路组件。

步骤 3　集中算路组件响应相应请求，计算 TE 路径，并将路径计算结果返回给 SR-TE 控制器信令组件。

步骤 4　SR-TE 控制器信令组件将路径计算结果发送给网络设备。

4．网络设备信息上报组件

信息上报组件与 SR-TE 控制器信息采集组件相互配合，完成 SR-TE 控制器全局 TEDB 的构建与信息更新。该组件通过 BGP-LS 等协议上报网络拓扑、TE 以及 SR 信息等。

5．网络设备信息发布组件

网络设备信息发布组件主要用于获取/通告网络拓扑信息、TE 信息以及 SR 等信息，并形成本地 TEDB。相关信息的通告主要通过 IS-IS/OSPF 等协议扩展实现。

6．IGP 组件

IGP 组件主要通过网络设备之间的 IS-IS/OSPF 协议交互完成网络拓扑、TE 以及 SR 等信息的通告。

7．网络设备报文转发组件

报文转发组件基于 SR 的源路由机制对报文进行转发。在 SR-TE 中，由于头端节点已经在报文中显式指定了报文转发路径，网络设备的报文转发组件按照报文所携带路径信息与指

令来处理/转发报文。

8．网络设备算路组件

在混合控制平面/分布式控制平面场景下，网络设备上也会存在算路组件（未在图 6-1 中画出）。这种组件可以根据本 SR 域的 TEDB 计算域内的 SR-TE 路径。其机理与 SR-TE 控制器集中算路组件一致，此处不再赘述。

SR-TE 概念引入之前，以 RSVP-TE 为代表的"TE 隧道"概念深入人心。然而，RSVP-TE 技术一直未得到广泛的应用。除了众所周知的路径状态 N^2、跨域实现困难等问题外，RSVP-TE 还存在以下问题：

- RSVP-TE 本身不支持 ECMP，必须在源和目的之间通过建立多条隧道的方式实现流量负载分担，配置复杂且影响其扩展性；
- 将隧道作为虚拟接口，不仅占用设备资源导致扩展性问题，而且实现方式较为复杂；
- 对新功能支持能力弱，如不支持灵活算法（Flex-Algo）、性能测量（Performance Measurement，PM）等新功能。

针对传统隧道技术的不足，思科公司于 2017 年提出了一套全新的 SR-TE 体系——SR Policy。SR Policy 没有隧道接口的概念，本质上是 Segment 列表。SR Policy 将用户/业务的需求转换为 Segment 列表，将 Segment 列表编程到网络边缘设备上，引导流量至 Segment 列表所对应的路径上，从而实现流量工程。为了满足网络自动运营/智能运营等需求，SR Policy 还集成了性能测量、OAM、计数器和遥测等功能。

细心的读者会发现，本节标题为"SRv6-TE 简介"，却一直在讲述与 SR-TE 相关问题。事实上，SR-MPLS 与 SRv6 的主要区别在于数据平面，SRv6-TE 作为 SR-TE 的一种形态，功能架构与 SR-TE 是一致的。下节所讲的 SRv6 Policy 模型同样适用于 SR Policy。

6.1.2 SRv6 Policy 模型

SRv6 Policy 是实现 SRv6 网络编程的主要机制，它将 BGP 路由置于解决方案的核心，在隧道生成、流量引导等方面具有鲜明的特色。

一个典型的 SRv6 Policy 模型包含 SRv6 Policy 标识、候选路径（Candidate Path）及 Segment 列表等主要组成要素。SRv6 Policy 模型示例如图 6-2 所示。

1．SRv6 Policy 标识

SRv6 Policy 由<Headend，Color，Endpoint>三元组唯一标识，该标识全局有效。

- Headend：用来标识 SRv6 Policy 的头端节点，以 IPv4 或 IPv6 地址表示。Headend 节点生成 SRv6 Policy，还可以将流量导入 SRv6 Policy。
- Color：用来在<Headend，Endpoint>二元组相同情况下标识不同的 SRv6 Policy，可表示为 32bit 数值。Color 是 SRv6 Policy 的重要属性，作为业务与隧道的锚点，通常与业务需求关联，可与低时延、大带宽等业务属性对应，也可代表 SRv6 Policy 的业务 SLA。此外，Color 还提供了一种将业务与 SRv6 Policy 相关的灵活机制，可以通过对业务路由[1]着色（即在 BGP 扩展团体属性中携带 Color）的方式自动生成 SRv6 Policy

---

1 业务路由（Service Routing）指 BGP 路由（VPN 或非 VPN）、EVPN 路由以及伪线（Pseudo Wire，PW）路由等。

并向 SRv6 Policy 自动引流。

- Endpoint：用来标识 SRv6 Policy 的目的地址，以 IPv4 地址或 IPv6 地址表示。

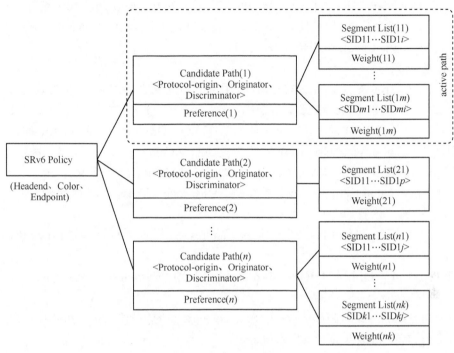

图 6-2　SRv6 Policy 模型示例

对于给定的 Headend 节点，该节点生成的所有 SRv6 Policy 的 Headend 节点均相同，可将此 Headend 节点上的所有 SRv6 Policy 通过<Color，Endpoint>标识，并可以通过<Color，Endpoint>来引导流量进入相应的 SRv6 Policy。

为便于读写、简化配置，可以为 SRv6 Policy 定义别名（Symbolic Name）。SRv6 Policy 的别名由可显示的（Printable）美国信息交换标准代码（American Standard Code for Information Interchange，ASCII）字符构成，用于指代 SRv6 Policy。

2．Candidate Path

Candidate Path 代表将流量从相应 SRv6 Policy 的 Headend 节点传送到 Endpoint 的一种可能的路径。不同信令协议会下发不同的 Candidate Path。从 SR-TE 控制器角度看，Candidate Path 是基于 BGP SRv6 Policy/PCEP 等协议向 Headend 节点发送 SRv6 Policy 的基本单元。

一个 SRv6 Policy 可以关联多条 Candidate Path，但必须有一个主路径（Active Path）。每个 Candidate Path 都有一个偏好值（Preference），用来标识 Candidate Path 的优先级，偏好值越高，则优先级越高。SRv6 Policy 总是在多条 Candidate Path 中选择 Preference 最高的那条作为 Active Path。

SRv6 Policy 内部通过<Protocol-origin，Originator，Discriminator>唯一标识一条 Candidate Path。

（1）Protocol-origin

Protocol-origin 是一个 8bit 的数值，用来标识生成/下发 Candidate Path 的组件或信令协议。

现阶段，在 Headend 节点生成 Candidate Path 的途径有"基于配置（Via Configuration）""PCEP 下发"和"BGP SRv6 Policy 下发"3 种。这 3 种方式对应的优先级（Priority）分别为 30、20 和 10。在 Candidate Path Preference 相同的情况下，Protocol-origin 可用来选择主路径（优选 Protocol-origin 中 Priority 最高的 Candidate Path）。PCEP 和 BGP SRv6 Policy 通常是 SR-TE 控制器下发 Dynamic Candidate Path 的方式。

（2）Originator

Originator 与 Protocol-origin 方式相对应，用来标识生成 Candidate Path 的节点。Originator 共 160bit，标识为<ASN:node-address>。其中，ASN 为 4byte 的 AS 号，node-address 表示 128bit 的 IPv6 地址（如果是 IPv4 地址，则被编码在低 32bit）。Originator 一般是 Headend 节点或控制器。根据 Protocol-origin，Originator 可标识不同的节点。

- 若 Protocol-origin 是"Via Configuration"，则 Originator 要么是 Headend 节点的 ASN/node-address，要么是控制器的 ASN/node-address。这种情况下，ASN 与 node-address 缺省均为 0。
- 若 Protocol-origin 是"PCEP"，则 node-address 就是 PCEP 控制器的 IPv4/IPv6 地址，ASN 通常缺省设置为 0。
- 若 Protocol-origin 是"BGP SRv6 Policy"，则 Originator 由 Headend 节点的 BGP 提供。

如果 Candidate Path 的 Preference 与 Protocol Origin 均相同，Originator 则用于选择主路径（优选 Originator 值最低的 Candidate Path）。

（3）Discriminator

Discriminator 用于区分同一<Protocol-origin，Originator>下不同的 Candidate Path。例如，如果 SR-TE 控制器通过 PCEP 发布属于同一 SRv6 Policy 的多个 Candidate Path，则这些 Candidate Path 通过 Discriminator 来区分。

3. 分段列表

分段列表（Segment List）是对 SRv6 Policy 转发路径编码的分段序列。一个 Candidate Path 可以关联多个 Segment List。每个 Segment List 都有一个权重（Weight）属性，用来标识流量 在该 SID 列表的负载比例。通过 Weight 控制流量在多个 Segment List 路径中的负载比例，从 而实现非等价多路径（Unequal-Cost Multi-Path，UCMP）功能。

SRv6 Policy 的多 Segment List 设计可以实现网络资源的动态弹性扩展，满足业务实时变 化的需求。例如，某类业务需要将带宽从 10Gbit/s 增加到 15Gbit/s，SRv6 Policy 可以在原有 路径基础上再增加一条 5Gbit/s 带宽的路径。此外，基于权重的 UCMP 可以更方便地实现对 网络资源的优化。如果某条 Segment List 路径的流量出现了过载，可以调整 Segment List 的 权重以降低该路径的负载。

SRv6 Policy 中还有一个重要概念：Binding SID（BSID）。如第 2.3 节所述，作为 SR 的 基础指令，BSID 可以起到减少 SR 报文封装的 SID 层数、隔离域内扰动/震荡等作用。具体 到 SRv6 Policy，BSID 作为一个与 SRv6 Policy 绑定的本地 SID，可标识一条 Candidate Path，并提供隧道连接、流量引导等功能。SRv6 Policy 的 BSID 对应 Active Path，报文如果携带 SRv6 Policy 对应的 BSID，则会被引导到对应的 SRv6 Policy。从网络编程的角度，SRv6 Policy 可 以看作一个网络服务，BSID 则可看作访问这个服务的接口。SRv6 Policy 的这种"网络服务化"的设计理念使得网络可以通过 BSID 为业务提供服务接口，任何业务都可以调用该接口，而不需要关注系统内部实现的细节。

6.1.3　SRv6 Policy 候选路径

一个 SRv6 Policy 至少关联一条 Candidate Path，且必须有一个主路径。根据生成方式，SRv6 Policy 的 Candidate Path 可分为显式候选路径（Explicit Candidate Path）和动态候选路径（Dynamic Candidate Path）两类。这两类路径可以安装在同一个 SRv6 Policy 中。

1. 显式候选路径

Explicit Candidate Path 的 Protocol-origin 对应"Via Configuration"。Explicit Candidate Path 可以由网络管理员在 Headend 节点上通过 CLI 方式进行本地配置，Headend 节点配置显式候选路径示例如图 6-3 所示，也可以由控制器通过 NETCONF 又一代模型（Yet Another Next Generation Model，YANG）等方式将配置下发给 Headend 节点生成（控制器下发显式候选路径示例如图 6-4 所示）。

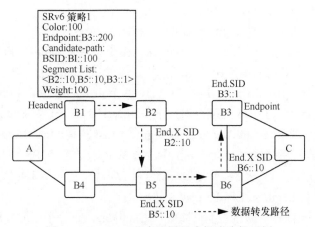

图 6-3　Headend 节点配置显式候选路径示例

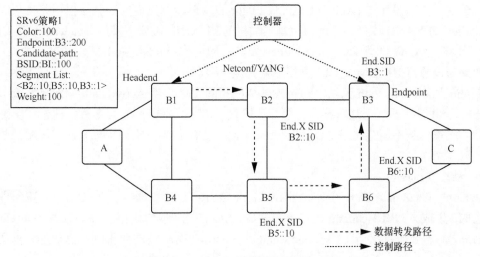

图 6-4　控制器下发显式候选路径示例

配置 SRv6 Policy Explicit Candidate Path 时，需要配置 Endpoint、Color 以及 Candidate Path 的 Preference 和 Segment List 等参数。以图 6-3 为例，根据路径规划，需在 Headend 节点 B1 上基于 Explicit Candidate Path 配置一条 SRv6 Policy。该 Candidate Path 必须经过节点 B2 到节点 B5 的链路、节点 B5 到节点 B6 的链路，并到达 Endpoint 节点 B3。图 6-3 中，Endpoint 节点 B3 的 IPv6 地址为 B3::200，其 End SID 为节点 B3::1；节点 B2 到节点 B5 的链路对应的 End.X SID 为 B2::10；节点 B5 到节点 B6 的链路对应的 End.X SID 为 B5::10。基于 SRv6 Policy 模型，配置流程描述如下。

（1）配置 SRv6 Policy：Policy1

这个环节通常为 SRv6 Policy 配置别名、Color 与 Endpoint 参数。此处，这条 SRv6 Policy 的别名为 Policy1，Color 配置为 100，Endpoint 配置为 B3::200。由此，<100，B3::200>即可唯一标识这条 SRv6 Policy。

（2）为 Policy1 配置 Candidate Path

这个环节通常为 Candidate Path 配置 Preference、BSID 等参数。此处，由于只为 Policy1 配置了一条 Candidate Path，Preference 采用缺省值（100）。BSID 配置为 B1::100。配置的这条唯一的 Candidate Path 即 Active Path。

（3）为 Candidate Path 配置 Segment List

这个环节通常配置 Segment List 及其 Weight。由于该条 Candidate Path 必须经过节点 B2 到节点 B5 的链路、节点 B5 到节点 B6 的链路，并到达 Endpoint 节点 B3。因而此处的 Segment List 配置为<B2::10，B5::10，B3::1>。其中，B2::10 为节点 B2 到节点 B5 的链路对应的 End.X SID，B5::10 为节点 B5 到节点 B6 的链路对应的 End.X SID，B3::1 为 Endpoint 节点 B3 的 End SID。根据 SRv6 Policy 规定，Candidate Path 的 Segment List 的最后一个 Segment（Last Segment）必须是与 Endpoint 节点相关的 SID。图 6-3 中，与 Endpoint 节点 B3 相关的 SID，一个是节点 B3 的 End SID（B3::1），一个是节点 B6 到节点 B3 链路对应的 End.X SID（B6::10）。此例中，选择 B3::1 作为 Segment List 的 Last Segment。

每个 Segment List 都有对应的权重，以便在 Candidate Path 所关联的 Segment List 之间进行负载均衡。Weight 缺省值为 1，此处配置为 100。

对于基于控制器配置 Explicit Candidate Path 的场景，首先需要控制器根据路径规划配置 SRv6 Policy 的 YANG 模型，然后由控制器通过 NETCONF 协议下发到 Headend 节点 B1；节点 B1 则根据 YANG 模型生成 SRv6 Policy 及其对应的 Candidate Path 等。在节点 B1 上所达到的效果与在节点 B1 上通过 CLI 直接配置完全一致。

Explicit Candidate Path 无法自动响应网络拓扑的变化，当 Active Path 中的链路或节点发生故障时，SRv6 Policy 无法重路由，会导致流量中断。为保证网络可靠性，通常在实际部署中规划和配置两条不相交路径（Disjoint Path），并结合连通性检测等机制，实现路径故障时的主备路径切换。

2. 动态候选路径

Dynamic Candidate Path 可由 Headend 节点或 SR-TE 控制器根据 TEDB 及约束条件动态计算生成，生成方式有 Headend 节点计算生成、SR-TE 控制器计算生成和 ODN（On-Demand Next-Hop，按需下一跳）等。Dynamic Candidate Path 在网络条件变化时会自动重算以适应网络变化。

（1）Headend 节点计算生成 Dynamic Candidate Path

这种方式通常用于 IGP 域内的 Candidate Path 计算。如第 7.1.1 节所述，Headend 节点在本地有 TEDB，可以基于相应算法（通常为 CSPF 算法），结合约束条件计算生成 Candidate Path。为了计算生成 Dynamic Candidate Path，需在 Headend 节点进行相应配置。

以图 6-5 为例，在 Headend 的节点 B1 上需针对 Endpoint 节点 B3 生成一条最低时延的 SRv6 Policy Dynamic Candidate Path。为此，在 Headend 所做配置具体如下。

- 配置 SRv6 Policy：配置 SRv6 Policy 的 Color（值为 100）、Endpoint（节点 B3 地址，B3::200）和别名（Policy1）。<100，B3::200>可唯一标识 Policy1。

- 为 Policy1 配置 Dynamic Candidate Path 参数：配置 Candidate Path Preference（值为 100）、Candidate Path 动态计算参数（如 Dynamic path metric type latency，以时延为度量值基于 CSPF 算法生成 Candidate Path）、BSID（此例中由 Headend 自动生成，不做配置）等。

Headend 的节点 B1 通过 CSPF 算法，基于本地 TEDB 与约束条件生成如图 6-5 所示的一条 Dynamic Candidate Path，其 Segment List 表示为<B2::10，B5::10，B3::1>。

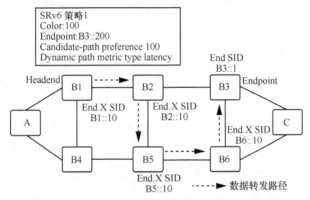

图 6-5　Headend 节点计算生成动态候选路径示例

Headend 节点计算生成 Dynamic Candidate Path 的方式，在 SR 架构中属于分布式控制方式，具有非常高的扩展性。然而，Headend 节点只有 IGP 域内的拓扑信息，无法获取跨域拓扑信息，无法支持跨域路径计算。此外，这种方式下，Headend 节点无法获取中间节点的资源占用情况，不具备带宽预留等资源预留类路径计算能力。

（2）SR-TE 控制器计算生成 Dynamic Candidate Path

SR-TE 控制器主要通过 BGP-LS 等协议收集网络拓扑、TE 以及 SRv6 等信息，形成全局 TEDB。

通常，SR-TE 控制器计算生成 Dynamic Candidate Path 的动作由 Headend 节点触发。当 Headend 基于相应参数向 SR-TE 控制器提出算路请求后，SR-TE 控制器将基于全局 TEDB 与约束条件，采用 CSPF 算法计算 Candidate Path。SR-TE 控制器通过 PCEP/BGP SR Policy 协议向 Headend 节点下发 Dynamic Candidate Path。此种方式下生成的 Dynamic Candidate Path，其 Protocol-origin 对应 "PCEP" 或 "BGP SR Policy"。

为了由 SR-TE 控制器计算生成 Dynamic Candidate Path，需在 Headend 节点进行相应配

置。SR-TE 控制器计算生成动态候选路径示例如图 6-6 所示。以图 6-6 为例，Headend 节点 B1 上需由 SR-TE 控制器生成一条到达 Endpoint 节点 B3 的最低时延的 SRv6 Policy Dynamic Candidate Path。为此，在 Headend 所做配置如下。

- 与 SRv6 Policy 相关参数：SRv6 Policy 的 Color（值为 100）、Endpoint（节点 B3 地址，B3::200）和别名（Policy1）。<100，B3::200>可唯一标识 Policy1。
- Policy1 的 Dynamic Candidate Path 参数：Candidate Path Preference（值为 100）、Candidate Path 动态计算参数（如 Dynamic path metric type latency，以时延为度量值基于 CSPF 算法生成 Candidate Path）等。

SR-TE 控制器响应节点 B1 的请求，计算生成了一条 Dynamic Candidate Path，其 Segment List 表示为<B2::10，B5::10，B3::1>。

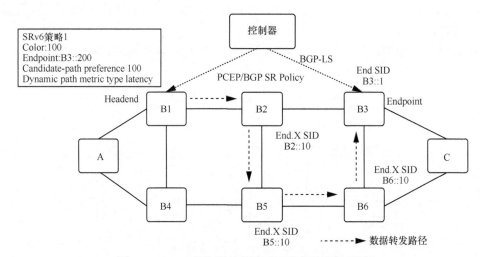

图 6-6　SR-TE 控制器计算生成动态候选路径示例

相对于 Headend 计算生成 Dynamic Candidate Path 的方式，SR-TE 控制器可通过 BGP-LS 等协议获取全局的拓扑和 TE 等信息，从而可实现全局调优、资源预留和端到端跨域的 SRv6 Policy 路径计算。

（3）ODN 方式生成 Candidate Path

基于附带颜色（Color）属性的业务路由动态生成 SR Policy 的方式称为 ODN。此处，Next-hop 既是 BGP 业务路由中的 Next-hop，也是 SR Policy 的 Endpoint。基于 ODN 方式生成的 Candidate Path 称为按需候选路径（On-Demand Candidate Path）。

ODN 方案的核心是 Color。BGP 的 Color 属性是一个 32bit 的数值，属于可传递（Transitive）、不透明（Opaque）等扩展属性，可附加在 BGP 路由上，影响路由决策。BGP 通常对通告的业务路由进行着色（Coloring），以区分每条业务路由所代表的 SLA。

该方案通过 ODN 模板（Path Template）中 SR Policy 的 Color 属性（可对应业务 SLA）与 BGP 业务路由中颜色扩展属性（Color Extended Community）相匹配的方式，动态计算 Candidate Path。

为了在 Headend 上通过 ODN 方式生成 Candidate Path，需要在 Headend 节点进行相应配置。ODN 方式生成候选路径示例如图 6-7 所示。以图 6-7 为例，Headend 节点 B1 上需通过

ODN 方式生成一条到 Endpoint 节点 B3 的最低时延的 SRv6 Policy Dynamic Candidate Path。为此，需在 Headend 配置 ODN 模板。

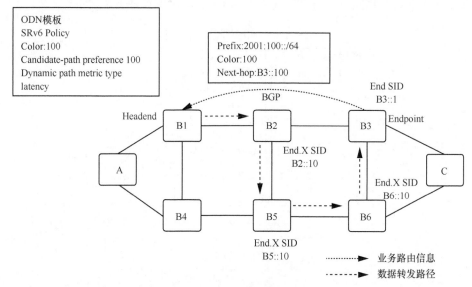

图 6-7　ODN 方式生成候选路径示例

　　与 ODN 模板相关参数包括 SRv6 Policy 的 Color（值为 100）和 Dynamic Candidate Path 参数：Candidate Path Preference（值为 100）、Candidate Path 动态计算参数（如 Dynamic Path Metric Type Latency，以时延为度量值基于 CSPF 算法生成 Candidate Path）等。

　　节点 B3 发布附带 Color 属性（值为 100）的业务路由 2001:100::/64，其 Next-hop 为 B3::200。Headend 节点 B1 上收到该业务路由后，发现其 Color 与本地 ODN 模板中的 Color 相匹配，则根据 ODN 模板参数发起 SRv6 Policy 流程，形成标识为<100，B3::200>的 SRv6 Policy，计算生成了一条 Dynamic Candidate Path，其 Segment List 表示为<B2::10，B5::10，B3::1>。

　　需要说明的是，ODN 方式不一定在 Headend 上新建 SRv6 Policy。在某些情况下，如果 Headend 中已经存在对应的 SRv6 Policy（如通过本地配置方式生成 SRv6 Policy），则 ODN 方式仅生成 Candidate Path 加入候选路径列表中；如果 SRv6 Policy 不存在，则创建一个 SRv6 Policy。

　　ODN 方式可以按需生成或拆除 Candidate Path，大大简化了 SRv6 Policy 配置的复杂性。ODN 方式生成的 Candidate Path 适用于单 AS 域与跨 AS 域场景（图 6-7 就属于单域场景）：单域场景下，不需要引入 SR-TE 控制器，可由 Headend 节点完成；多域场景下，由于 Headend 节点无法获取全局 TEDB，需通过 SR-TE 控制器完成路径计算。

6.1.4　SRv6 Policy 引流

　　SRv6 Policy 引流是指将流量导入 SRv6 Policy 的过程。SRv6 Policy 引流主要有 BSID 引流、Color 引流、DSCP 引流以及静态路由引流等多种方式。不同的引流方式适用于不同的业务场景。本节主要介绍 BSID 引流与 Color 引流。

1. BSID 引流

BSID 引流是通过 BSID 将流量引入其绑定的 SRv6 Policy，常用于业务源节点和 SRv6 Policy Headend 节点不是同一个节点的场景。BSID 引流示例如图 6-8 所示。

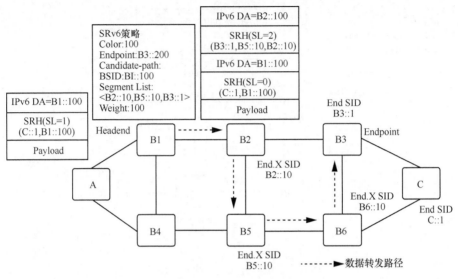

图 6-8　BSID 引流示例

以图 6-8 为例介绍 BSID 引流过程。Headend 节点 B1 通过前述介绍的方式创建 SRv6 Policy，该 SRv6 Policy 的 Binding SID 为 B1::100，Segment List 为<B2::10，B5::10，B3::1>。节点 A 获知节点 C 发布的业务信息（如 End SID C::1）以及节点 B1 发布的路径信息（如 BSID B1::100）。为将报文发送至节点 C，节点 A 封装 SRv6 报文（目的地址为 B1::100），并转发至节点 B1。

当接收一个目的地址为 B1:100 的 SRv6 报文后，节点 B1 开始 SRv6 Policy 引流过程，具体如下。

步骤 1　查询本地 SID 表，发现目的地址 B1:100 是本地 SRv6 Policy 的 BSID，遂将原 SRv6 报头 SRH 的 SL 值减 1，指向下一个 SID（C::1）。

步骤 2　为原始 SRv6 报文封装一个新的 IPv6 报头，源地址为 Headend 地址，目的地址为 SRv6 Policy 的第一个 SID B2::10。

步骤 3　为新的 IPv6 报头封装 SRH，携带该 BSID 对应的 SRv6 Policy 的 Segment List <B2::10，B5::10，B3::1>。

步骤 4　更新 IPv6 报头其他字段，并根据 SID 指令转发报文。

SRv6 Policy 成功引流后，后续节点根据相应指令对 SRv6 进行处理与转发。

此外，BSID 引流方式还经常用在隧道拼接、跨域路径拼接等场景，以有效减小 SRv6 SID 栈深，并降低不同网络的耦合（避免某个网络内转发路径的变化影响其他网络）。

2. Color 引流

并非所有引流过程都需要 BSID，Color 引流就可以不使用 BSID。

Color 引流又称为自动引流（Automated Steering，AS）。该方式下，如果 Headend 节点所收到业务路由（目前主要是 BGP 类型的业务路由）的 Color 和 Next-hop 与本地有效 SRv6

Policy 的 Color 和 Endpoint 相匹配，则会自动将该业务路由安装在 FIB 中，并将转发表条目指向该 SRv6 Policy。这样，当 Headend 节点收到目的地址为该业务路由的流量时，就会将这些流量导入该 SRv6 Policy。由于 Color 属性可附加到具体的 BGP 业务路由上，Color 引流方式可以实现逐条路由的控制粒度。

Color 引流示例如图 6-9 所示。Headend 节点 B1 通过前述介绍的方式创建 SRv6 Policy<100，B3::200>，其 Segment List 为<B2::10，B5::10，B3::1>。节点 B3 发布业务路由 2001:100::/64（Color 为 100，Next-hop 为 B3::200）。Headend 节点 B1 收到节点 B3 发布的业务路由 2001:100::/64 后，进行路由迭代具体如下。

- 验证 BGP 业务路由的 Next-hop（B3::200）是否匹配 SRv6 Policy 的 Endpoint 地址（B3::200），验证 BGP 业务路由的 Color 属性（100）是否匹配 SRv6 Policy 的 Color（100）。匹配成功后，即认为节点 B3 发布的 BGP 业务路由 2001:100::/64 与 SRv6 Policy<100，B3::200>匹配。
- 将业务路由 2001:100::/64 及其关联的 SRv6 Policy 安装到 FIB 表中。此时，业务路由 2001:100::/64 的 FIB 表项中，Next-hop 为 B3::200，出接口为 SRv6 Policy<100，B3::200>。

当节点 B1 收到去往目的地址 2001:100::1 的流量时，查询 FIB 表，得到出接口为 SRv6 Policy<100，B3::200>，即执行相应动作，进行 SRv6 报文封装并转发，实现到 SRv6 Policy 的自动引流。

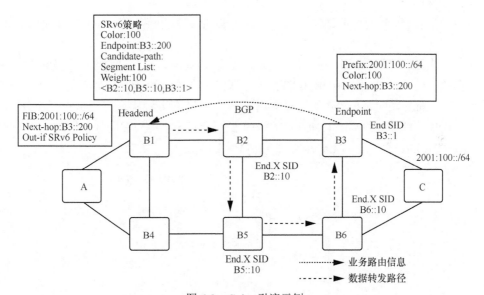

图 6-9 Color 引流示例

通过以上过程分析可以看出，Color 引流方式并不会对转发性能产生影响。

由于 Color 引流与 ODN 方案都涉及 Color 匹配过程，容易产生混淆，此处进行比较并说明，具体如下。

- 定位不同：Color 引流方案侧重于路由迭代（其前提是 Headend 本地存在有效的 SRv6 Policy），将业务路由的出接口迭代为相应 SRv6 Policy，从而实现流量向 SRv6 Policy 的导入；ODN 方案侧重于生成相应 SRv6 Policy/Candidate Path。

- 过程不同：Color 引流方案在业务路由的 Color/Next-hop 与 SRv6 Policy 的 Color/Endpoint 匹配后，将业务路由的出接口迭代为对应的 SRv6 Policy；ODN 方案将 ODN 模板中的 Color 与业务路由的 Color 匹配，随即将业务路由的 Next-hop 作为 SRv6 Policy 的 Endpoint，计算生成 SRv6 Policy/Candidate Path。

6.2　SRv6 VPN

SRv6 技术出现后，基于 SRv6 的 VPN 技术成为业界关注的重点。

6.2.1　VPN 业务简介

VPN 业务又可称为运营商提供的 VPN（Provider Provisioned Virtual Private Networks，PPVPN），是由 ISP/ICP 基于公共网络为客户提供的虚拟专用网络。根据角色划分，VPN 的设备类型可分为 CE（Customer Edge）、PE（Provider Edge）、P（Provider Router）节点。

- CE：作为用户侧边缘设备，接入用户设备，同时与 PE 设备互联。CE 一般是路由器或交换机，也可以是主机。
- PE：作为运营商网络侧边缘设备，与用户侧的 CE 直接相连，同时与其他 PE/P 设备互联。
- P：作为运营商网络的核心设备，不与 CE 设备直连，而是通过与其他 PE/P 设备互联提供网络通络。P 设备不感知 VPN，只具备常规的流量转发与处理能力。

作为在 Underlay 网络上创建的逻辑隔离网络，VPN 有多种实现方式。根据 VPN 承载的业务类型和网络特征，IETF RFC 4026 对 VPN 做了相应分类（如图 6-10 所示），VPN 包括二层（Layer 2，L2）和三层（Layer 3，L3）VPN 等类型。

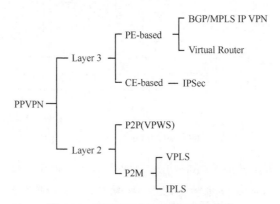

图 6-10　IETF RFC4026 的 VPN 分类

1. 三层虚拟专用网络

三层虚拟专用网络（Layer threee Virtual Private Network，L3VPN）是承载三层业务的 VPN。由于不同的 L3VPN 独立使用和管理自己的地址空间，所以不同 VPN 的地址空间可以重叠。

根据 VPN 业务发起节点的不同,L3VPN 又可分为 CE-based VPN 与 PE-based VPN 两类。在 CE-based VPN 场景中, 客户 VPN 信息以及 VPN 操作均局限在 CE 节点范围内, 公共网络(尤其 PE 节点)对 VPN 信息与操作一无所知。典型的 CE-based VPN 如互联网络层安全协议(Internet Protocol Security, IPSec)VPN。PE-based VPN 包括虚拟路由器(Virtual Router, VR)与 BGP/MPLS IP VPN 等。VR 是对物理路由器(Physical Router)在软件与硬件层面的仿真。每个 VR 都运行独立的路由协议进程, 拥有独立的 FIB, 且相互隔离。VR 方式下, PE 设备为其上的每个 VPN 都提供一个 VR。这样可为用户提供较好的网络/业务隔离, 但对运营商网络设备资源占用较多, 在现网中应用较少。BGP/MPLS IP VPN 则在网络/业务隔离与运营商资源占用之间取得了较好平衡。

BGP/MPLS IP VPN 通过 VPN 实例(VPN Instance)实现了 VPN 之间的隔离。PE 为每个直接相连的客户站点(Site)建立并维护专门的 VPN 实例, VPN 实例则由 VPN 标签标识。PE 上每个 VPN 实例都有相对独立的路由表和标签转发信息库(Label Forwarding Information Base, LFIB)。一个 VPN 实例通常包括 LFIB、IP 路由表、与 VPN 实例绑定的接口, 以及 VPN 实例的路由区分符(Route Distinguisher, RD)、路由目标(Route Target, RT)等管理信息。之所以称为 BGP/MPLS IP VPN, 是因为该类型 VPN 通常利用 BGP 在运营商网上传播 VPN 的私网路由信息(包括 VPN 标签), 使用 MPLS 等技术来承载 VPN 业务流量, 实现运营商网络及用户网络的隔离。

2. 二层虚拟专用网络

二层虚拟专用网(Layer two Virtual Private Network, L2VPN)是承载二层业务的 VPN。根据业务类型, L2VPN 分为点到点(Point to Point, P2P)与点到多点(Point to Multi-Point, P2MP)两种类型。典型的 P2P L2VPN 业务为 VPWS。虚拟租用线路服务最初称为(Virtual Leased Line Service, VPWS), 使用 IP 网络模拟租用线, 基于 MPLS 在两个 CE 之间提供点到点电路(Ciucuit)/链路(Link)连接, 是对传统租用线业务的仿真。

典型的 P2MP L2VPN 业务有只支持 IP 的局域网业务(IP-Only LAN-Like Service, IPLS)、虚拟专用局域网业务(Virtual Private LAN Service, VPLS)等。IPLS 是 VPLS 业务的一个子集, 只支持用户的 IP 业务。VPLS 最初称为透明局域网服务(Transparent LAN Service, TLS), 是一种基于 MPLS 的多点到多点的 L2VPN 业务, 支持用户站点跨域互联, 构成一个局域网。在 VPLS 场景下, 运营商网络可看作一个网桥(Bridge), 所有的帧转发决策均基于 MAC 地址或 MAC 地址+VLAN 标签方式进行。

此外, 城域以太网论坛(Metro Ethernet Forum, MEF)提出的线形以太网业务(Ethernet Line, E-Line)、以太专网业务(Ethernet LAN, E-LAN)、树形以太网业务(Ethernet Tree, E-Tree)等概念, 是基于不同维度提出的 L2VPN 业务类型, 可基于 VPWS 与 VPLS 等方式实现。

3. 以太网 VPN

为解决传统 L2VPN(尤其是 VPLS)部署存在的问题, 业界提出了以太网 VPN(Ethernet Virtual Private Network, EVPN)技术。

传统 L2VPN 主要有以下几个方面的问题。

• PW 全互联(Full-mesh)问题:无论哪种 L2VPN, 都是在伪线(Pseudo Wire, PW)

基础上实现的。PW 本质上是为提供广域网 L2 业务而实现的一种点到点虚拟连接。为了实现站点间 L2 业务互通，需要在任意两点间建立 PW，最终导致 PW 全互联问题。网络/业务规模越大，这个问题就越严重。即使采用层次化 VPLS（Hierachical VPLS，H-VPLS）方案，也不能完全避免这类问题。

- BUM 流量"泛洪（Flooding）"问题：传统 VPLS 采用交换机模型，在整个 VPLS 域内对 BUM 流量进行"泛洪"转发，导致广域网资源浪费。此外，由于 MAC 地址学习在数据平面进行，网络故障时，只能先清除 MAC 地址，再基于"泛洪"方式重新学习，导致网络收敛较慢。

- 带宽效率问题：针对 CE 多归（Multi-Homing）/双归（Dual-Homing）场景，传统 L2VPN 技术只能以单活（Single-Active）的方式将业务接入网络，不支持双活（Active-Active）的方式，导致无法实现基于流的负载分担（Flow-Based Load Balancing），从而不能有效地提升带宽效率。

EVPN 最初被设计为一种基于 BGP 和 MPLS 的 L2VPN 技术，通过 BGP 扩展来发布 MAC 可达性（MAC Reachability）等信息，实现了 L2VPN 业务的控制平面与数据平面的分离。基于这种控制平面与数据平面分离机制，其数据平面不仅可采用 MPLS，而且可采用虚拟扩展局域网（Virtual eXtensible Local Area Network，VxLAN）等封装技术。此外，基于 BGP 的灵活扩展性，EVPN 也可发布 IP 路由等信息以实现 L3VPN 业务，并支持 L2/L3 业务的共同部署，实现集成路由和桥接（Integrated Routing and Bridging，IRB）。于是，业界出现了将 EVPN 作为统一的业务层协议的趋势。然而，由于业务定位与实现机制等因素，EVPN 可以较好地解决与 L2VPN 相关的问题，却不能全面满足 L3VPN 的需求。因此，在未来相当长的时期内，EVPN 将与 BGP/MPLS IP VPN 共存。

6.2.2　SRv6 VPN 业务

通过第 6.2.1 节的介绍，尽管 VPN 有多种实现技术，目前主流的 VPN 方案均是以 MPLS 为基础实现的，通常称为 MPLS L2VPN 和 MPLS L3VPN 方案。顾名思义，以 SRv6 作为数据平面的 VPN 方案，也分别称为 SRv6 L2VPN 和 SRv6 L3VPN 方案。

由于 EVPN 对 VPLS、VPWS 等 L2VPN 业务的替代性，SRv6 在 L2VPN 业务方面主要实现了 SRv6 EVPN；而 SRv6 L3VPN 是对 BGP/MPLS IP VPN 的替代。

SRv6 L3VPN 实例以及 SRv6 EVPN 实例由 SRv6 SID 标识。如第 3.4.2 节所述，主要的 L3VPN 标识有 End.DX6 SID、End.DX4 SID、End.DT6 SID、End.DT4 SID 以及 End.DT46 等，分别对应不同类型的 L3VPN（如 End.DT6 SID 用于标识承载 IPv6 报文的 L3VPN）；主要的 L2VPN 标识有 End.DX2 SID、End.DX2V SID、End.DX2U SID 以及 End.DX2M SID 等。

如第 4.2.3 节所述，为了使 PE 节点可发布 SRv6 VPN 业务 SID 等信息，BGP 扩展了 BGP Prefix-SID Attribute。针对 SRv6 L3VPN，BGP 定义了 SRv6 L3 Service TLV，以携带 End.DT4、End.DX4、End.DT6、End.DX6 等 L3VPN 业务的 SRv6 SID 信息；针对 SRv6 L2VPN，BGP 定义了 SRv6 L2 Service TLV，以携带 End.DX2、End.DX2V、End.DX2U、End.DX2M 等 L2VPN 业务的 SRv6 SID 信息。

SRv6 VPN 报文转发过程涉及入向节点 PE（Ingress PE）VPN 报文封装、节点 P SRv6 报文转发以及出向节点 PE（Egress PE）VPN 报文解封装等环节。在入向节点 PE，基于 SRv6 VPN 报文路径灵活定制以及可靠性等因素，可结合 SRv6 Policy 进行引流，这种方式也称为 VPN over SRv6 Policy。当入向节点 PE 只封装与 VPN 相关的 SID 时，也将这种封装方式称为 VPN over SRv6 BE。

6.2.3　SRv6 L3VPN 实现

L3VPN over SRv6 Policy 工作流程示例如图 6-11 所示。L3VPN over SRv6 BE 工作流程示例如图 6-12 所示。本节首先结合图 6-11，介绍与 L3VPN over SRv6 Policy 相关的实现过程。随后，结合图 6-12 介绍与 L3VPN over SRv6 BE 相关的实现过程。

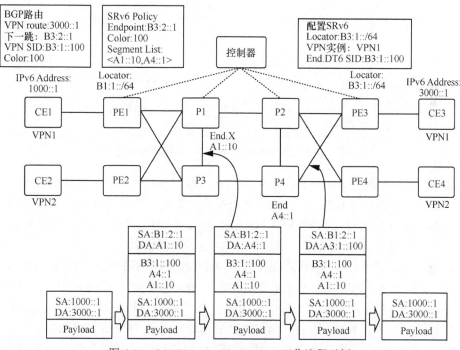

图 6-11　L3VPN over SRv6 Policy 工作流程示例

1．L3VPN over SRv6 Policy

图 6-11 中，节点 CE1（IPv6 地址为 1000::1）、节点 CE3（IPv6 地址为 3000::1）属于同一 L3VPN（VPN1）。基于 SLA 要求，节点 CE1 发出的私网报文需经过节点 PE1、节点 P1 到节点 P3 的链路、节点 P4 和节点 PE3，到达节点 CE3。从 SRv6 Policy 角度，节点 PE1（IPv6 地址为 B1:2::1）、节点 PE3（IPv6 地址为 B3:2::1）分别为该 SRv6 Policy 的 Headend 与 Endpoint。

在网络的 IPv6 地址、IGP 和 BGP 等基本配置完成后，操作过程如下。

步骤 1　在各网络节点配置 Locator 等参数并发布：其中，节点 PE1 配置 SRv6 Locator 为 B1:1::/64；节点 PE3 配置 SRv6 Locator 为 B3:1::/64；为节点 P1 到节点 P3 的链路配置 End.X

SID A1::10；节点 P3 配置 SRv6 Locator 为 A3::/64；节点 P4 配置 SRv6 Locator 为 A4::/64，为节点 P4 配置 End SID 为 A4::1。各节点将 Locator 前缀路由及 Loopback 接口路由通过 IGP 发布到域内其他节点，最终 SRv6 域内的所有节点均形成对应的转发表项。此外，还需要将 Locator 和 SID 等信息通过 BGP-LS 通告给控制器。

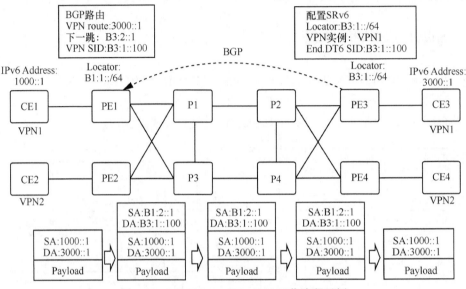

图 6-12　L3VPN over SRv6 BE 工作流程示例

步骤 2　VPN 配置及路由发布：在节点 PE3 上配置 VPN1，接入节点 CE3 侧的 IPv6 业务，并为其配置 End.DT6 SID B3:1::100。节点 PE3 学习到来自节点 CE3 的 VPN 路由（3000::1），并将此 VPN 路由（3000::1）、VPN SID（B3:1::100）、下一跳（B3:2::1）以及可选的 Color 属性（100）等信息通过 BGP 通告给节点 PE1，并上报给控制器。

步骤 3　控制器路径下发：控制器通过 BGP-LS 收集网络拓扑和 SID 等信息，结合业务需求，计算出 SRv6 Policy 路径，然后通过 BGP SR Policy/PCEP 等协议将 SRv6 Policy 信息下发给 Headend 节点 PE1。节点 PE1 接收与 SRv6 Policy 相关的信息，包括 Color 属性 100、Endpoint 地址 B3:2::1 以及 SRv6 Segment List<A1::10，A4::1，B3:1::100>等。

步骤 4　VPN 路由迭代：节点 PE1 学习到节点 PE3 通告的私网路由（3000::1），利用该 VPN 路由携带的 Color 属性（100）和下一跳地址（B3:2::1）匹配 SRv6 Policy 的 Color（100）和 Endpoint 地址（B3:2::1）。匹配成功，则此 VPN 路由成功迭代到 SRv6 Policy。

至此，控制平面的工作已完成，进入数据平面的报文转发阶段。

步骤 5　节点 PE1：收到节点 CE1 发往节点 CE3 的报文，根据报文入接口绑定的 VPN 实例（VPN1），查找 VPN1 实例路由表，确定 VPN1 的 End.DT6 SID 及 VPN 路由的出接口为 SRv6 Policy 隧道。节点 PE1 为原始报文封装外层 IPv6 报头及 SRH。SRH 携带 Segment List<A1::10，A4::1，B3:1::100>，SL 指针指向 A1::10，并将外层 IPv6 报文目的地址设置为 A1::10，基于路由表转发至节点 P1。

步骤 6　节点 P1：收到目的地址 A1::10 的 IPv6 报文，查找本地 SID 表，发现是一个 End.X SID，则执行 End.X SID 指令，将 SL 指针指向 A4::1，外层 IPv6 报头目的地址替换为

A4::1，并按照 End.X SID A1::10 指示的出接口，将报文沿节点 P1 到节点 P3 的链路转发至节点 P3。

步骤 7　节点 P3：收到的目的地址是 A4::1 的 IPv6 报文，查找本地 SID 表，无匹配表项，则根据目的地址查找 IPv6 路由转发表，将报文转发至节点 P4。

步骤 8　节点 P4：收到的目的地址是 A4::1 的 IPv6 报文，查找本地 SID 表，发现是一个 End SID，则按照 End SID 的指令处理报文，将 SL 指针指向 B3:1::100，外层 IPv6 目的地址替换为 B3:1::100，基于路由表转发至节点 PE3。

步骤 9　节点 PE3：收到目的地址是 B3:1::100 的 IPv6 报文，查找本地 SID 表，发现是一个 End.DT6 SID，则执行 End.DT6 SID 指令，弹出外层 IPv6 报头和 SRH，基于相应转发表转发至节点 CE3。

与 L3VPN over SRv6 Policy 对比，L3VPN over SRv6 BE 对报文转发路径的选择是基于 IGP 最短路径（无 SLA 要求）的。为了向 L3VPN 业务提供 SRv6 BE 连接，出向 PE 对外通告 VPN SID，入向 PE 对原始报文进行外层 IPv6 报头封装(目的地址即为出向 PE 通告的 VPN SID)。PE 之间的 Underlay 网络仅进行普通 IPv6 报文转发操作即可。

为便于比较说明，图 6-12 中采用与图 6-11 中同样的拓扑与配置。假定节点 PE1 到节点 PE3 的 IGP 最短路径为 PE1→P1→P2→PE3，在网络的 IPv6 地址、IGP 和 BGP 等基本配置完成后，操作过程如下。

步骤 1　在各网络节点配置 Locator 等参数并发布：其中，节点 PE1 配置 SRv6 Locator 为 B1:1::/64；节点 PE3 配置 SRv6 Locator 为 B3:1::/64。 Locator 前缀路由等信息通过 IGP 发布到域内其他节点，最终 SRv6 域内所有节点均形成对应的转发表项。

步骤 2　VPN 配置及路由发布：在节点 PE3 上配置 VPN1，接入节点 CE3 侧的 IPv6 业务，并为其配置 End.DT6 SID（B3:1::100）。节点 PE3 学习到来自节点 CE3 的 VPN 路由（3000::1），并将此 VPN 路由（3000::1）、VPN SID（B3:1::100）、下一跳（B3:2::1）等信息通过 BGP 通告给节点 PE1。

步骤 3　VPN 转发表生成：节点 PE1 学习到节点 PE3 通告的私网路由（3000:1）及其 End.DT6 SID，在本地生成 VPN 路由（3000:1）的转发表，下一跳地址为 B3:2::1，VPN SID 为 B3:1::100。

至此，完成了控制平面的工作，进入数据平面的报文转发阶段。

步骤 4　节点 PE1：收到节点 CE1 发往节点 CE3 的报文，根据报文入接口绑定的 VPN 实例（VPN1），查找 VPN1 实例路由表，确定 VPN1 的 VPN 路由（3000:1）及其 End.DT6 SID（ B3:1::100）。节点 PE1 为原始报文封装外层 IPv6 报头，外层 IPv6 报文目的地址设置为 B3:1::100，基于路由表转发至节点 P1。

步骤 5　节点 P1：收到目的地址 B3:1::100 的 IPv6 报文，查找本地 SID 表，无匹配表项，则根据目的地址查找 IPv6 路由转发表，将报文转发至节点 P2。

步骤 6　节点 P2:收到目的地址 B3:1::100 的 IPv6 报文，查找本地 SID 表，无匹配表项，则根据目的地址查找 IPv6 路由转发表，将报文转发至节点 PE3。

步骤 7　节点 PE3：收到目的地址为 B3:1::100 的 IPv6 报文，查找本地 SID 表，发现 B3:1::100 是本地的一个 End.DT6 SID，则执行 End.DT6 SID 指令，剥掉外层 IPv6 报头，基于相应转发表转发至节点 CE3。

6.2.4　SRv6 EVPN 控制面

EVPN 最初是作为一种 L2VPN 技术为解决传统 L2VPN 解决方案的不足而被提出的，因而其典型架构和术语均与 L2VPN 应用场景相关。

- EVPN 实例（EVPN Instance，EVI）：指一个 EVPN 实例。每个 EVI 连接了一组/多组用户网络，构成一个或者多个跨地域的二层网络。
- 广播域（Broadcast Domain，BD）：对应桥接型网络（Brideged Network）VLAN。
- 以太网标签（Ethernet Tag，ET）：标识一个广播域（比如一个 VLAN 域）。一个 EVI 可能包含多个广播域，ET 用来区分不同广播域。当 EVI 包含多个二层网络时，一个 EVI 就会对应多个 ET。
- 以太网段（Ethernet Segment，ES）：标识节点 CE 连接节点 PE 的一组链路。当一个 CE 通过一组链路连接到一个/多个 PE 时，这组链路就被称为 Ethernet Segment。
- 以太网段标识（Ethernet Segment Identifier，ESI）：标识一个 ES 的 ID。当节点 CE 连接到一个节点 PE 时，ESI=0；当节点 CE 连接多个 PE 时，ESI 的值不为 0。
- MAC-VRF：MAC 地址的 VRF 表，包含了实际的 MAC 转发表。它是节点 PE 上的虚拟转发单元，类似于 BGP/MPLS L3VPN 中的 VRF。
- 接入电路（Attachment Circuit，AC）：指节点 CE 与节点 PE 之间的物理/逻辑连接（比如 Ethernet 端口、VLAN 等）。
- 单归/多归（Single-homing/Multi-homing）模式:指节点 CE 连接节点 PE 的方式。当节点 CE 通过一条/一组链路连接到一台节点 PE 时，这种连接方式称为单归；当节点 CE 通过一组链路连接到多于一台节点 PE 时，这种连接方式称为多归（节点 CE 连接两台 PE 时称为双归）。在实际部署过程中，双归方式更为常见。SRv6 EVPN 的典型组网示例如图 6-13 所示。

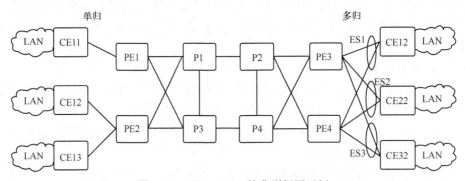

图 6-13　SRv6 EVPN 的典型组网示例

EVPN 控制平面采用 M-BGP 作为信令协议，为此定义了新的 NLRI，其 AFI/SAFI 为 25/70（AFI 值为 25 时代表 L2VPN，SAFI 值为 70 时代表 EVPN）。为了支持基于 SRv6 的 EVPN，需对相应类型的 EVPN 路由进行扩展。同时，还需通告相应的 SRv6 Service SID（由于 EPVN 可实现 L2VPN/L3VPN，SRv6 Service SID 同样对应 L2VPN/L3VPN，如 End.DX4 SID、End.DT46 SID、End.DX2V SID 以及 End.DT2U.SID 等），以便实现 EVI

与 SRv6 Service SID 的绑定。这些 Service SID 由 BGP Prefix-SID Attributes 的 SRv6 L2/L3 Service TLV 承载。

自 EVPN 提出以后，IETF 定义了 8 种 EVPN 路由类型。为应用于 SRv6 EVPN 场景，SRv6 针对这些路由类型做了相应扩展。

1. 以太自动发现路由

以太自动发现路由（Ethernet Auto-Discovery Route，A-D Route）格式示例如图 6-14 所示，其路由类型（Route Type）值为 1，也被称为 EVPN Type-1 路由。A-D Route 可用于实现多归场景下的水平分割过滤（Split-horizon Filtering）、快速收敛（Fast Convergence）和别名（Aliasing）等功能，也可在 EVPN-VPWS 场景下建立 P2P 连接。

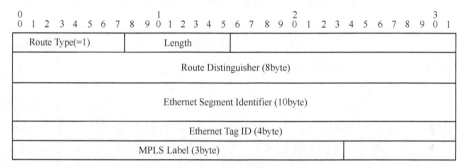

图 6-14　以太自动发现路由格式示例

根据应用场景，主要有 ES 和 EVI 两种粒度的 A-D Route。在这两种粒度的 A-D Route 中，上述字段取值也会有所差异。

（1）ES 粒度的 A-D Route

ES 粒度的 A-D Route 可在 CE 多归场景下实现水平分割过滤和快速收敛。这种方式下，PE 设备为每个 ES 通告一条 Ethernet Tag ID 为全 F（其值为 0xFFFFFFFF）的 A-D Route，并同时通告 ESI 标签扩展属性（ESI Label Extended Community）。此种方式下，A-D Route 各字段的含义与用法如下。

- Route Distinguisher：8byte，用于表示 EVI 下的 RD 值。RD 通常以 PE 的 IP 地址为基础表示（如 10.1.1.1:0）。
- Ethernet Segment Identifier：10byte，用于标识一个 ES。
- Ethernet Tag ID：4byte，此时设置为该字段值的最大值 MAX-ET（即 0xFFFFFFFF）。
- MPLS Label：3byte 长度。当 ESI 过滤与 SRv6 编码移位机制（Transposition Scheme）一起使用时，该字段填充为 SRv6 SID 的 Argument；否则，其取值为 3（表示隐式空标签）。

在发布 ES 粒度 A-D Route 的同时，还需要在 BGP Prefix-SID 属性的 SRv6 L2 Service TLV 中携带一个 Service SID。通常情况下，该 Service SID 为 End.DT2M SID，用以指明 Arg.FE2 参数（由 A-D Route 的 MPLS Label 携带），以执行多归场景下 BUM 流量的"剪枝（Prune）"操作，以防止 BUM 流量环路。

（2）EVI 粒度的 A-D Route

EVI 粒度的 A-D Route 可在 E-LAN 场景下通过"别名（Aliasing）"方式实现负载分

担或备份路径，也可用于 EVPN-VPWS 场景。此种方式下，A-D Route 各字段的含义与用法如下。

- Route Distinguisher：同 ES 粒度的 A-D Route。
- Ethernet Segment Identifier：同 ES 粒度的 A-D Route。
- Ethernet Tag ID：4byte，在 EVPN-VPWS 场景中取值为本端 Service ID；在 VLAN-aware Bundle 模式下接入 VPLS 场景中，取值为标识特定广播域的 BD-Tag；在 Port-based、VLAN-based、VLAN Bundle Interface 模式下接入 VPLS 场景中，取值为 0。
- MPLS Label：3byte。如果 SRv6 L2 Service TLV 中携带 SRv6 SID Structure Sub-sub-TLV，则 MPLS Label 用于标识 SRv6 SID 中的 Function 部分（与 Service SID 所携带的 Locator 部分构成一个完整的 128bit 的 SID）；否则，取值为 3（标识为隐式空标签）。

在发布 EVI 粒度的 A-D Route 的同时，还需要 SRv6 L2 Service TLV 中携带 Service SID（通常为 End.DX2 SID、End.DX2V SID 或 End DT2U SID）。

2．MAC/IP 通告路由

MAC/IP 通告路由（MAC/IP Advertisement Route，MAC/IP Route）格式示例如图 6-15 所示，其路由类型（Route Type）值为 2，也被称为 EVPN Type-2 路由。MAC/IP Route 用于将单播流量的 MAC/IP 地址可达性通告给同一 EVI 中的其他 PE 设备。MAC/IP Route 各字段的含义与用法如下。

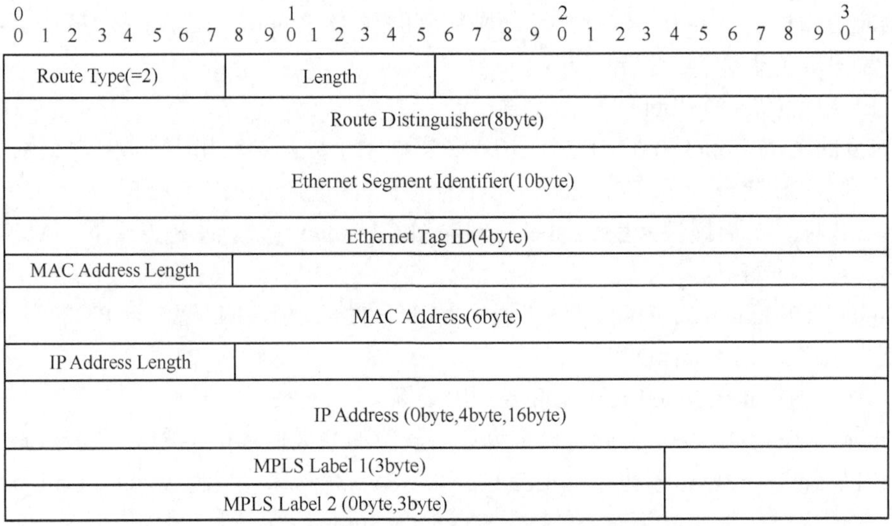

图 6-15　MAC/IP 通告路由格式示例

- Route Distinguisher：同 A-D Route。
- Ethernet Segment Identifier：同 A-D Route。
- Ethernet Tag ID：4byte。以 VLAN-aware Bundle 模式接入 VPLS 时，取值为标识特定广播域的 BD-Tag；以 Port-based、VLAN-based、VLAN Bundle Interface 模式接入 VPLS 时，取值为 0。
- MAC Address Length：1byte，表示 MAC 地址长度。

- MAC Address：6byte，表示 MAC 地址。
- IP Address Length：1byte，表示 IP 地址掩码长度。
- IP Address：表示 IPv4/IPv6 地址。该字段为可选的：缺省情况下，MAC/IP Route 不携带该字段（意味着该字段长度为 0）；如果为 IPv4 地址，该字段则为 4byte；如果为 IPv6 地址，该字段则为 16byte。
- MPLS Label1：3byte。与 SRv6 L2 Service TLV 对应，携带 SRv6 SID 的 Function 部分（此时必须采用 SRv6 SID 的 Transposition 机制）；否则，该字段取值为 3（表示隐式空标签）。
- MPLS Label2：3byte。该字段为可选字段，与 SRv6 L3 Service TLV 对应，携带 SRv6 SID 的 Function 部分（此时必须采用 SRv6 SID 的 Transposition 机制）；否则，该字段取值为 3（表示隐式空标签）。

MAC/IP Route 需要与 Service SID 一起通告出去。根据是否包含 IP 地址信息，MAC/IP Route 通告可分为以下两类。

- 仅通告 MAC 地址的 MAC/IP Route：MAC/IP 通告路由仅包含 MPLS Label 1 与 MAC 地址信息。同时，BGP Prefix-SID 属性的 SRv6 L2 Service TLV 中携带一个 Service SID（一般是 End.DX2 SID 或 End.DT2U SID），与 MAC/IP Route 一起通告出去。
- 同时通告 MAC 地址和 IP 地址的 MAC/IP Route：MAC/IP Route 通常包含 MPLS Label 1、MPLS Label 2、MAC 地址与 IP 地址等信息。同时，BGP Prefix-SID 属性的 SRv6 L2 Service TLV 中携带一个 L2 Service SID（一般是 End.DX2 SID 或 End.DT2U SID）随该路由一起通告出去；也可以在 BGP Prefix-SID 属性的 SRv6 L3 Service TLV 中携带一个 Service SID（通常为 End.DX4/6 SID 或 End.DT4/6 SID）随该路由一起通告出去。

3. 集成多播以太网标签路由

集成多播以太网标签路由（Inclusive Multicast Ethernet Tag Route，IMET Route）格式示例如图 6-16 所示，其路由类型（Route Type）值为 3，也被称为 EVPN Type-3 路由。IMET Route 用于在指定 EVI 中通过 MP-BGP 向所有其他 PE 通告多播流量的可达性。为实现 BUM 流量的有效转发，PE 路由器在通告 IMET Route 的同时，还需通告运营商多播业务接口（Provider Multicast Service Interface，PMSI）属性信息。PMSI 属性携带用以传送 BUM 流量所使用的隧道类型及其标签信息。IMET Route 各字段的含义与用法如下。

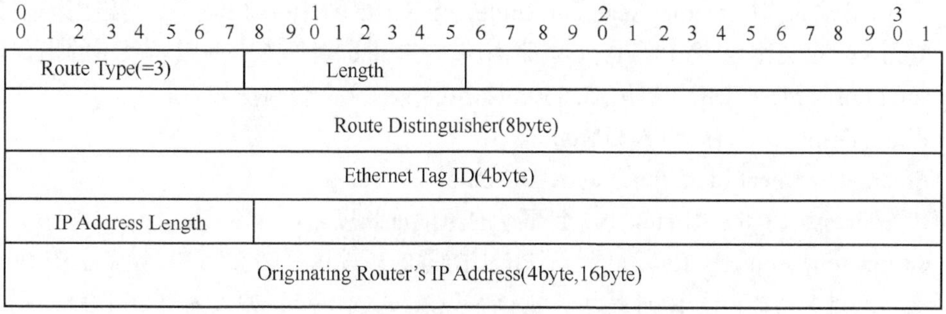

```
0                   1                   2                   3
0 1 2 3 4 5 6 7 8 9 0 1 2 3 4 5 6 7 8 9 0 1 2 3 4 5 6 7 8 9 0 1
```

Route Type(=3)	Length	
Route Distinguisher(8byte)		
Ethernet Tag ID(4byte)		
IP Address Length		
Originating Router's IP Address(4byte,16byte)		

图 6-16　集成多播以太网标签路由格式示例

- Route Distinguisher：同 A-D Route。

- Ethernet Tag ID：4byte，在 VLAN-aware Bundle 模式接入 VPLS 场景时，取值为标识特定广播域的 BD-Tag；以 Port-based、VLAN-based、VLAN Bundle Interface 模式接入 VPLS 时取值为 0。

- IP Address Length：1byte，PE 上配置的源地址长度。

- Originating Router's IP Address：PE 上配置的源地址（通常为 PE 设备上的 Loopback 接口地址）。如果为 IPv4 地址，则该字段长度为 4byte；如果为 IPv6 地址，则该字段长度为 16byte。

PMSI 属性的格式如图 6-17 所示，与其相关的定义与应用场景请参见 IETF RFC 6514，其中，各字段的含义与用法如下。

- Flags：标志字段，1byte。标识隧道是否需要子节点信息，在 EVPN 场景下取值为 0。

- Tunnel Type：隧道类型字段，1byte。在 EVPN 场景下，Tunnel Type 值通常为 6（标识为 Ingress Replication，在头端复制）。

- MPLS Label：3byte。如果 Service SID 仅携带 SRv6 SID 的 Locator 部分，则 MPLS Label 用于标识 SRv6 SID 中的 Function 部分（与 Service SID 所携带的 Locator 部分构成一个完整的 128bit 的 SID）；否则，取值为 3（标识为隐式空标签）。

- Tunnel Identifier：长度可变，隧道标识。当"Tunnel Type"为"Ingress Replication"时，Tunnel ID 为隧道出口 PE 的地址。

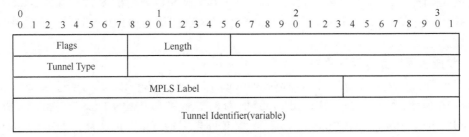

图 6-17　PMSI 属性的格式

在通告 IMET Route 的同时，还需要通告 L2 Service SID（通常为 End.DT2M SID）。

4．ES 路由

ES 路由格式示例（Ethernet Segment Route，ES Route）如图 6-18 所示，其路由类型（Route Type）值为 4，也被称为 EVPN Type-4 路由。ES Route 用于 CE 多归场景下的指定转发者（Designated Forwarder，DF）选举。ES Route 各字段的含义与用法如下。

- Route Distinguisher：同 A-D Route。

- Ethernet Segment Identifier：同 A-D Route。

- IP Address Length：1byte，PE 上配置的源地址长度。

- Originating Router's IP Address：PE 上配置的源地址（通常为 PE 设备上的 Loopback 接口地址）。如果为 IPv4 地址，则该字段长度为 4byte；如果为 IPv6 地址，则该字段长度为 16byte。

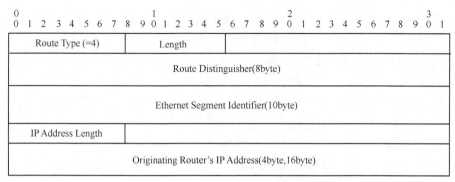

图 6-18　ES 路由格式示例

在 SRv6 EVPN 场景中，通告 ES Route 的同时无须通告 Service SID。这意味着该路由在 SRv6 网络中的处理过程与 IETF RFC 7432 标准相同，无须进行扩展。

5. IP 前缀路由

IP 前缀路由（IP Prefix Route，Prefix Route）格式示例如图 6-19 所示，其由 draft-ietf-bess-evpn-prefix-advertisement 定义，因其路由类型（Route Type）值为 5，也被称为 EVPN Type-5 路由。Prefix Route 在指定 EVI 中通过 MP-BGP 向所有其他 PE 通告 IP 地址的可达性。IP Address 可以是主机 IP Prefix，也可以是特定子网（Subnet）。Prefix Route 可携带 IPv4 地址，也可携带 IPv6 地址。但是在同一个 Prefix Route 中，IP Prefix、GW IP Address 必须属于同一地址族（Address Family）。此处，仅以 IPv6 Prefix Route（如图 6-19 所示）为例，说明各字段的含义与用法如下。

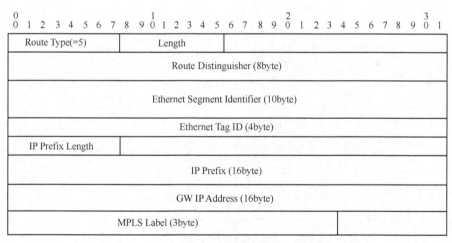

图 6-19　IP 前缀路由格式示例

- Route Distinguisher：同 A-D Route。
- Ethernet Segment Identifier：同 A-D Route。
- Ethernet Tag ID：4byte，ET 标识。该字段当前仅支持置 0。
- IP Prefix Length：1byte，IPv6 地址前缀掩码长度。
- IP Prefix：16byte，IPv6 地址前缀。
- GW IP Address：16byte，网关 IPv6 地址。

- MPLS Label1：3byte，MPLS 标签。当路由中不包含 SRv6 SID Structure Sub-sub-TLV 时，该字段取值为 3，标识隐式空标签；如果路由中包含 SRv6 SID Structure Sub-sub-TLV 时，该字段标识 SRv6 SID 中的 Function 部分，与 SRv6 SID Structure Sub-sub-TLV 中的 Locator 部分拼接成一个完整的 128bit SID。

在通告 Prefix Route 的同时，还需要通告 L3 Service SID（通常为 End.DT4/6 SID 或 End.DX4/6 SID）。

6．EVPN 多播路由

EVPN 多播路由（EVPN Multicast Route）实际上包含了 Selective Multicast Ethernet Tag Route（Route Type 值为 6，也被称为 EVPN Type-6 路由）、Multicast Join Synch Route（Route Type 值为 7，也被称为 EVPN Type-7 路由）与 Multicast Leave Synch Route（Route Type 值为 8，也被称为 EVPN Type-8 路由）3 类路由。这 3 类路由被用于 EVPN 多播场景，均由 draft-ietf-bess-evpn-igmp-mld-proxy 定义，此处不做详细介绍。

在 SRv6 EVPN 场景中，通告 EVPN Multicast Route 的同时无须通告 Service SID，但需要将这些路由的"Next Hop"设置为出口 PE 的 IPv6 地址。

6.2.5　SRv6 EVPN 实现

SRv6 EVPN 可以应用于多种 L2VPN/L3VPN 场景，在报文转发路径上也存在 EVPN over SRv6 Policy 与 EVPN over SRv6 BE 等方式。EVPN/VPLS 单播流量 over SRv6 BE 工作流程示例如图 6-20 所示。本节仅以 VPLS 场景下单播流量转发为例，基于 EVPN over SRv6 BE 方式，结合图 6-20，介绍 SRv6 EVPN 的实现流程。

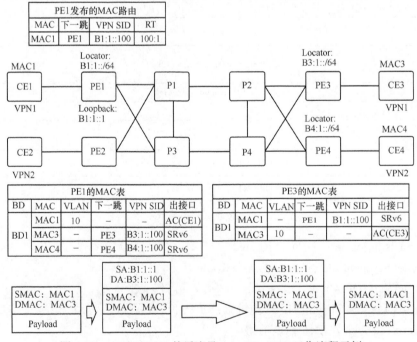

图 6-20　EVPN/VPLS 单播流量 over SRv6 BE 工作流程示例

图 6-20 中，节点 CE1、CE2 和 CE4 属于同一 VPN（VPN1），节点 PE1、PE2 和 PE4 分别用于接入节点 CE1、CE2 和 CE4。为此，需要在节点 PE1、PE2、PE4 配置相同的 RT（100:1），用于业务 MAC/IP 路由的相互导入和导出；同时，节点 PE 需要部署 EVI（EVI1）、BD（BD1），将 AC 接口（属于 VLAN10）绑定至 BD1，将 BD 绑定至 EVI1。

CE1 向 CE3 转发报文。在转发 EVPN 数据之前，EVI 需要通过控制平面的 BGP 扩展通告 MAC/IP Route，构建 MAC 转发表。过程如下。

步骤 1　CE1 发起 ARP 请求，查询节点 CE3 的 MAC 地址。

步骤 2　PE1 从 AC 接口收到 CE1 的 ARP 请求报文，将 CE1 的 MAC 地址（MAC1）加入本地 MAC 转发表，同时将 ARP 请求向其他 PE 广播，并将 CE1 的 MAC 地址通过 MAC/IP Route 向其他 PE 通告，一起通告的还有 End.DT2U 类型的 VPN SID B1:1::100。

步骤 3　PE2 和 PE3 接收 PE1 的 ARP 广播，向自己的 AC 接口广播；PE2 和 PE3 从 BGP 通告中学习 MAC1，使用 VPN SID B1:1::100 作为下一跳进行路由迭代，生成目的地址为 MAC1 的转发表项。

步骤 4　CE3 向 CE1 进行 ARP 应答，目的 MAC 地址为 CE1 的 MAC1，源为 CE3 的 MAC 地址 MAC3。PE3 从 AC 接口接收 CE3 的 ARP 应答，学习 CE3 的 MAC 地址（MAC3），并将 ARP 应答转发给节点 PE1。

至此，PE1 的 MAC 转发表包含了去往 MAC1、MAC3 的转发表项，PE3 的 MAC 转发表包含了去往 MAC1、MAC3 的转发表项。开始进入报文转发过程。

步骤 5　节点 PE1：收到 CE1 发往 CE3 的报文，基于目的 MAC 地址（MAC3）查询 MAC 转发表，查询 MAC3 对应 VPN SID B3:1::100，然后进行 SRv6 封装，源 IPv6 地址为节点 PE1 的 Loopback 接口地址（B1:1::1），目的 IPv6 地址为 VPN SID B3:1::100。基于目的地址（B3:1::100）查询 IPv6 路由转发表，并转发 SRv6 报文到 P1。

步骤 6　节点 P1、P2：接收 IPv6 报文，首先查询本地 SID 表，无匹配表项，随后基于目的地址（B3:1::100）查询 IPv6 路由转发表，向下一跳转发。由于此例采用 SRv6 BE 方式，所以节点 P1、P2 为 IGP 路由协议所确定的 SRv6 EVPN 报文转发节点；节点 P2 将报文转至 PE3。

步骤 7　节点 PE3：接收 IPv6 报文，查询本地 SID 表，发现 B3:1::100 是本地的一个 End.DT2U SID，则执行 End.DT2U SID 指令，剥掉外层 IPv6 报头，基于相应 MAC 转发表转发至节点 CE3。

6.3　SRv6 SFC

SFC 又称为业务链（Service Chain，SC），通常由一组有序的业务功能（Service Function，SF）单元组成，业务流量可被引导至 SFC 并进行相应处理。SFC 中的 Service 通常指"Network Service"，处于 OSI 模型的四至七层。常用的 SF 包含运营商级 NAT（Carrier-Grade NAT，CGN）、深度包检测（Deep Packet Inspection，DPI）、防火墙（Firee Wall，FW）、入侵防御系统（Intrusion Prevention System，IPS）等业务处理功能。

在网络中，SFC 可为不同用户按需提供不同增值服务（Value-Added Service，VAS），可被用在多租户数据中心（Multi-Tenant Data Center，MTDC）等场景。随着 SDN/NFV 技术的发展，网络功能逐步与硬件设备解耦，为 SFC 技术提供了更为广阔的应用前景。

SR 通过在头端节点显式编程方式明确报文转发路径，与 SFC 结合相得益彰。SRv6 基于其更广阔的编程空间与更灵活的编程特性，与 SFC 结合可以发挥更大优势。

6.3.1　典型 SFC 架构

SFC 架构示意图如图 6-21 所示，典型的 SFC 架构分为控制平面、数据平面，通常包含分类器（Classifier）、业务功能转发器（Service Function Forwarder，SFF）、业务链代理（SFC Proxy）、业务链控制器（Controller）等逻辑组件。

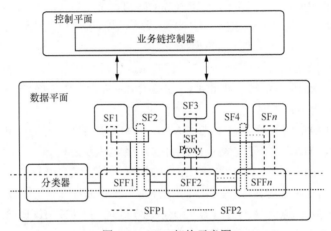

图 6-21　SFC 架构示意图

由此涉及的相关概念包括以下几种。

- Classifier：根据规则对报文进行识别、分类。作为 SFC 的起点，Classifier 一般支持基于五元组的流量分类规则，确定该报文是否可以进入 SFC 域（SFC Domain）。流量分类后，Classifier 通常对报文进行 SFC 封装（SFC Encapsulation），并将其导入相应业务功能路径（Service Function Path，SFP）。
- SFC Encapsulation：添加 SFC 报头。SFC 报头中至少应包含 SFP 标识（SFP Identification），还可能包含元数据（Metadata，MD）。
- SF 单元：作为提供网络服务的功能节点，可以是虚拟网元、物理网元或内嵌于物理网元的部分功能单元。SF 单元对接收的报文进行处理，可提供虚拟防火墙、负载均衡器、TCP 优化器（TCP Optimizer）等网络业务功能。
- Metadata：元数据，用于 Classifier 与 SF 单元、SF 单元之间进行上下文信息（Context Information）的交换。
- SFF：SFF 通常挂接 SF 单元。SFF 可根据 SFC 报头信息将数据流转发到 SF 单元，并将从 SF 单元回来的数据流转至下一跳 SFF（如果 SFF 为 SFP 的最后一跳节点，将终结 SFP）。
- SFC Proxy：为不支持 SFC 的节点 SF 提供代理接入 SFC 的能力，在传统网络功能（不支持 SFC）和节点 SF 之间进行功能转换。

- SFP：报文在 SFC 中必须经过的路径。
- Controller：通告相关路径信息，创建 SFP，实例化 SFC，并且将 SFC 策略下发到各逻辑组件。

历史上，业界有多种传统 SFC 实现方案，但通常存在 SFC 方案与物理拓扑强相关、依赖底层承载协议、缺乏部署灵活性等缺陷。例如，基于策略路由实现 SFC 的方案需要逐个设备进行 PBR 的静态配置，以便将报文转发到指定的 SF 进行处理。这种方式不仅配置烦琐，无法适应 SFC 业务动态变化，而且与物理拓扑强相关、依赖底层承载协议，很难满足未来 SFC 发展需求。

6.3.2　基于 NSH 的 SFC

为了解决传统 SFC 方案问题，业界提出了基于网络业务报头（Network Service Header，NSH）的 SFC 方案。NSH 由 Classifier 在原始报文/帧（Original Packet/Frame）中封装，NSH 报文封装示例如图 6-22 所示，由最后一跳的 SFF 或 SF 单元移除。NSH 介于外层报头（Outer Header）与原始报文/帧之间，在业务拓扑独立性、OAM 等方面都具有传统 SFC 方案无法比拟的优势。

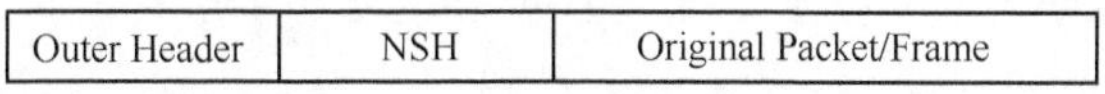

| Outer Header | NSH | Original Packet/Frame |

图 6-22　NSH 报文封装示例

NSH 格式示例如图 6-23 所示，是一种专为 SFC 定制的协议报头，包括基础报头（Base Header）、业务路径报头（Service Path Header）和内容报头（Context Header）3 部分。其中，Base Header（固定的 4byte）用于携带业务报头（Service Header）与净荷协议（Payload Protocol）类型等信息；Service Path Header（固定的 4byte）提供业务路径的标识与相对位置（Location）信息；Context Header（可选报头，长度可变）用于携带与业务路径相关的 Metadata（即上下文数据）信息。

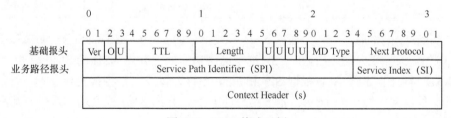

图 6-23　NSH 格式示例

NSH 报头中各字段含义与用法如下。

- Ver：标识 NSH 版本信息，用于保证 NSH 报文格式的兼容性。目前，报文发送者需将该字段置 0。
- O：OAM 标志位。该标志置 1 表示该报文是 OAM 报文。
- U：未分配字段。

- TTL：标识 SFP 的跳数信息，最大值为 63。
- Length：标识 NSH 长度，以 4byte（32bit）为计量单位。
- MD Type：标识元数据类型，用于决定 Context 格式。该字段取值为 0x1，表明 Context Header 字段长度是固定的；取值为 0x2，表明 Context Header 字段为可选的（如果此时 Length 字段的值为 2，则表明 NSH 中只有 Base Header 与 Service Path Header，没有 Context Header）；取值为 0xF，则表明 Context Header 用于实验和测试目的。
- Next Protocol：标识可携带的报文类型。0x1 表示 IPv4，0x2 表示 IPv6，0x3 表示 Ethernet，0x4 表示 NSH，0x5 表示 MPLS，0xFE 和 0xFF 用于实验目的。
- Service Path Identifier（SPI）：SFP 的标识，标识一条 SFP。SPI 值由起始 Classifier 设置，在 SFC 中用于 SFP 选择。
- Service Index（SI）：业务索引，标识 SF 在 SFP 中的位置（Location）。起始 Classifier 缺省将给定 SFP 的 SI 值设为 255，但 SI 值也可由控制平面根据情况设定（如根据 SFP 路径长度设置）。完成相应业务处理后，SI 值由 SF 单元/SFC Proxy 减 1。SPI 与 SI 相结合，可用于标识 SF 并标明其在业务平面（Service Plane）中的顺序。
- Context Header：上下文报头，用于携带元数据。

NSH 并不携带转发需要的地址信息。为支持 NSH 转发，SFF 需要维护相应的转发表项。IETF RFC 8300 给出的表项示例见表 6-1。其中，Next Hop 指代 SF 单元或 SFC Proxy，封装模式（Transport Encapsulation）则用于标明在 SFP 的相应 SFF 节点对报文所做的封装类型。

表 6-1 SFF 的 NSH 转发表项示例

SPI	SI	下一跳路由信息	封装模式
10	255	192.0.2.1	VxLAN-GPE[2]
10	254	198.51.100.10	GRE
10	251	198.51.100.15	GRE
40	251	198.51.100.15	GRE
50	200	01:23:45:67:89:ab	Ethernet
15	212	Null（end of path）	None

接收到 NSH 报文后，SFF 会根据 NSH 报文携带的 SPI 与 SI 查询到下一跳路由的信息，并根据对应信息，转发到相应的 SF。SF 进行网络功能处理并将 NSH 的 SI 值减 1，然后将更新后的 NSH 返回给 SFF。SFF 根据 SPI 和新的 SI 查询转发表，将报文转发到下一跳。NSH 报文转发流程示例如图 6-24 所示。本节结合图 6-24，介绍 NSH 报文端到端转发流程。

步骤 1 Controller 根据用户/业务需求，计算得到 SFC 策略，并向 Classifier 与 SFF 分别下发 SFC 策略：向 Classifier 下发的是分类策略，指示 Classifier 如何区分数据流并为相应报文进行 NSH 封装；向 SFF 下发转发策略，指示 SFF 如何对 NSH 报文进行操作（SFF 基于转发策略形成对应的转发表项）。

2 VxLAN-GPE:Generic Protocol Encapsulation for VxLAN，VxLAN 通用协议封装。基于 VxLAN 实现的可支持其他协议报文（而不仅仅是 Ethernet 帧）的封装格式。

步骤 2   收到报文（Original Packet/Frame）后，Classifier 根据分类策略（如基于五元组对报文进行分类）对报文分类，选择 SPI，设置 SI，封装 NSH 与外层报头，并将此 NSH 报文转发到第一个 SF 单元（SF1）所属的 SFF1。外层报头的封装类型有多种，可以是 VxLAN-GPE、GRE 或 Ethernet 等类型。

步骤 3   SFF1 剥离外层报头，根据 SPI 和 SI 查询 NSH 转发表项，将其转发到 SF1。

步骤 4   SF1 对 NSH 报文进行相应的网络功能处理，将 NSH 的 SI 减 1，然后将其返回给 SFF1。

步骤 5   SFF1 基于新的 NSH（NSH'）所携带的 SPI 和 SI 查询 NSH 转发表项，查询到下一跳为 SF2，随后进行外层报头封装，并基于外层报头将报文转发到 SF2 所属的 SFF2。

步骤 6   SFF2 剥离外层报头，根据 SPI 和 SI，转发报文到 SF2。

步骤 7   SF2 对 NSH 报文进行相应的网络功能处理，将 NSH'的 SI 减 1（此时，SI 值为最初的 SI 值减 2；图 6-24 中的 NSH'也更新为 NSH"），然后将 NSH 报文返回给 SFF2。

步骤 8   SFF2 根据新的 NSH（NSH"）所携带的 SPI 和 SI 查询 NSH 转发表项，匹配到 Null，则将 NSH 剥离，继续转发报文到下一跳。

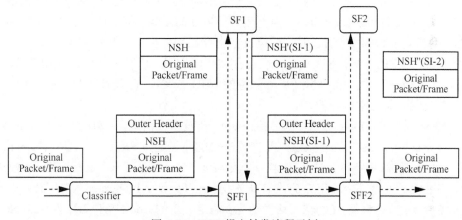

图 6-24   NSH 报文转发流程示例

需要说明的是，原始报文/帧在 SFC 处理过程中可能会发生变化（如经过 NAT 环节，原始报文/帧的五元组将会发生变化）。本章所有关于 SFC 的流程，主要聚焦 SFC 中 NSH 及底层封装协议的变化过程，原始报文/帧的变化不做特别说明。

上述过程中，每个 SFF 都涉及外层报头的封装/解封装操作，这也意味着整条 SFC 转发路径是不同 SFF 之间通过隧道拼接实现的，因而每段隧道的封装类型可以不同。由此可知，NSH 不关心底层承载协议类型，对底层网络拓扑也毫无感知，只要求 SF 网络可达以便将 NSH 报文转发到相应的 SF。当 SF 的物理位置发生变化时，当前 SFF 上的 NSH 转发策略无须改变。这种 NSH 策略部署独立于 SF 物理位置的方式，实现了业务平面与物理拓扑的解耦。

尽管基于 NSH 的 SFC 方案相对传统 SFC 方案有诸多优点，但它需要在 SFF 上维护每个 SFC 的转发状态，因而在业务部署时需要在多个网络节点上进行配置，该过程的实现复杂。此外，NSH 承载协议多样化的特点，导致实际部署中网络封装选项过多，互通成本增加，也影响了基于 NSH 的 SFC 方案的实际部署进程。

6.3.3　SRv6 SFC 实现

SR（包括 SRv6）在 Headend 节点进行网络/业务编程的理念与 SFC 类似，但无须在网络中间节点维护每条流的转发状态，因而在部署方面更具优势。如果将 SR 与 SFC 结合（不仅仅将其作为底层承载协议），可以只在 Classifier 处接收并配置 SFC 策略，无须对 SFC 中所有的网络节点进行配置，从而有效降低控制平面的部署难度。如果采用 SRH 的 TLV 携带 SFC 的 Metadata，则可以更好地支持 SFC 功能。本节重点介绍两种基于 SRv6 的 SFC 实现方案，具体如下。

- 基于 SRv6 和 NSH 的 SFC 方案：基于 SID 提供 SFF 路径，SRv6 与 NSH 结合提供 SFC 功能，需要在 SFF 上维护每个 SFC 的转发状态。
- 基于 SRv6 的 SFC 方案：基于 SID 提供 SF 与 SFF 路径，无须 NSH 配合实现 SFC 功能，无须在 SFF 上维护每个 SFC 的转发状态。

1．基于 SRv6 和 NSH 的 SFC 方案

基于 SRv6 和 NSH 的 SFC 方案由 IETF draft-ietf-spring-nsh-sr 定义。这类方案结合了 SRv6 和 NSH 技术，主要面向 SF 支持 NSH 但不支持 SRv6 的场景，可实现基于 NSH 的 SFC 方案从非 SRv6 网络向 SRv6 网络的过渡。该类方案也存在两种类型，具体如下。

- 以 NSH 为主的方案：SFC 的转发过程由 NSH 指引，SFF 之间的连接由 SRv6 隧道实现。这个方案本质上是采用 SRv6 隧道的 NSH 方案，其实现过程与基于 NSH 的 SFC 方案类似，此处不再介绍。
- 以 SRv6 为主的方案：SRv6 携带整条 SFC 转发路径信息，NSH 只用于 SFF 到 SF 之间转发。这个方案在 Classifier 处把整条 SFC 的路径通过 SRv6 显式编程到 Segment List 中，而不是像以 NSH 为主的方案将多段 SRv6 隧道拼接起来。这种方案又称为集成了 NSH 业务平面的 SRv6 SFC 方案（SRv6-based SFC with Integrated NSH Service Plane）。

为实现 SRv6 携带整条 SFC 转发路径信息，需定义新的 End.NSH SID。与 End.NSH 相关的指令首先表明 SRv6 报头后有 NSH 报头，需将 SRv6 报头与 SPI/SI 映射关系缓存起来，并将报文送至 SF 处理，然后将 SF 处理之后的报文基于 NSH 查表转发。

集成了 NSH 业务平面的 SRv6 SFC 方案示例如图 6-25 所示。本节结合图 6-25 所示，介绍集成了 NSH 业务平面的 SRv6 SFC 方案端到端实现过程。

步骤 1　收到报文（Original Packet/Frame）后，Classifier 根据分类策略对报文分类，选择 SPI，设置 SI，然后将 NSH 进行 SRv6 封装。SRH 中的 Segment List 包含完整的 SFC 转发路径信息<SID1，SID2>，其中的 SID1、SID2 是分别由 SFF1、SFF2 发布的 End.NSH SID。Classifier 根据 Segment List 指示将报文转发到 SFF1。

步骤 2　报文到达 SFF1 之后，SFF1 根据 SID1 指示，剥离 SRH，并缓存 SRH 与<NSH：SPI，SI-1>的映射关系，然后根据 SPI 和 SI 查询 NSH 转发表，将报文转发到 SF1。

步骤 3　SF1 功能处理完后，将 SI 的值减 1，然后将报文返回给 SFF1。

步骤 4　SFF1 根据<NSH：SPI，SI-1>查询 SRH，进行 NSH 和 SRv6 报头封装，更新 IPv6 目的地址为 SID2，然后查 IPv6 FIB 转发到下一跳 SFF2。

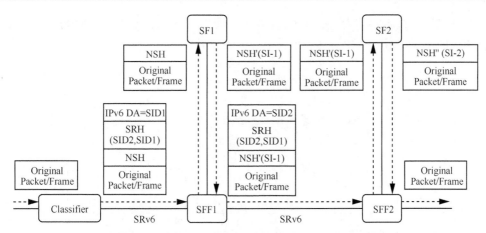

图 6-25　集成了 NSH 业务平面的 SRv6 SFC 方案示例

步骤 5　SFF2 收到 SID2 之后，根据 SID2 的指示，剥离 SRH，并缓存 SRH 与<NSH：SPI，SI-2>（由于经过了两条 SF，此处的 SI 值相对初始值为 SI-2。但实际操作仍为 SI 当前值减 1）的映射关系，然后根据 SPI 和 SI 查询 NSH 转发表，将报文转发到 SF2。

步骤 6　SF2 功能处理完后，将 SI 当前值减 1，然后将报文返回给 SFF2。

步骤 7　SFF2 根据<NSH：SPI，SI-2>查询 NSH 转发表项，匹配到 Null，将 NSH 剥离，继续转发报文到下一跳。

2. 基于 SRv6 的 SFC 方案

上述方案需要借助 NSH 实现 SFC 流量转发。为了进一步简化 SFC 方案（去掉 NSH）并发挥 SRv6 的技术优势，可以将 SFC 路径中的 SFF 与 SF 单元等均通过 SRv6 编程方式在 SRH 中编码，这样 SFC 可以不再借助 NSH 即可实现流量转发。为此，需要为这些具备 SRv6 能力（SRv6-aware）的 SF 单元引入 END.AN SID，以便将相关 SF 单元编入 SID 列表。为了携带与 SFC 相关的 Metadata，该方案还定义了 SRH TLV（也可以复用 SRH Tag 字段携带一些基本的 Metadata）。

为了将不具备 SRv6 能力（SRv6-unaware）的 SF 单元也纳入其中，该方案还定义了 End.AS SID、End.AD SID 以及 End.AM SID 等，这些 SID 均由 SRv6 Proxy 节点发布，分别代表静态代理（Static Proxy）、动态代理（Dynamic Proxy）以及伪装代理（Masquerading Proxy）等功能。每个 SRv6-unaware Service（实际上是 SF 单元）均与 SRv6 Proxy 发布的一个 SID 相关，以便将流量导入该 SF 单元。

由于该方案全程基于 SRv6 实现，因而可与 SRv6 Policy 无缝结合。基于 SRv6 的 SFC 实现方案示例如图 6-26 所示。本节结合图 6-26，介绍以 SRv6 为主的 SFC 方案端到端实现过程。

在部署 SRv6 SFC 时，节点可以通过 BGP-LS 等协议向控制器上送 Service SID、Function Identifier（包括静态代理、动态代理、伪装代理、SRv6-aware Service 等类型）、Service Type（如 FW、Classifier、LB 等功能）、Traffic Type（如 IPv4、IPv6 或 Ethernet）等信息，控制器计算 SFC 转发路径的 Segment List 并下发到 Classifier。其中，SRv6 Proxy 发布 SID1（End.AD SID），SF2 单元发布 SID2（End.AN SID），SFF2 发布 SID3（End.X，对应 SFF2 的出接口）。基于 SRv6 的 SFC 的转发流程主要包括以下步骤。

步骤 1　收到报文（Original Packet/Frame）后，Classifier 根据分类策略匹配到对应的 SRv6 Policy。此时，Candidate Path 的 Segment List 为<SID1，SID2，SID3>，SFF2 为该 SRv6 Policy

的 Endpoint 节点。随后，将 Original Packet/Frame 封装为 SRv6 报文，将 SID1 作为 SRv6 报文的目的地址，基于 IPv6 转发表向 SRv6 Proxy 节点转发。

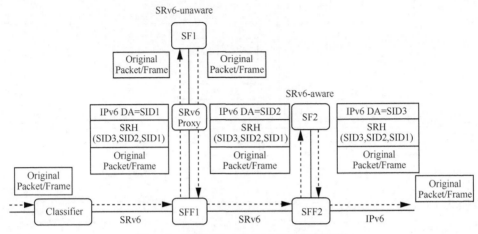

图 6-26　基于 SRv6 的 SFC 实现方案示例

步骤 2　SRv6 Proxy 节点收到 SRv6 报文，查询本地 SID 表，发现 SID1 是 End.AD SID，根据 End.AD 的指令剥离 SRH，然后为 Original Packet/Frame 打上逻辑接口标识，发送给 SF1。同时，SRv6 Proxy 缓存 SRH 与逻辑接口的映射关系，以便 Original Packet/Frame 从 SF1 返回时根据逻辑接口恢复 SRv6。

步骤 3　SF1 单元进行网络业务处理，并将 Original Packet/Frame 返回至 SRv6 Proxy 节点。

步骤 4　SRv6 Proxy 节点根据逻辑接口查询映射表，将对应的 SRH 和 IPv6 报头插回报文中，然后根据 SRH 的 Segment List，将报文的 IPv6 目的地址更新为 SID2，根据目的地址继续转发到下一节点 SF2。

步骤 5　SF2 单元收到 SRv6 报文，查询本地 SID 表，发现 SID2 是 End.AN SID，执行 End.AN 的功能，完成网络功能处理后，更新 SRH 与目的地址（更新为 SID3），将报文转发到下一跳 SFF2。

步骤 6　SFF2 收到 SRv6 报文，查询本地 SID 表，发现 SID3 是 End.X SID，执行 End.X 的功能，剥离 SRH，将 Original Packet/Frame 从 SFF2 的出接口转发出去。

6.4　TI-LFA

TI-LFA 是一种与拓扑无关的 FRR 保护机制，可提供链路、节点及共享风险链路组（Shared Risk Link Group，SRLG）等级别的故障保护。作为无环路备份（Loop Free Alternate，LFA）的增强方案，TI-LFA 基于 SR 实现，本节重点关注基于 SRv6 的 TI-LFA 方案。

6.4.1　传统 FRR 技术

重路由（Re-Route，RR）是在网络出现故障时，头端节点在 IGP 收敛之后重新计算路由的过程。对于节点规模超过 1000 的 IP 网络，链路故障引发的 IGP 重路由时间通常为秒级，有时甚至达到分钟级。为了提升网络故障时的收敛性能，减少业务恢复时间，业界提出了 FRR 技术。

FRR 可为经过受保护组件（发生故障的链路、节点和 SRLG 等）的流量提供本地保护，属于本地行为。FRR 中经常提到的概念是本地修复节点（Point of Local Repair，PLR）。PLR 即网络发生故障时提供保护的节点，该节点与被保护链路/节点相连。在故障发生前，PLR 已将备份路径（Backup Path）预先安装在数据平面；感知到故障后，无须等待 IGP 收敛（但同步触发了 IGP 收敛过程），PLR 即将流量从主用路径（Primary Path）直接切换至备份路径。结合双向转发检测（Bidirectional Forwarding Detection，BFD）等快速检测手段，FRR 机制可大幅提升网络收敛性能（通常认为 FRR 可在故障发生后 50ms 内快速恢复业务）。

传统的 FRR 技术主要有 LFA、远端无环路备份（Remote LFA，RLFA）和 DLFA（Remote LFA with Directed forwarding）等。此处简要介绍 LFA 技术与 RLFA 技术。

1．LFA 技术

LFA 技术的关键在于寻找网络故障时的 LFA 节点。LFA 节点至少满足两个条件：与 PLR 直连；该节点到目的地的 IGP 最短路径不能经过受保护组件。假定目的地节点为 D，符合上述条件的 LFA 节点为 N，则从 IGP 路径角度，节点 PLR、N、D 之间的关系应为：

$$\text{Distance\_opt}(N, D) < \text{Distance\_opt}(N, PLR) + \text{Distance\_opt}(PLR, D) \tag{6-1}$$

其中，Distance_opt（N，D）表示从节点 N 到节点 D 的最短路径的距离，Distance_opt（N，PLR）、Distance_opt（PLR，D）的相应含义以此类推。式（6-1）表示从节点 N 到节点 D 的 IGP 距离比从节点 N 到节点 PLR、然后再从节点 PLR 到节点 D 的 IGP 距离短。这意味着从节点 N 到节点 D 的最短路径不会经过节点 PLR（即网络故障后，经节点 N 的流量按 IGP 路由转发至节点 D，不会经过受保护组件或返回 PLR），这就是将节点 N 称为"无环路备份（Loop Free Alternate）"节点的原因。

LFA 保护示例如图 6-27 所示。此处结合图 6-27 进一步说明与 LFA 保护相关的原理。图 6-27 中，节点 1 到达节点 4 的最短路径为节点 1→节点 3→节点 4。节点 1 使用 LFA 算法计算备份下一跳，由于只有一个可用的备份下一跳节点 2，使用节点 2 进行计算，节点 2 满足条件。所以，节点 2 是节点 1 到达节点 4 的备份下一跳（即 LFA 节点），节点 1 将备份下一跳节点 2 预安装到 FIB 中。当节点 1～节点 3 间链路发生故障时，节点 1 等待控制平面收敛的同时，在转发平面直接切换到备份下一跳节点 2。

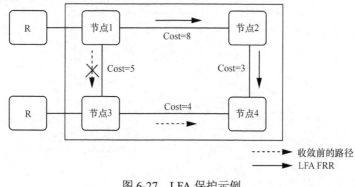

图 6-27　LFA 保护示例

LFA 方案适用于链路、节点和 SRLG 等保护，相关应用场景和设计指南可参见 IETF RFC 6571。但该方案仅限于邻居节点进行 LFA 节点计算，只能覆盖 80%～90%的拓扑，不能覆盖所有场景。

2．RLFA

针对 LFA 方案的局限性，IETF RFC 7490 定义了 RLFA。RLFA 方案不再局限于直连邻居节点，而是通过"虚拟 LFA（Virtual LFA）"节点扩展 LFA 的覆盖范围。这个虚拟 LFA 节点即为 RLFA 节点，又称为 PQ 节点。

RLFA 方案依赖于 P 空间、Q 空间和 PQ 节点的计算，PQ 节点就是 P 空间和 Q 空间交集中的节点。

（1）P 空间/扩展 P 空间

P 空间/扩展 P 空间是一组节点的集合。这些节点至少满足两个条件：不经过受保护组件；从 PLR 到该节点的 IGP 路径最短。

假定 P 空间节点为 P，PLR 的邻居节点为 N，则

$$\text{Distance\_opt}(N,P) < \text{Distance\_opt}(N,PLR) + \text{Distance\_opt}(PLR,P) \qquad （6\text{-}2）$$

即从节点 N 到节点 P 的最短路径不会绕回 PLR 节点。

（2）Q 空间

Q 空间是一组节点的集合。这些节点至少满足两个条件：不经过受保护组件；从该节点到目的节点的 IGP 路径最短。

假定 Q 空间节点为 Q，目的节点为 D，则

$$\text{Distance\_opt}(Q,D) < \text{Distance\_opt}(Q,PLR) + \text{Distance\_opt}(PLR,D) \qquad （6\text{-}3）$$

即节点 Q 到节点 D 的最短路径不会绕回 PLR 节点。

RLFA 保护示例如图 6-28 所示。此处结合图 6-28 进一步说明 RLFA 保护相关原理。图 6-28 中，节点 S 到节点 D 的最短路径为节点 S→节点 1→节点 3→节点 D。针对节点 1～节点 3 间链路的故障，PLR（节点 1）无法根据 LFA 计算得到备份节点，但可通过 RLFA 计算得出 PQ 节点。相关计算流程如下。

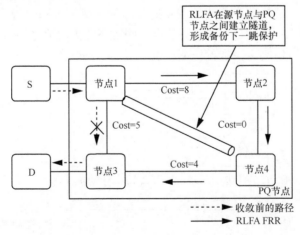

图 6-28　RLFA 保护示例

　　步骤 1　计算 P 空间/扩展 P 空间:以 PLR 节点（节点 1）的邻居（此例中为节点 2）为根,计算 SPF 树;每棵 SPF 树从节点 2 不经过节点 1～节点 3 间链路可达的节点构成 P 空间/扩展 P 空间{节点 1，节点 2，节点 4}。

　　步骤 2　计算 Q 空间:以节点 3（受保护链路的对端节点）为根,反向计算 SPF 树;每棵 SPF 树从节点 3 不经过节点 1～节点 3 间链路可达的节点构成 Q 空间{节点 3，节点 4}。

　　步骤 3　P 空间/扩展 P 空间和 Q 空间的交集只有节点 4，所以 PQ 节点是节点 4。

　　计算得到 PQ 节点后，为了将受保护流量经由 RLFA 引导至目的地，PLR 需要将报文封装或经隧道（如 Target LDP 隧道）传送至 PQ 节点（节点 4），同时指定该隧道的下一跳为节点 2。这条隧道作为虚拟的 LFA 备份下一跳预先安装在 FIB 中，当节点 1～节点 3 间链路发生故障时，节点 1 将快速切换到备份下一跳，从而实现 RLFA 保护。

　　尽管 RLFA 相对 LFA 有所增强，但是该技术依然受限于拓扑（网络中只有存在 PQ 节点，RLFA 算法才能生效）。此外，RLFA 还需要创建 Target LDP 隧道，引入了大量的保护隧道状态。

6.4.2　TI-LFA FRR 技术

　　针对 LFA 与 RLFA 等传统 FRR 技术的局限性，业界推出了 TI-LFA 技术。TI-LFA 与 LFA、RLFA 一样，是 PLR 的本地机制，但在修复路径上基于 SR 源路由机制实现流量引导。TI-LFA 不仅操作简单，覆盖传统 LFA 和 RLFA 不能提供保护的故障场景，而且可以做到真正的拓扑无关（Topology Independent，TI）。具体而言，TI-LFA 在 PLR 节点指定一条不经过故障链路的显式路径（该路径仍遵循 IGP 的 SPF 算法），可在直连链路或者邻居故障时恢复端到端的流量传输。

　　由于 TI-LFA 在修复路径上采用 SR，因此网络中必须部署 SR。本节主要介绍基于 SRv6 的 TI-LFA 实现原理。

　　TI-LFA 可实现对任意网络拓扑的保护。根据是否存在 PQ 节点，TI-LFA 的修复路径生成方式有所不同，具体如下。

- 网络拓扑中存在 PQ 节点：与 RLFA 处理方式类似，只是在 PLR 处将 Target LDP 隧道替换为 SRv6 SID 列表（又称为 Repair Segment List），并将流量转发到对应的 PQ 节点。

- 网络拓扑中不存在 PQ 节点：计算备份路径上距离 PLR 节点最远的 P 节点和最近的 Q 节点之间的 Repair Segment List，引导流量从 P 空间转发到 Q 空间，从而实现在任意拓扑上计算无环备份路径。

　　SRv6 TI-LFA 保护示例如图 6-29 所示。此处结合图 6-29 进一步说明基于 SRv6 的 TI-LFA 保护相关原理。图 6-29 中，节点 S 到节点 D 的最短路径为节点 S→节点 1→节点 3→节点 D。针对节点 1～节点 3 间链路的故障，与 PLR（节点 1）计算备份路径相关的流程如下。

　　步骤 1　排除故障链路（节点 1～节点 3 间链路），计算收敛后的 IGP 最短路径:节点 S→节点 1→节点 2→节点 4→节点 3→节点 D。

　　步骤 2　计算 P 空间：以 PLR 节点的邻居（此处为节点 2）为根，计算 SPF 树；由于节点 2～节点 4 间的 Cost 值为 1000，远大于其他各链路之和，因而每棵 SPF 树从节点 2 不经过节点 1～节点 3 间链路可达的节点构成 P 空间：{节点 1，节点 2}。

　　步骤 3　计算 Q 空间：以节点 3（受保护链路的对端节点）为根，反向计算 SPF 树；由于节点 2～节点 4 间的 Cost 值为 1000，远大于其他各链路之和，因而每棵 SPF 树从节点 3

不经过节点 1～节点 3 间链路可达的节点构成 Q 空间：{节点 3，节点 4，节点 D}。

步骤 4 计算 Repair Segment List：由于不存在 PQ 节点，则需要指定 P 节点到 Q 节点的无环转发路径，即指定最远端 P 节点（节点 2）到最近端的 Q 节点（节点 4）的 Repair Segment List。此例中，Repair Segment List 可以是节点 2 的 End.X SID（3::100），也可以是节点 4 的 End SID（4::1）。

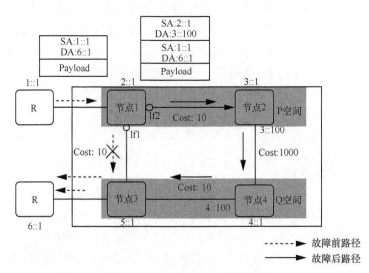

图 6-29 SRv6 TI-LFA 保护示例

PLR 针对 Repair Segment List，基于 IGP SPF 算法，计算出备份路径的出接口为 If2。

正常状态下，节点 S 向节点 D 沿最短路径（节点 S→节点 1→节点 3→节点 D）转发报文。当节点 1～节点 3 间链路发生故障时，数据转发过程如下。

步骤 1 节点 1 收到目的地址为 6::1 的 IPv6 报文，查找转发表，发现主出接口 If1 状态为"Down"，随即决定将报文从备份出接口 If2 转发。由于此例中 Repair Segment List 只有一个 SID（此处采用 End.X SID 3::100），在进行 SRv6 报文封装时，将该 SID 直接作为 SRv6 报文的 DA 地址。节点 1 基于 FIB 表将封装后的 SRv6 报文转发至节点 2。

步骤 2 节点 2 收到 SRv6 报文以后，查询本地 SID 表，发现 3::100 是本地 End.X SID，随即执行 End.X SID 指令，剥离 SRH 报头，并按 3::100 绑定的出接口转发至节点 4。

步骤 3 节点 4 收到 IPv6 报文后，根据报文目的地址 6::1 查找 FIB 表，沿最短路径转发到节点 3。

步骤 4 节点 3 收到 IPv6 报文后，根据报文目的地址 6::1 查找 FIB 表，沿最短路径转发到节点 D。

根据以上转发过程，当节点 1～节点 3 间链路故障后，节点 S 到节点 D 的流量转发路径为：节点 S→节点 1→节点 2→节点 4→节点 3→节点 D。

6.4.3 面向 SRv6 的 TI-LFA FRR

SRv6 网络端到端故障保护场景如图 6-30 所示。图 6-30 中以 CE1 去往 CE2 的流量为例，

PE1、PE3 分别为 SRv6 Policy 的头端节点与尾端节点，存在以下两种流量模型：

- 若采用 SRv6 BE 承载，则 IPv6 报头的 DA 字段为 PE3 的 End.DT6 SID（A:300::100）。此时，流量遵循 IGP 最短路径（PE1→P1→P2→PE3），P1、P2 均为中转节点。
- 若采用 SRv6-TE 承载，Segment List 为 <A:3::10，A:300::100>，则其流量路径为 PE1→P1→P3→P4→P2→PE3。此时，P3 为 Endpoint 节点，P1、P4、P2 均为中转节点。

因而，在 SRv6 BE 转发模式下，存在 SRv6 中转节点/链路故障、SRv6 尾端/链路故障两种场景；而 SRv6-TE 转发模式下，存在 SRv6 中转节点/链路故障、SRv6 Endpoint 节点/链路故障和 SRv6 尾节点/链路故障 3 种场景。

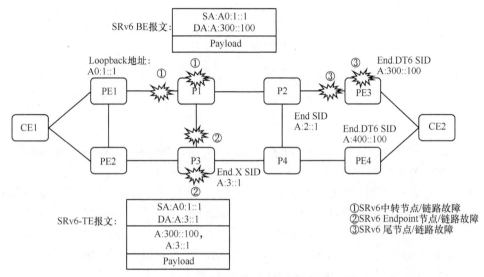

图 6-30　SRv6 网络典型故障保护场景示例

1. SRv6 中转节点故障保护

SRv6 中转节点基于 IGP 最短路径进行流量转发。当出现中转节点/链路故障后，可基于第 6.4.2 节所述的 TI-LFA FRR 方案实现故障保护。此处不再赘述。

2. SRv6 Endpoint 节点故障保护

为在 SRv6 Policy 指定的节点/链路（即 Endpoint 节点/链路）进行故障保护，需在 PLR 处预先安装一条无环的备份路径，并在该 Endpoint 节点/链路发生故障时快速将其绕过（Bypass）。由于与 SRv6 Endpoint 节点相关 SID 已经编码在 SRH 的 Segment List 中，因而与中转节点/链路故障保护方案相比，该故障保护方案要绕过 SRv6 故障节点，需修改 SRH 相关指令。

正常情况下，Endpoint 节点需执行相应的 SRH 操作（SL 减 1，将下一个 SID 复制到 IPv6 报头的 DA 字段），并执行 SID 指令动作。Endpoint 节点/链路出现故障时，PLR 节点需要执行代理转发行为，代替故障 Endpoint 节点完成相应的指令操作。但是，在 IGP 未收敛的情况下，PLR 到下一跳 Endpoint 节点的 SPF 路径可能仍无法绕过故障 Endpoint 节点。就需要 PLR 基于 TI-LFA 方式将报文向下一跳 Endpoint 节点转发。因此，无论 PLR 节点是 SRv6 Policy 路径中的 Endpoint 节点还是中转节点，都必须支持 SRv6。

SRv6 Endpoint 节点/链路故障保护示例如图 6-31 所示。图 6-31 中，节点 PE1→PE3 的

SRv6 Policy 路径 Segment List 为<A:3::1，A:300::100>。其中，A:3::1 为节点 P3 的 End.X SID（带 PSP 属性），A:300::100 为节点 PE3 的 End.DT6 SID。

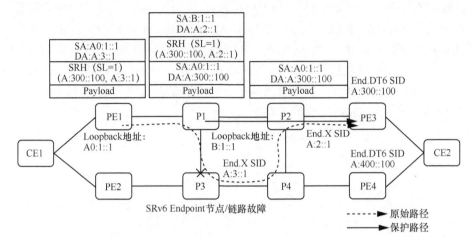

图 6-31　SRv6 Endpoint 节点/链路故障保护示例

步骤 1　节点 PE1：向目的节点 PE3 发送报文，并应用 SRv6 Policy，Segment List 为 <A:3::1，A:300::100>，SA 地址为 A0:1::1，DA 地址为 A:3::1。

步骤 2　节点 P1：收到报文，查询本地 SID 表，无匹配表项，基于 IPv6 FIB 表转发报文。当感知到报文下一跳（节点 P3）故障，作为与 Endpoint 节点直连的 PLR 节点（且 SRH 中 SL > 0），P1 执行代理转发行为：将 SL 减 1，并将 SRH 中下一个 SID（A:300::100）复制到 IPv6 报头的目的地址字段。此时 SL = 0，由于 End.X SID（A:3::1）带 PSP 属性，节点 P1 剥掉 SRH 扩展报头，根据目的地址查找 IPv6 FIB 表转发报文。

然而此时，IGP 还未完成故障收敛，从节点 P1 到节点 PE3 的 IGP 最短路径（P1→P3→P4→P2→PE3）依然经过节点 P3（故障节点）。因此，节点 P1 需按照 TI-LFA FRR 流程切换到备份路径（P1→P2→PE3）。为此，节点 P1 基于 H.Encaps 指令封装报文，封装后的 SRv6 报文的 SA 地址为 B:1::1，DA 地址为 A:2::1，Segment List 为<A:2::1，A:300::100 >；内层报文的 SA 地址为 A0:1::1，DA 地址为 A:300::100。

步骤 3　节点 P2：收到报文，查询本地 SID 表，与其本地 End.X SID（A:2::1）匹配。SL 减 1 后其值为 0，且该 End.X SID 附带 PSP 属性，所以去掉外层 SRH 封装，将报文从 End.X SID（A:2::1）所绑定接口转发。

步骤 4　节点 PE3：收到报文，查询本地 SID 表，与其本地 End.DT6 SID（A:2::1）匹配，随即执行相应指令。

3. SRv6 尾节点故障保护

SRv6 网络中，尾节点（即 Segment List 中最后一个 SID 所在节点）除了正常的转发处理外，还可能需要做 VPN 业务（如 End.DT4/End.DX2 等）处理。因此，针对 SRv6 Policy 尾节点故障，不能简单采用 Bypass 故障点的保护方案，而需要指定一台提供相同功能的设备，代替故障节点完成相关业务处理。为实现 SRv6 尾节点保护，网络中尾节点需双归（Dual-Homing）部署，同时需要由 PLR 节点执行 Bypass 操作（如 H.Encaps 封装等）。

目前，主要有两类 SRv6 尾节点故障保护方案：Anycast FRR 与镜像保护。Anycast FRR

通过在 CE 双归的 PE 节点（SRv6 Policy Endpoint）上配置 Anycast SID 来实现。这种方式实现较为简单，此处不再赘述。镜像保护方案则将双归 PE 看作一个镜像组，备份 PE（又称为镜像节点、保护尾节点）通过 IGP 通告 Mirror SID、主用 PE（又称为被保护尾节点）和备份 PE 信息；当主用 PE 节点/链路故障时，PLR 节点可将流量 FRR 至备份 PE 节点。

Mirror SID 及其相关信息可由 IS-IS/OSPF 协议扩展携带。IS-IS 协议新定义了 IS-IS SRv6 Mirror SID Sub-TLV，用于发布 SRv6 Mirror SID 及其保护的尾节点 ID 等信息。

IS-IS SRv6 Mirror SID Sub-TLV 格式如图 6-32 所示，其携带于 SRv6 Locator TLV 中，通过 16byte 的 SID 字段携带需发布的 Mirror SID。Mirror SID 所对应 Endpoint 节点行为称为 End.M（IETF 所建议 codepoint 值为 40）。为携带要保护尾节点（主用 PE）的信息，在 IS-IS SRv6 Mirror SID Sub-TLV 基础上，IS-IS 还定义了 IS-IS Protected Node Sub-TLV 和 IS-IS Protected SIDs Sub-TLV 两种 Sub-TLV 类型，用以携带与被保护尾节点（主用 PE）相关的信息：IS-IS Protected Node Sub-TLV 通过 6byte 的 Node-ID 字段携带主用 PE 节点 ID 信息（ISO system-ID），此时备份 PE 可保护主用 PE 的所有 SID 类型；如果仅需保护主用 PE 节点的特定 SID，则可以通过 IS-IS Protected SID Sub-TLV 携带相关 SID 信息。IS-IS Protected SID Sub-TLV 通过 SID Size+SID 格式，描述具体保护的 SID 信息。其中，SID-Size 用以确定 SID 所携带内容为 Locator（SID-Size 值小于 128）还是 SRv6 SID（SID-Size 值等于 128）。

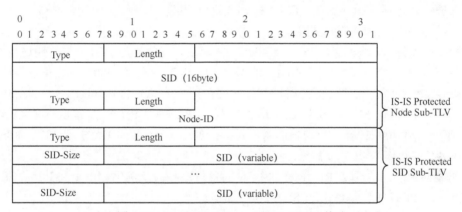

图 6-32　IS-IS SRv6 Mirror SID Sub-TLV 格式

为实现镜像保护，备份 PE 在 IGP 域内通告其具备镜像保护能力，该信息由<备份 PE，主用 PE，Mirror SID>表示；当主用 PE 收到备份 PE 的通告信息后，可向备份 PE 发送 Mirror SID 欲保护的 SID 行为信息；备份 PE 收到主用 PE 发送的信息后，将在本地生成对应主用 PE 的 SID 的转发表项（由 Mirror SID 标识）。在随后的镜像保护过程中，当收到以主用 PE SID 为目的地址的报文时，备份 PE 可基于该转发表项，代理主用 PE 执行相应 SID 指令，并将报文转发至同一目的节点。

为实现镜像保护，当 PLR 节点收到备份 PE 通告的<备份 PE，主用 PE，Mirror SID>镜像保护信息后，根据主备节点关系，计算一条到备份 PE 的修复路径（Repair List，RL）。当主用 PE 节点/链路发生故障时，PLR 节点基于 H.Encaps 指令将此 RL 封装在去往主用 PE 的 SRv6 报文中。根据 RL 是否经过被保护的主用 PE，报文封装有两种方式。

- 若修复路径不经过主用 PE，则报文封装为（T，Mirror SID）（SA，PEA）。其中，T

为 PLR 节点地址，SA 为原始报文源地址，PEA 为主用 PE 地址，Mirror SID 为从 RLR 到备份 PE 的 RL。

- 若修复路径经过主用 PE，则报文封装为（T，S1）（Mirror SID，Sn，…，S1）（SA，PEA）。其中的（Mirror SID，Sn，…，S1）为从 RLR 到备份 PE 的 RL，<S1，…，Sn> 是从 PLR 节点到备份 PE 不经过主用 PE 的 TI-LFA 路径列表。

在备份 PE 节点，Mirror SID 所代表的指令实际上是 End.DT6 指令。当备份 PE 收到 PLR 节点发送的 SRv6 报文时，查询本地 SID 表，发现报文的 DA 为本地 Mirror SID，随即执行 End.M 指令：剥离外层 IPv6 报头及所有扩展报头；获取内层 IPv6 报头的 DA 为主用 PE 的 SID，则代理主用 PE 执行相关 SID 指令转发报文。

SRv6 尾节点镜像故障保护示例如图 6-33 所示。图 6-33 中，CE1、CE2 分别通过双归方式连接 PE 设备，节点 PE1、PE2 为 SRv6 Policy 的 Headend 节点，节点 PE3、PE4 为 SRv6 Policy 的 Endpoint 节点。针对 CE2 的 VPN 路由（C::1/64），PE3 的 End.DT6 SID 为 A:300::100，PE4 的 End.DT6 SID 为 A:400::100；PE4 为 PE3 的镜像保护节点，在 PE4 上配置 Mirror SID 为 A:400::3。

控制平面：镜像保护表项与 RL 的生成。

步骤 1　PE4：通过 IGP 向 SRv6 内所有节点通告其具备对 PE3 的镜像保护能力，发布的镜像保护信息包括 Mirror SID、PE3ID 和 PE4ID，该信息可表示为<PE4，PE3，A:400::3>；SRv6 域内的其他节点都将接收此信息。

步骤 2　PE3：收到<PE4，PE3，A:400::3>信息后，通常基于 BGP（也可通过其他方式）向 PE4 通告其针对 VPN 路由（C::1/64）的 End.DT6 SID（A:300::100）行为信息。

步骤 3　PE4：收到 PE3 通告的针对 VPN 路由（C::1/64）的 End.DT6 SID（A:300::100）相关信息后，将根据 Mirror SID 在本地生成双归 PE 的 VPN SID 镜像表项<A:400::3，A:300::100>：<A:400::100>。该表项的意思是<A:400::3，A:300::100>与<A:400::100>等价。

步骤 4　P2：作为 PE3 的 PLR，收到<PE4，PE3，A:400::3>信息后，会计算一条到节点 PE4 的最短路径，并形成 RL 作为 TI-LFA 的备份路径。此例中，由于到 PE4 的最短路径无须经过节点 PE3，RL 即<Mirror SID A:400::3>。

转发平面：报文转发。

步骤 1　PE1：收到 CE1 向 CE2 发送对应 VPN 的报文，PE1 基于 SRv6 BE 方式封装 SRv6 报文，将节点 PE3 作为 SRv6 Policy 的 Endpoint 节点。因而，SRv6 报文的 IPv6 报头为（A0:1::1，A:300::100）。

步骤 2　P1：先查询本地 SID 表，未命中，随即基于 IPv6 FIB 表转发报文。

步骤 3　节点 P2：

- 正常情况下，先查询本地 SID 表，未命中，随即基于 IPv6 FIB 表转发报文。
- 感知到 PE3 故障，启用镜像保护方案，基于 RL 转发路径封装报文。报文的外层报头为（B:2::1，A:400::3），内层报头为（A0:1::1，A:300::100）。

步骤 4　P4：收到报文，先查询本地 SID 表，未命中，随即基于 IPv6 FIB 表转发报文。

步骤 5　PE4：收到报文，根据外层报头中的 Mirror SID（A:400::3）和内层报头中的目的 SID（A:300::100），查找映射表项，找到对应节点 PE3 SID 的本地 SID（A:400::100），并执行此 SID 操作（即代理节点 PE3 执行 End.DT6 指令操作）。

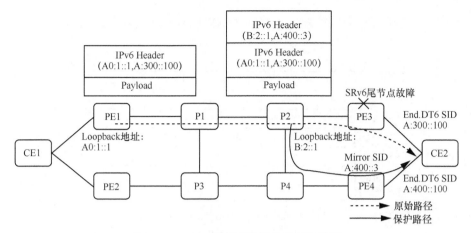

图 6-33　SRv6 尾节点镜像故障保护示例

6.5　Flex-Algo

在 SR 中，IGP Prefix-SID 的作用就是引导流量沿 IGP 最短路径去往相应前缀。尽管最短路径通常由基于 IGP Metric 的 SPF 算法计算获得，但实际上最短路径的定义并非只有一个。根据 IANA 规定，IGP 算法类型（IGP Algorithm Type）的代码范围为 0～255。其中，算法 0～127 由 IETF 进行标准化（算法 0 为默认算法，基于 IGP Metric 的 SPF 算法）；算法 128～255 由网络管理员基于优化目标和约束条件自行定义，用于与 SR 相关的场景，因而被称为 SR IGP Flexible Algorithm（简称为 Flex-Algo）。

理论上，每个算法都可由一个三元组（Calculation-type，Metric-type，Constraints）表示。其中，Calculation-type 代表计算类型（如采用 SPF 算法），Metric-type 代表度量类型（如时延指标），Constraints 代表约束条件（如计算时是否包含/排除某些链路）。在 Flex-Algo 中，这种算法三元组被称为灵活算法定义（Flexible Algorithm Definition，FAD）。

SR 中，每个 IGP Prefix-SID 都与网络前缀（Prefix）和算法关联，而算法则可由优化目标和相关约束条件定义。因此，Flex-Algo 是在 IGP 域内定义、由网络管理员定制的 Prefix-SID 算法，是 SR 技术体系的固有构成。本节主要对面向 SRv6 的 Flex-Algo 进行介绍。

6.5.1　IGP/BGP-LS 协议扩展

在 IGP 域内，任何参与 Flex-Algo 的节点都会通告其对 Flex-Algo 的支持。为了实现相关通告，IS-IS/OSPF 协议定义了相应 TLV/Sub-TLV。

1．IS-IS 协议扩展

IS-IS 协议扩展包括对算法支持能力、Flex-Algo 定义以及多域（Inter-domain/Inter-area）场景下 Algorithm/Metric 的通告机制。

IS-IS 协议通过 IS-IS Router Capability TLV（类型值为 242）的 Sub-TLV 实现对算法支持能力、Flex-Algo 定义的通告；通过定义 SR-Algorithm Sub-TLV（请参见本书第 4.1 节）通告节点可使用的路由算法；通过 IS-IS FAD Sub-TLV 通告对 Flex-Algo 的定义。

IS-IS FAD Sub-TLV（类型值为 26）格式示例如图 6-34 所示。

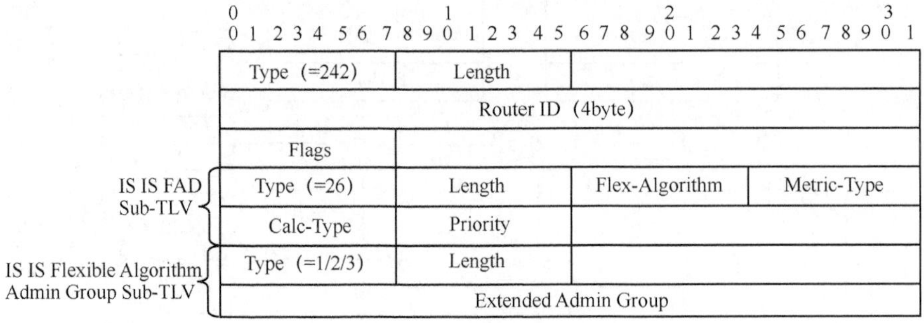

图 6-34　IS-IS FAD Sub-TLV 格式示例

IS-IS FAD Sub-TLV 各字段的含义/用法见表 6-2。

表 6-2　IS-IS FAD Sub-TLV 字段的含义/用法

字段	长度	含义/用法
Length	8bit	标识长度，包含可选的 Sub-TLV
Flex-Algo	8bit	标识 Flex-Algo，取值范围为 128～255
Metric-Type	8bit	标识计算 Flex-Algo 路径所采用的度量类型：取值 0，表示 IGP 度量；取值 1，表示最小单向链路时延（Min Unidirectional Link Delay，在 IETF RFC 8570 中定义）；取值为 2，表示 TE 缺省度量（在 IETF RFC 5305 中定义）
Calc-Type	8bit	标识计算 Flex-Algo 路径所采用的计算类型，取值范围为 0～127，0 表示为 SPF 算法
Priority	8bit	标识通告的优先级，取值范围为 0～255

IS-IS FAD Sub-TLV 通常基于可选 Sub-TLV 携带约束条件。主要的可选 Sub-TLV 包含 IS-IS Flexible Algorithm Exclude Admin Group Sub-TLV（如图 6-34 所示）等，这些 Sub-TLV 主要用于在链路计算时包含或排除链路亲和颜色属性的链路，也称为管理组（Administrative Group）。根据 Type 值，该类 Sub-TLV 包括 IS-IS Flexible Algorithm Exclude Admin Group Sub-TLV（Type 值为 1，表示"排除具有任何指定颜色的链路"）、IS-IS Flexible Algorithm Include-Any Admin Group Sub-TLV（Type 值为 2，表示"只包含具有任何指定颜色的链路"）、IS-IS Flexible Algorithm Include-All Admin Group Sub-TLV（Type 值为 3，表示"包含具有所有指定颜色的链路"）、IS-IS Flexible Algorithm Exclude SRLG Sub-TLV（Type 值为 5，表示"排除指定 SRLG 规则所涉及的链路"）。该类 Sub-TLV 的 Length、Extended Admin Group 字段的含义/用法如下。

- Length：标识 Extended Admin Group 的长度。由于 Extended Admin Group 是 32bit 的倍数，Length 字段以 4byte 为单位计量 Extended Admin Group 的长度。
- Extended Admin Group：标识扩展管理组（在 IETF RFC 7308 中定义）。

为实现端到端基于 Flex-Algo 的路径计算，需要将 Algorithm/Metric 等参数在多域（Inter-Domain/Inter-area）间通告，SRv6 网络中则基于 SRv6 Locator TLV（请参加本书第 4.1 节）进行传递。

2．OSPFv3 协议扩展

与 IS-IS 协议类似，OSPFv3 协议同样对相关 TLV/Sub-TLV 进行了扩展。本节将不对 OSPFv3 在 Flex-Algo 方面的扩展进行详细介绍，而是通过与 IS-IS 协议相应扩展对比的方式为读者提供导引。OSPFv3 与 IS-IS 协议针对 Flex-Algo 的扩展概览见表 6-3。

表 6-3　OSPFv3 与 IS-IS 协议针对 Flex-Algo 的扩展概览

TLV/Sub-TLV	OSPFv3 携带位置	IS-IS 携带位置
SRv6 Capabilities TLV	OSPFv3 Router Information LSA	—
SRv6 Capabilities Sub-TLV	—	IS-IS Router Capability TLV
SR Algorithm TLV	OSPFv3 Router Information LSA	—
SR-Algorithm Sub-TLV	—	IS-IS Router Capability TLV
OSPF FAD TLV	OSPFv3 Router Information LSA	—
IS-IS FAD Sub-TLV	—	IS-IS Router Capability TLV
OSPF Flexible Algorithm Exclude Admin Group Sub-TLV	OSPF FAD TLV	—
IS-IS Flexible Algorithm Exclude Admin Group Sub-TLV	—	IS-IS FAD Sub-TLV
OSPF Flexible Algorithm Include-Any Admin Group Sub-TLV	OSPF FAD TLV	—
IS-IS Flexible Algorithm Include-Any Admin Group Sub-TLV	—	IS-IS FAD Sub-TLV
OSPF Flexible Algorithm Include-All Admin Group Sub-TLV	OSPF FAD TLV	—
IS-IS Flexible Algorithm Include-All Admin Group Sub-TLV	—	IS-IS FAD Sub-TLV
OSPF Flexible Algorithm Exclude SRLG Sub-TLV	OSPF FAD TLV	—
IS-IS Flexible Algorithm Exclude SRLG Sub-TLV	—	IS-IS FAD Sub-TLV
SRv6 Locator LSA	OSPFv3 为 SRv6 引入的 LSA 类型，通告 SRv6 的 Locator 信息	—
SRv6 Locator TLV	SRv6 Locator LSA	IS-IS 为 SRv6 引入的顶级 TLV，通告 SRv6 Locator 信息

3．BGP-LS 协议扩展

为在集中式/混合式 SRv6 架构中实现 Flex-Algo，同样需对 BGP-LS 协议进行扩展。BGP-LS 相应扩展包括对 Node NLRI、IPv6 Topology Prefix NLRI 等属性的扩展。

（1）　Node NLRI 属性扩展

一方面，新增 Flex Algorithm Definition TLV 以便通告 Flex-Algo 算法定义，并新增 Flex Algo Exclude Any /Include Any/Include All Affinity Sub-TLV、Flex Algorithm Exclude SRLG Sub-TLV 以实现对 Flex-Algo 算法相关约束条件的通告；另一方面，复用 SR Algorithm TLV 以通告节点可使用的算法。

（2）　IPv6 Topology Prefix NLRI 属性扩展

主要是复用 SRv6 Locator TLV 以实现与 Flex-Algo 相关 Algorithm/Metric 等参数在多域间（Inter-domain/Inter-area）的通告。

BGP-LS 协议针对 Flex-Algo 的扩展概览见表 6-4。

表 6-4　BGP-LS 协议针对 Flex-Algo 的扩展概览

TLV/Sub-TLV	Type 值	对应 IS-IS/OSPFv3 TLV/Sub-TLV
Flex Algorithm Definition TLV	1039	IS-IS FAD Sub-TLV/OSPF FAD TLV
Flex Algo Exclude Any Affinity Sub-TLV	1040	IS-IS/OSPF Flexible Algorithm Exclude Admin Group Sub-TLV
Flex Algo Include Any Affinity Sub-TLV	1041	IS-IS/OSPF Flexible Algorithm Include-Any Admin Group Sub-TLV
Flex Algo Include All Affinity Sub-TLV	1042	IS-IS/OSPF Flexible Algorithm Include-All Admin Group Sub-TLV
Flex Algorithm Exclude SRLG Sub-TLV	1045	IS-IS/OSPF Flexible Algorithm Exclude SRLG Sub-TLV
SR Algorithm TLV	1035	IS-IS SR-Algorithm Sub-TLV/OSPFv3 SR Algorithm TLV
SRv6 Locator TLV	1162	IS-IS SRv6 Locator TLV/OSPFv3 SRv6 Locator LSA

6.5.2　Flex-Algo 实现过程

参与 Flex-Algo 的 SRv6 节点通常会为给定的算法 Flex-Algo（k）通告 FAD 及其对应的 SID。SRv6 节点针对参与的每个算法都会进行路径计算。当计算给定的 Flex-Algo（k）的路径时，SRv6 节点或控制器首先将所有未参与 Flex-Algo（k）通告的 SRv6 节点从网络拓扑中删除，随后删除约束条件中需要避免的资源，并删除拓扑中不支持 Flex-Algo（k）所采用度量的链路。最后生成的拓扑称为 Topo（k）。在确定 Topo（k）后，Flex-Algo 基于 Dijkstra 算法，根据算法所指定的度量值（Metric）确定最短路径，即形成 Flex-Algo（k）路径。

为了整体理解 Flex-Algo 的工作原理，Flex-Algo 的网络拓扑如图 6-35 所示。图 6-35（a）中，所有节点缺省启用算法 0（即 IGP 最短路径算法），节点间链路的 IGP 度量值均为 10。除了节点 B4 外，在所有其他节点都启用 Flex-Algo（128）：基于最小化时延度量（所有节点间最小化时延度量值均相同）；排除 B2～B3 的"红色"链路（即约束条件中需要避免的链路）。

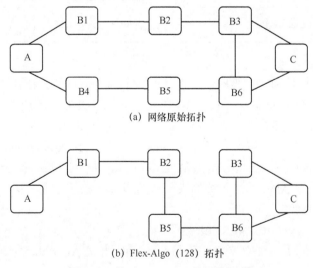

(a) 网络原始拓扑

(b) Flex-Algo（128）拓扑

图 6-35　基于 Flex-Algo 的网络拓扑

根据算法 0，节点 A 到节点 C 有两条 ECMP 路径：节点 A→节点 B1→节点 B2→节点 B3→节点 C 以及节点 A→节点 B4→节点 B5→节点 B6→节点 C。节点 A 到节点 C 的流量会在这两条路径上负载均衡。

根据 Flex-Algo（128），计算节点 A 到节点 C 的路径。首先删除没有参与 Flex-Algo（128）计算的节点 B4，然后排除 Flex-Algo（128）定义的"红色"链路，得到图 6-7（b）的 Flex-Algo（128）拓扑。基于 Topo（128）计算节点 A 到节点 C 的 Flex-Algo（128）路径为：节点 A→节点 B1→节点 B2→节点 B5→节点 B6→节点 C。

Flex-Algo 与拓扑无关。不同的 Flex-Algo 可以看作在同一物理拓扑下不同的逻辑拓扑。这些逻辑拓扑在物理拓扑的基础上，可以具有不同的链路权值（携带不同的 Metric 类型）、不同的链路亲和属性（排除/包含某些链路）。而这些不同的逻辑拓扑以不同 Flex-Algo 值的形式包含在 SID 通告中。当头端节点压入同一目的节点的不同 SID 值时，就可以使 IGP 按照对应的逻辑拓扑计算最短路径，从而实现 SR-TE 功能。进一步地，在同一物理拓扑上，可以基于 Flex-Algo 实现不同的逻辑平面，从而更加简便地实现不相交路径（Disjoint Path）。

参考文献

[1] LI T, REKHTER Y. A provider architecture for differentiated services and traffic engineering: RFC 2430[R]. 1998.

[2] TOWNSLEY W, VALENCIA A, RUBENS A, et al. Layer two tunneling protocol "L2TP": RFC 2661[R]. 1999.

[3] AWDUCHE D, MALCOLM J, AGOGBUA J, et al. Requirements for traffic engineering over MPLS: RFC 2702[R]. 1999.

[4] FARINACCI D, LI T,HANKS S, et al. Generic routing encapsulation (GRE): RFC 2784[R]. 2000.

[5] AWDUCHE D, BERGER L, GAN D, et al. RSVP-TE: extensions to RSVP for LSP tunnels: RFC 3209[R]. 2001.

[6] JAMOUSSI B, ANDERSSON L, CALLON R, et al. Constraint-based LSP setup using LDP: RFC 3212[R]. 2002.

[7] RAZA K, BOUTROS S, MARTINI L,,et al. Label advertisement discipline for LDP forwarding equivalence classes (FECs): RFC 7358[R]. 2014.

[8] BERGER L. Generalized multi-protocol label switching (GMPLS) signaling resource reservation protocol-traffic engineering (RSVP-TE) extensions: RFC 3473[R]. 2003.

[9] SHEN N, SMIT H. Calculating interior gateway protocol (IGP) routes over traffic engineering tunnels: RFC 3906[R]. 2004.

[10] BRYANT S, PATE P. Pseudo wire emulation edge-to-edge (PWE3) architecture: RFC 3985[R]. 2005.

[11] ANDERSSON L, MADSEN T. Provider provisioned virtual private network (VPN) terminology: RFC 4026[R]. 2005.

[12] PAN P, SWALLOW G, ATLAS A. Fast reroute extensions to RSVP-TE for LSP tunnels: RFC 4090[R]. 2005.

[13] ROSEN E, REKHTER Y. BGP/MPLS IP virtual private networks (VPNs)[R]. 2006.

[14] MARTINI L, ROSEN E, EL-AAWAR N, et al. Pseudowire setup and maintenance using the label distribution

protocol (LDP): RFC 4447[R]. 2006.

[15] ROSEN E, PSENAK P, PILLAY-ESNAULT P. OSPF as the provider/customer edge protocol for BGP/MPLS IP virtual private networks (VPNs): RFC 4577[R]. 2006.

[16] ANDERSSON L, ROSEN E. Framework for layer 2 virtual private networks (L2VPNs): RFC 4664[R]. 2006.

[17] MARQUES P, BONICA R, FANG L, et al. Constrained route distribution for border gateway protocol/multiprotocol label switching (BGP/MPLS) Internet protocol (IP) virtual private networks (VPNs): RFC 4684[R]. 2006.

[18] KOMPELLA K, REKHTER Y. Virtual private LAN service (VPLS) using BGP for auto-discovery and signaling: RFC 4761[R]. 2007.

[19] ANDERSSON L, MINEI I, THOMAS B. LDP specification: RFC 5036[R]. 2007.

[20] ATLAS A, ZININ A. Basic specification for IP fast reroute: loop-free alternates: RFC 5286[R]. 2008.

[21] ROSEN E, DAVIE B, RADOACA V, et al. Provisioning, auto-discovery, and signaling in layer 2 virtual private networks (L2VPNs): RFC 6074[R]. 2011.

[22] ENNS R, BJORKLUND M, SCHOENWAELDER J, et al. Network configuration protocol (NETCONF): RFC 6241[R]. 2011.

[23] FILSFILS C, FRANCOIS P, SHAND M, et al. Loop-free alternate (LFA) applicability in service provider (SP) networks: RFC 6571[R]. 2012.

[24] JENG H, UTTARO J, JALIL L, et al. Virtual hub-and-spoke in BGP/MPLS VPNs: RFC 7024[R]. 2013.

[25] SAJASSI A, AGGARWAL R, UTTARO J, et al. Requirements for Ethernet VPN (EVPN): RFC 7209[R]. 2014.

[26] OSBORNE E. Extended administrative groups in MPLS traffic engineering (MPLS-TE): RFC 7308[R]. 2014.

[27] MAHALINGAM M, DUTT D, DUDA K, et al. Virtual eXtensible local area network (VXLAN): a frameworkfor overlaying virtualized layer 2 networks over layer 3 networks: RFC 7348[R]. 2014.

[28] SAJASSI A, AGGARWAL R, BITAR N, et al. BGP MPLS-based Ethernet VPN: RFC 7432[R]. 2015.

[29] BRYANT S, FILSFILS C, PREVIDI S, et al. Remote loop-free alternate (LFA) fast reroute (FRR): RFC 7490[R]. 2015.

[30] QUINN P, NADEAU T. Problem statement for service function chaining: RFC 7498[R]. 2015.

[31] HALPERN J，PIGNATARO C. Service function chaining (SFC) architecture: RFC 7665[R]. 2015.

[32] LITKOWSKI S, DECRAENE B, FILSFILS C, et al. Operational management of loop-free alternates: RFC 7916[R]. 2016.

[33] FARREL A, DRAKE J, BITAR N, et al. Problem statement and architecture for information exchange between interconnected traffic-engineered networks: RFC 7926[R]. 2016.

[34] SARKAR P, HEGDE S, BOWERS C, et al. Remote-LFA node protection and manageability: RFC 8102[R]. 2017.

[35] BOUTROS S, SAJASSI A, SALAM S, et al. Virtual private wire service support in Ethernet VPN: RFC 8214[R]. 2017.

[36] QUINN P, ELZUR U, PIGNATARO C. Network service header (NSH): RFC 8300[R]. 2018.

[37] SAJASSI A, SALAM S, DRAKE J, et al. Ethernet-tree (E-Tree) support in Ethernet VPN (EVPN) and provider backbone bridging EVPN (PBB-EVPN): RFC 8317[R]. 2018.

[38] SAJASSI A, DRAKE J, BITAR N, et al. A network virtualization overlay solution using Ethernet VPN (EVPN): RFC 8365[R]. 2018.

[39] RABADAN J, MOHANTY S, SAJASSI A, et al. Framework for Ethernet VPN designated forwarder election extensibility: RFC 8584[R]. 2019.

[40] FARREL A, BRYANT S, DRAKE J. An MPLS-based forwarding plane for service function chaining: RFC 8595[R]. 2019.

[41] SINGH R, KOMPELLA K, PALISLAMOVIC S. Updated processing of control flags for BGP virtual private LAN service (VPLS): RFC 8614[R]. 2019.

[42] TAILLON M, SAAD T, GANDHI R, et al. RSVP-TE summary fast reroute extensions for label switched path (LSP) tunnels: RFC 8796[R]. 2020.

[43] BONICA R, KAMITE Y, JALIL L, et al. The IPv6 tunnel payload forwarding (TPF) option: draft-bonica-6man-vpn-dest-opt-13[R]. 2020.

[44] CHEN H, GU Y, WANG H, et al. SRv6 SID bypass functions: draft-chen-bess-srv6-service-bypass-sid-00[R]. 2020.

[45] FILSFILS C, TALAULIKAR K, KROL P, et al. SR policy implementation and deployment considerations: draft-filsfils-spring-sr-policy-considerations-06[R]. 2020.

[46] SAJASSI A, THORIA S, PATEL K, et al. IGMP and MLD proxy for EVPN: draft-ietf-bess-evpn-igmp-mld-proxy-06[R]. 2021.

[47] SAJASSI A, SALAM S, THORIA S, et al. Integrated routing and bridging in EVPN: draft-ietf-bess-evpn-inter-subnet-forwarding-15[R]. 2021.

[48] FARREL A, DRAKE J, ROSEN E, et al. BGP control plane for the network service header in service function chaining: draft-ietf-bess-nsh-bgp-control-plane-18[R]. 2020.

[49] PREVIDI S, TALAULIKAR K, DONG J, et al. Distribution of traffic engineering (TE) policies and state using BGP-LS: draft-ietf-idr-te-lsp-distribution-14[R]. 2020.

[50] VOYER D, FILSFILS C, PAREKH R, et al. Segment routing point-to-multipoint policy: draft-ietf-pim-sr-p2mp-policy-02[R]. 2021.

[51] LITKOWSKI S, BASHANDY A, FILSFILS C, et al. Topology independent fast reroute using segment routing: draft-ietf-rtgwg-segment-routing-ti-lfa-06[R]. 2021.

[52] HU Z, CHEN H, CHEN H, et al. SRv6 path egress protection: draft-ietf-rtgwg-srv6-egress-protection-02[R]. 2020.

[53] NAPPER J, KUMAR S, MULLEY P, et al. NSH context header allocation for broadband: draft-ietf-sfc-nsh-broadband-allocation-01[R]. 2018.

[54] GUICHARD J, TANTSURA J. Integration of network service header (NSH) and segment routing for service function chaining (SFC): draft-ietf-spring-nsh-sr-04[R]. 2020.

[55] FILSFILS C, TALAULIKAR K, VOYER D, et al. Segment routing policy architecture: draft-ietf-spring-segment- routing-policy-09[R]. 2020.

[56] 克拉伦斯·菲尔斯菲尔斯, 克里斯·米克尔森, 科坦·塔劳利卡尔. Segment Routing 详解（第一卷）[M]. 苏远超, 蒋治春, 译. 北京: 人民邮电出版社, 2017.

[57] 克拉伦斯·菲尔斯菲尔斯, 克里斯·米克尔森, 弗朗索瓦·克拉德, 等. Segment Routing 详解（第二卷）流量工程[M]. 苏远超, 钟庆, 译. 北京: 人民邮电出版社, 2019.

[58] 李振斌, 胡志波, 李呈. SRv6 网络编程：开启 IP 网络新时代[M]. 北京: 人民邮电出版社, 2020.

第7章

SRv6 部署与运营

SRv6 技术在网络中的规模部署与应用是其终极价值的体现。然而，该技术的部署与运营恰恰又是其在推广初期的主要挑战。在 SRv6 的实际部署和运营过程中需要考虑维护和安全等重点问题，本章将从 SRv6 SID 规划与配置、OAM 技术、SRv6 网络安全等方面阐述与 SRv6 运营和部署相关的技术，这些技术均是 SRv6 规模部署的基础。

7.1 SRv6 SID 规划与配置

根据 IETF RFC 8402 的定义，SRv6 SID 是一个与 Segment 相关的 IPv6 地址，可路由、可聚合。因而，从路由标识、寻址角度来看，SRv6 SID 与 IPv6 地址没有区别。SRv6 SID 采用全球单播（Global Unicast）地址类型，每个地址都是全网唯一的（Anycast SID 除外）。

作为重要的网络资源，IPv6 地址规划不仅是网络资源合理规划使用的重要依据，更是网络路由设计、业务设计以及安全设计等方面的重要内容。作为 IPv6 地址的一部分，SRv6 SID 规划不仅要在 IPv6 地址规划的大背景下考虑（即纳入 IPv6 地址规划），还要根据其功能特性对 SRv6 Segment 的各字段进行规划。SRv6 SID 通常由 LOC:FUNCT:ARG3 部分构成，LOC（Locator）用于 SRv6 SID 节点的定位与路由。因此，对 SRv6 SID 的规划实际上是对 SRv6 SID Locator 地址的规划；对 SRv6 Segment 各字段的规划，就是对 LOC:FUNCT:ARG 的规划。

7.1.1 SRv6 SID Locator 规划

现阶段，由于 IPv6 地址在全球的推广使用，几乎所有的 ISP/ICP 网络都使用了 IPv6 地址。因此，在每个 ISP/ICP 网络中，SRv6 SID 规划都需要在既有的预留地址段中进行统筹规划。

SRv6 SID 地址规划需要遵循现有的 IPv6 地址规划原则。通常 IPv6 地址规划需遵循的原则包括统筹规划、属性标识和层次分配等原则。

（1）统筹规划原则

SRv6 SID 规划涉及业务发展策略、网络设计和运营维护要求，需在全面了解业务和网络信息基础上制定方案。因而，规划方案应尽量简洁，方便全网策略部署和路由控制。此外，SRv6 SID 规划应预留一定的地址空间，用于未来业务发展和可能的网络调整，以减小未来变化所带来的影响和冲击。

（2）属性标识原则

属性标识原则即根据地址管理要求和地址使用用途，对地址接入类型（Access Type，AT）、地域等属性进行标识，区分网络地址、平台地址（如 IPTV 平台等）和用户地址等多种类型。采用属性标识原则，一则可以针对不同要求和用途配置地址，便于运营维护，二则可以实现业务地址/用户地址与网络地址的分离，便于在网络边缘进行路由和流量控制。

（3）层次分配原则

层次分配原则即在特定网段范围内逐级进行 SRv6 SID 地址分配。例如，可以为某个省份分配的 SRv6 SID 网段为 2001:0100:1000::/36；为该省 A 市分配的网段为 2001:0100:1000::/40，为 B 市分配的网段为 2001:0100:1100::/40；为 A 市的 A1 区分配的网段为 2001:0100:1000::/44，为 A2 区分配的网段为 2001:0100:1010::/44。这种层次分配原则，既可在保证扩展性基础上避免碎片化，提高地址利用效率，而且有利于实现路由聚合。

IPv6 地址逐级分配示意图如图 7-1 所示。由于 SRv6 SID Locator 规划原则与 IPv6 相同，为便于理解，本节结合图 7-1 的 IPv6 地址规划进行说明。假定国内某 ISP/ICP 从亚太互联网络信息中心[1]（Asia-Pacific Network Information Center，APNIC）申请到 2000:0000::/20 的地址块[2]。基于地址规划原则，该 ISP/ICP 对所申请到地址块的若干连续比特位进行编址，构成不同标识位，用于标识地址的接入类型、省份、区县、网络类型和 QoS 等级等。Global Unicast IPv6 地址结构（如图 7-1 所示）包括 IPv6 接入地址块前缀（Prefix of IPv6 Access Address Block，PB）、本地子网和接口地址三部分，分别对应 IETF RFC 4291 的 Global Routing Prefix、Subnet ID 与 Interface ID。其中，PB 部分（共 20bit）是从地址分配机构申请到地址块的固定不变部分，接口地址部分通常为 64bit。因而，本地子网只剩下 44bit。对 IPv6 地址的规划分配，就是对本地子网地址段的规划分配。具体规划示例可参考图 7-1，其中部分字段说明如下。

- AT（Access Type）：接入类型标识位，用于标明此部分地址被规划给网络、平台还是用户使用。此例中，AT 共 4bit（取值范围为 0～F），如 0001 为网络地址，0010 为平台地址等。

- NT（Network Type）：网络类型标识位，用于标识网络地址中不同网络类型，此例中，NT 共 4bit（取值范围为 0～F）。网络类型分为骨干网、移动网、IDC 网及预留等，如 0000 标识骨干网、1000 标识移动网。

- PI（Province Identifier）：省份标识位（共 8bit，取值范围为 00～FF），用于标识不同省份（国内的省份编码由国家相关部门统一发布），如 00000100 标识北京、01111100 标识广东等。

1　全球五大区域性因特网注册管理机构之一，负责亚太地区 IP 地址、ASN（自治域系统号）的分配并管理一部分根域名服务器镜像。国内 ISP/ICP 可以直接或者通过中国互联网络信息中心（China Internet Network Information Center，CNNIC）代理向 APNIC 申请 IPv6 地址块。

2　APNIC 一般为大型 ISP 预留了 16 位的地址块，目前申请到的地址块介于 16bit 和 32bit。

图 7-1 IPv6 地址逐级分配示例

- CC（County Code）：区县编码标识位（共 8bit，取值范围为 00～FF），用于标识不同区县（国内的区县编码方案由国家相关部门统一制订）。
- QoS：QoS 标识位，用于标识不同 QoS 等级。QoS 共 4bit（取值范围为 0～F），分为无保障、低保障、中保障和高保障业务等级，如 0000 标识无保障、1111 标识高保障。

7.1.2　SRv6 Segment 各字段分配

SRv6 SID Locator 通常对应一个 SRv6 节点，对应 IPv6 Global Unicast 地址的 Global

Routing Prefix+Subnet ID 部分；SRv6 SID 对应指定 SRv6 节点上的指令。为在 SRv6 SID 地址范围内有效利用 SRv6 标识空间，以满足路由聚合的要求，同时为未来的业务发展预留足够的空间，并能兼顾 SRH 压缩方案的部署，需要对 SRv6 SID 各字段进行分配。

在第 3 章中介绍了 SRv6 Segment 的组成包括 Locator、Function 和 Arguments 3 部分，其中，Locator 又可以分为 Locator Block（也称为 Fixed Prefix）和 Locator Node（也称为 Subnet）两部分，下面介绍 Segment 各部分的分配。

1．Locator 字段分配

Locator 是 SRv6 节点标识，SRv6 报文通过 Locator 路由到发布该 Segment 的节点，因此 Locator 的长度应参照现有设备的 IPv6 地址分配原则。Locator 字段长度不宜过短，过短则容易造成 IPv6 地址空间的浪费（按照目前 IPv6 地址申请模式，Locator 字段长度不宜低于 32bit）；也不宜过长，过长则会挤占 Function/Argument 字段的空间（通常基于 IETF RFC 4291，Locator 长度不超过 64bit；即使考虑 SRH 压缩等功能，Locator 最长也不宜超过 96bit）。

对于一个大型网络，通常为其分配一个 48bit 的地址块作为专用 Locator 地址段。在该地址段范围内，可为每个 SRv6 节点分配一个或多个 64bit 前缀作为 Locator（不同的业务可以采用不同的 Locator）。

SRv6 Segment 各字段分配示例如图 7-2 所示。下面结合图 7-2 所示，对 Locator 及其 Function/Args 字段分配进行说明。为某大型网络分配 48bit 的 Locator 地址段（对应图 7-2 中 SRv6 Segment 的 Fixed Prefix，共 48bit）。该 Fixed Prefix 可用于标识 SRv6 网络；Subnet（共 16bit）用于标识 SRv6 节点。每个 SRv6 节点发布一个或多个 64bit 前缀，这样一个网络可提供 64K（此处，1K=1024）个 Locator，可以满足大规模网络部署的要求。

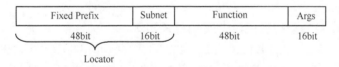

图 7-2　SRv6 Segment 各字段分配示例

2．Function 字段分配

Function 是 SRv6 标识节点行为的字段，该字段的分配需要为业务预留足够的标识空间。Function 字段可通过命令行/控制器静态配置，也可由 SRv6 节点/控制器动态生成。因此，Function 字段有静态字段与动态字段之分。配置静态 Function 的情况下，设备重启或链路震荡后，SRv6 SID 不会发生变化。不论哪种类型的字段，均需指定相应长度。为了支持丰富指令，Function 字段应不少于 16bit。通常为静态字段指定的长度为 16bit，为动态字段指定的长度为 32bit。

3．Args 字段分配

Args 即 Arguments，是可选的字段，用于执行 Function 功能时携带流量或业务参数，也可用于 G-SRv6 头压缩中携带 SI 信息（参见第 5 章）。SRv6 Segment 中可以没有 Args 字段（即 Args 字段长度为 0）。如果 Args 字段为 16bit，则可以提供足够丰富的参数空间。当 Args 字段长度固定且无须携带参数时，该字段必须填充 0。

7.1.3 SRv6 SID 配置

SRv6 SID 配置是控制平面的功能，主要有静态配置和动态配置两种方式。静态配置方式可以在设备上通过命令行直接配置地址，也可以通过控制器将分配的地址下发给网络设备，由网络设备根据控制器的要求配置地址。动态配置方式可以由设备自动在地址范围内生成地址，或者由控制器自动生成地址后下发给网络设备。SRv6 节点配置示例如图 7-3 所示。此处以 SRv6 地址块 2000:0100:1000::/36 为例，结合图 7-3 来说明一个本地网的 SRv6 各字段的分配。假设本地网将 2000:0100:1001::/48 作为 Fixed Prefix，Subnet 取 16bit。

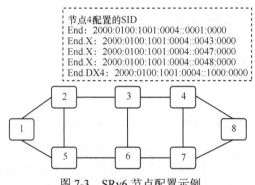

图 7-3 SRv6 节点配置示例

1．通过静态方式为各 SRv6 节点配置 End SID

节点 1 的 End SID 为 2000:0100:1001:0001::0001:0000，其 Locator 为 2000:0100:1001:0001::，Function 字段为 0001:0000。其他节点以此类推。

2．各 SRv6 节点自动在各接口生成 End.X SID

节点 1 的接口 12 生成的 End.X SID 为 2000:0100:1001:0001::0012:0000，Function 字段为 0012:0000；接口 15 生成的 End.X SID 为 2000:0100:1001:0001::0015:0000，Function 字段为 0015:0000。此处为简便记，将节点 1～节点 2 的链路所对应接口称为接口 12（映射为 0012），将节点 1～节点 5 的链路所对应接口称为接口 15（映射为 0015）。其他节点以此类推。

3．控制器为节点 4 动态生成 End.DX4 SID

所生成 End.DX4 SID 为 2000:0100:1001:0001::1000:0000，其 Function 字段为 1000:0000。

7.2 SRv6 OAM 技术

SRv6 OAM 技术的实现依赖于现有网络 OAM 技术。

7.2.1 网络 OAM

网络 OAM 通常泛指可用于网络运维和管理的工具，也可指代网络故障发现与恢复、网络运行状态管理以及业务管控等过程。作为工具，网络 OAM 可实现网络故障检测、隔离与上报，并可实现网络性能检测；作为网络运维的一个过程，网络 OAM 包括对网络/业务进行的日常分析、预测、规划和配置，对网络/业务运行状态及故障情况进行的管理，对网络质量/业务性能进行的监控等操作，以保证网络正常运行。尽管 OAM 可触发网络故障保护，但这些为提升 SLA 水平和用户体验所采取的故障保护手段并不属于 OAM 范畴。

网络 OAM 可分为控制平面 OAM、管理平面 OAM 与数据平面 OAM 技术等。典型的控制平面 OAM 技术如 BGP 监控协议（BGP Monitor Protocol，BMP），可实现对控制协议状态的监控等功能；典型的管理平面 OAM 技术（如 SNMP、NETCONF 等）可实现对网元状态的监控等功能；典型的数据平面 OAM 技术（如 BFD、Ping 等）可实现节点可达性检测、故障定位等功能。本节所讲述的 OAM 技术主要聚焦于对数据平面的监控与测量，也会涉及控制平面与管理平面的功能。例如，基于 BFD 验证路径连通性时，首先通过 BFD 控制报文建立 BFD 会话，然后基于数据平面的 Echo 报文进行路径连通性探测，当发现路径连通性故障时，则向管理平面发布告警。

当用于数据平面监控与测量时，网络 OAM 技术可分为链路层 OAM 技术和网络层 OAM 技术等。网络层 OAM 技术包括 Ping、Traceroute、BFD 以及双向主动测量协议（Two-Way Active Measurement Protocol，TWAMP）等，用于监测网络的连通性、定位网络的连通性故障、监控网络端到端性能。链路层 OAM 技术目前主要指以太网 OAM 技术，通常基于 IEEE 802.3ah、IEEE 802.1ag 及 ITU-T Y.1731 等协议实现。其中，IEEE 802.3ah 主要用于解决网络 PE 设备—CE 设备—用户设备之间链路的 OAM 问题，该技术也称为"最后一公里"以太网 OAM（Ethernet in the First Mile OAM，EFM OAM）技术；IEEE 802.1ag 主要用于监测网络接入汇聚层的连通性、定位网络的连通性故障，称为连通错误管理（Connectivity Fault Management，CFM）OAM 技术。

基于网络功能差异，网络 OAM 技术可分为故障管理（Fault Management，FM）和性能测量（Performance Measurement，PM）两类。故障管理包括连续性检测（Continuity Check，CC）和连通性校验（Connectivity Verification，CV）功能。连续性检测主要用于地址可达性检测，CC 工具包括 Ping、BFD 等；连通性校验则用于路径验证和故障定位，CV 工具包括 Traceroute、BFD 等。性能测量主要包括时延测量（Delay Measurement，DM）、丢包测量（Loss Measurement，LM）及网络吞吐量测量（Throughput Measurement，TM）等。DM 可实现时延（Delay）、时延抖动（Jitter）等参数的测量；LM 可实现丢包数、丢包率等参数测量；TM 可实现网络接口和链路带宽等参数的测量。

现有的网络 OAM 技术主要以实现网络故障监控为主。随着 5G 与云时代的到来，网络业务多样化、流量复杂化趋势日益明显，网络 OAM 技术除提供基本的网络故障检测、网络性能测量外，还需满足基于业务的智能感知/监控、高性能网络测量需求。

- 随着 SDN、网络智能化技术发展，未来网络 OAM 技术需提供更精细化的网络/业务监控能力，通过多维、实时的故障管理与网络质量感知能力，提供智能化网络运营与管理。
- 对网络/业务的监控或性能测量应满足高性能需求，且不影响网络业务的承载。

SRv6 在数据平面与 IPv6 无本质差别，因而适用于 IPv6（乃至 IPv4）的 OAM 技术同样适用于 SRv6。但是，SRv6 又有其自身特点（如路径定制化等），需在 OAM 方面进行相应适配与增强。

7.2.2 SRv6 故障管理

SRv6 基于 IPv6 实现，所以针对 SRv6 网络的故障管理涉及普通 IPv6 节点和 SRv6 节点。SRv6 节点可以根据本地指令处理 SRv6 报文所承载的 ICMP、UDP 类型的 OAM 净荷，而这些 ICMP、UDP 类型均由 IPv6 报头/扩展报头的 Next Header 指定，因而与 IPv6 相关的故障管理技术均适用于 SRv6。与故障管理相关的 OAM 技术/工具包括 BFD、无缝 BFD（Seamless BFD，SBFD）、Ping、Traceroute 等。本节主要以 Ping 和 Traceroute 这两个最基本的 OAM 工具为例，介绍 SRv6 故障管理。

IP Ping 及 Traceroute 技术可实现网络连续性检测和连通性校验等功能。对于 SRv6 网络中的 IPv6 地址，其 Ping 和 Traceroute 流程与传统 IPv6 网络中的实现方式一致；对目标 SRv6 SID 的 Ping 和 Traceroute 操作，需要对 SRv6 报文 OAM 的上层报头（如 ICMPv6 报头、UDP 报头等）进行处理。Ping SRv6 SID 和 Traceroute 等操作适用于所有类型的 SRv6 SID（如 End SID、End.X SID 等）。

1．Ping SRv6 SID

Ping SRv6 SID 的操作可用于 SID 连通性检查，基于 ICMPv6 机制实现。SRv6 Ping 的 ICMPv6 Echo 的报文格式如图 7-4 所示。在 SRv6 网络中，Ping SRv6 SID 与 Ping IPv6 地址的 ICMPv6 Echo 报文格式完全相同。

- 如果 ICMPv6 Echo 报文路径无须指定 Segment List，则该报文不封装 SRH。Ping SRv6 SID 与 Ping IPv6 地址的 ICMPv6 Echo 报文的不同在于，前者的目的地址为目标节点所发布的 SRv6 SID，后者的目的地址为目标节点的 IPv6 地址。
- 如果 ICMPv6 Echo 报文路径需指定 Segment List，则该报文需封装 SRH。Ping SRv6 SID 与 Ping IPv6 地址的 ICMPv6 Echo 报文的不同在于，前者的目的地址为 Segment List 中的最后一跳 SRv6 SID，后者的目的地址为目标节点的 IPv6 地址。

图 7-4　SRv6 Ping 的 ICMPv6 Echo 的报文格式

Ping SRv6 SID 示意图如图 7-5 所示。以下结合图 7-5 所示，对 Ping SRv6 SID 的流程进行介绍。图 7-5 中，源节点 A 想要通过节点 R2 和节点 R3 Ping 节点 R4 的 End SID（B:4::1），中间节点 R2 和节点 R3 的 End SID 分别为 B:2::1 和 B:3::1。

（1）源节点 A：构造封装 SRH 的 ICMPv6 Echo Request 报文，Segment List 为<B:2::1，B:3::1，B:4::1>，SRH 报头的 NH 字段值为 58（代表 ICMPv6）；源地址为 A1:1::100，目的地址为 B:2::1；基于 IPv6 路由转发表将报文向下一跳节点 R1 转发。

（2）节点 R1：是普通 IPv6 节点，不处理 SRH，基于 IPv6 路由转发表将报文转发至节点 R2。

（3）节点 R2：收到 SRv6 报文后，查找本地 SID 表，发现 B:2::1 为本地分配的 End SID，随即执行 End 指令，将 B:3::1 复制到 DA 字段，然后基于 IPv6 路由转发表将报文转发至节点 R3。

（4）节点 R3：收到 SRv6 报文后，查找本地 SID 表，发现 B:3::1 为本地分配的 End SID，随即执行 End 指令，将 B:4::1 复制到 DA 字段，然后基于 IPv6 路由转发表将报文转发至节点 R4。

（5）节点 R4：收到 SRv6 报文后，查找本地 SID 表，发现 B:4::1 为本地分配的 SID，且为 SRH 中的最后一个 SID，随即执行 End 指令，处理上层报头 ICMPv6，并生成 ICMPv6 Echo Reply 报文发送至源节点 A。

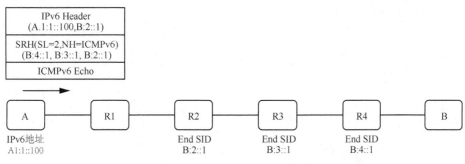

图 7-5　Ping SRv6 SID 示意图

2. SRv6 SID Traceroute

SRv6 SID Traceroute 用于路径跟踪与逐跳错误定位。通常情况下，源节点连续发送多个（通常为 3 个）ICMP Echo/UDP 类型的探测报文到被检测的目的地址，通过 Hop Limit 控制探测报文的跳数（Hop Count），使报文在转发路径的指定跳数上超时（Hop Limit Exceeded in Transit）。节点处理超时报文，并向源节点返回 ICMPv6 超时消息（ICMPv6 Time Exceeded Message）。出于安全性考虑，某些网络节点可能会禁止回复（甚至丢弃）ICMPv6 报文。因而，目前采用 UDP 报文（UDP 端口号为 33434）进行 Traceroute 探测。SRv6 SID Traceroute 报文格式示例如图 7-6 所示。

图 7-6　SRv6 SID Traceroute 报文格式示例

在 SRv6 网络中，SRv6 SID Traceroute 与 IPv6 地址 Traceroute 的报文格式完全相同（此处采用 UDP 报文，如图 7-6 所示）。

- 如果 UDP 报文路径中无须指定 Segment List，则该报文不封装 SRH。SRv6 SID Traceroute 与 IPv6 地址 Traceroute 的 UDP 报文的不同在于，前者的目的地址为目标节点所发布的 SRv6 SID，后者的目的地址为目标节点的 IPv6 地址。
- 如果 UDP 报文路径需指定 Segment List，则该报文需封装 SRH。SRv6 SID Traceroute 与 IPv6 地址 Traceroute 的 UDP 报文的不同在于：前者的目的地址为 Segment List 中的各 SRv6 SID；后者的目的地址不仅包括 Segment List 中的各 SRv6 SID，还包括目标节点的 IPv6 地址。

SRv6 Traceroute 机制通过构造 Hop Limit 递增的 UDP 报文到达目的 SID，以实现沿特定路径到达目的 SID 的路径追踪。SRv6 SID Traceroute 示意图如图 7-7 所示。此处结合图 7-7 所示，对 SRv6 SID Traceroute 的流程进行介绍。图 7-7 中，节点 R2、节点 R3、节点 R4 的 End SID 分别为 B:2::1、B:3::1 和 B:4::1，节点 A 希望通过节点 R2、节点 R3 追踪到节点 R4 的 End SID。

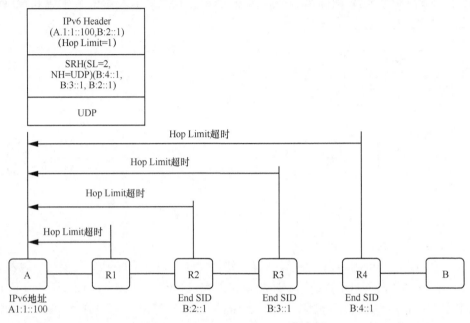

图 7-7　SRv6 SID Traceroute 示意图

第一跳 Traceroute

步骤 1　源节点 A：构造封装 SRH 的 UDP Traceroute 报文，Segment List 为<B:2::1，B:3::1，B:4::1>，SL 值为 2，SRH 报头的 NH 字段值为 17（代表 UDP）；源地址为 A1:1::100，目的地址为 B:2::1，Hop Limit 值设为 1；基于 IPv6 路由转发表将报文向下一跳节点 R1 转发。

步骤 2　节点 R1：为普通 IPv6 节点，无须处理 SRH。节点 R1 发现报文 Hop Limit=1，则进入超时处理流程，并向源节点 A 返回 ICMPv6 超时消息（ICMPv6 Time Exceeded Message），指示"Hop limit exceeded in transit"。

第二跳 Traceroute

步骤 3　源节点 A：收到节点 R1 返回的 ICMPv6 超时消息，重新构造 UDP Traceroute 报文，除了 Hop Limit 值设为 2 外，其他与步骤 1 中所构造报文完全相同；基于 IPv6 路由转发表将报文向下一跳节点 R1 转发。所转发报文的 Hop Limit=2，SL=2。

步骤 4　节点 R1：为普通 IPv6 节点，无须处理 SRH。节点 R1 发现报文的 Hop Limit=2，则将 Hop Limit 值减 1，并基于 IPv6 路由转发表将报文向下一跳节点 R2 转发。此时，报文的 Hop Limit=1，SL=2。

步骤 5　节点 R2：为 SRv6 节点，查询本地 SID 表，发现 B:2::1 为本地分配的 End SID，随即进入 SRH 处理流程。节点 R2 首先判断 SL 与 Hop Limit 值，当发现报文的 SL>0 而 Hop Limit=1 时，即进入超时处理流程，并向源节点 A 返回 ICMPv6 超时消息（ICMPv6 Time Exceeded Message），指示"Hop limit exceeded in transit"。

第三跳 Traceroute

步骤 6　源节点 A：收到节点 R2 返回的 ICMPv6 超时消息，重新构造 UDP Traceroute 报文，除了 Hop Limit 值设为 3 外，其他与步骤 1 中所构造报文完全相同；基于 IPv6 路由转发表将报文向下一跳节点 R1 转发。所转发报文的 Hop Limit=3，SL=2。

步骤 7　节点 R1：处理过程同步骤 4。此时，所转发报文的 Hop Limit=2，SL=2。

步骤 8　节点 R2：为 SRv6 节点，查询本地 SID 表，发现 B:2::1 为本地分配的 End SID，随即进入 SRH 处理流程。节点 R2 首先判断 SL 与 Hop Limit 值，此时的 SL=2、Hop Limit=2，随即执行 End 指令（SL 减 1，Hop Limit 减 1，将 B:3::1 复制到 DA 字段，然后基于 IPv6 路由转发表将报文转发至节点 R3）。所转发报文的 Hop Limit=1，SL=1。

步骤 9　节点 R3：为 SRv6 节点，查询本地 SID 表，发现 B:3::1 为本地分配的 End SID，随即进入 SRH 处理流程。节点 R3 首先判断 SL 与 Hop Limit 值，当发现报文的 SL>0 而 Hop Limit=1 时，即进入超时处理流程，并向源节点 A 返回 ICMPv6 超时消息（ICMPv6 Time Exceeded Message），指示"Hop limit exceeded in transit"。

第四跳 Traceroute

步骤 10　源节点 A：收到节点 R3 返回的 ICMPv6 超时消息，重新构造 UDP Traceroute 报文，除了 Hop Limit 值设为 4 外，其他与步骤 1 中所构造报文完全相同；基于 IPv6 路由转发表将报文向下一跳节点 R1 转发。所转发报文的 Hop Limit=4，SL=2。

步骤 11　节点 R1：处理过程同步骤 4。此时，所转发报文的 Hop Limit=3，SL=2。

步骤 12　节点 R2：处理过程同步骤 8。此时，所转发报文的 Hop Limit=2，SL=1。

步骤 13　节点 R3：为 SRv6 节点，查询本地 SID 表，发现 B:3::1 为本地分配的 End SID，随即进入 SRH 处理流程。节点 R3 首先判断 SL 与 Hop Limit 值，当发现报文的 SL>0 且 Hop Limit>1 时，即执行 End 指令（SL 减 1，Hop Limit 减 1，将 B:4::1 复制到 DA 字段，然后基于 IPv6 路由转发表将报文转发至节点 R4）。此时，所转发报文的 Hop Limit=1，SL=0。

步骤 14　节点 R4：为 SRv6 节点，查询本地 SID 表，发现 B:4::1 为本地分配的 End SID，随即进入 SRH 处理流程。节点 R4 首先判断 SL 与 Hop Limit 值，当发现报文的 SL=0 时，即停止对 SRH 的处理，继续处理上层 UDP 报文。由于报文的 UDP 端口号（33434）过大，R4 节点向源节点 A 返回 ICMPv6 目的地不可达消息（ICMPv6 Destination Unreachable Message），指示"Port Unreachable"。

节点 A 完成了对节点 R4 End SID（B:4::1）的 Traceroute 过程。

Ping 和 Traceroute 可实现对目标 SRv6 SID 的连续性检测和连通性校验，但并不能对其隐含的指令行为进行检验。以 End.XSID 为例，对该目标 SID 的 Ping 和 Traceroute 只能验证其可达性与路径连通性，并不能验证其按照指定出接口转发的行为。为验证 End.X SID 指令功能的有效性，可在构造 Ping 和 Traceroute 报文时，将该 End.X SID 作为其 SID List 的中转 SID（Transit SID）。这样，Ping 和 Traceroute 报文就可以验证 End.X SID 从指定出接口转发的功能了。

7.2.3　基于控制器的 SRv6 路径监控

除了 BFD、SBFD、Ping、Traceroute 等故障管理手段外，IETF RFC 8403 提出了一种基

于 SR 控制器实现路径监控的方案。尽管该方案是针对 SR-MPLS 的，但对 SRv6 同样适用。

SRv6 路径监控方案示意图如图 7-8 所示。以下结合图 7-8 所示，对 SRv6 路径监控的流程进行介绍。图 7-8 中，节点 A、节点 B 以 IPv4 VPN 的方式实现跨越节点 R1~节点 R4 的互通；节点 R1~节点 R4 均为 SRv6 节点，属于同一 IGP 域；控制器的 Loopback0 接口地址为 B:200::1、End SID 为 B:100::1。所探测的 SRv6 路径为<B:1::12, B:4::1>，B:1::12 为节点 R1 的 End.X SID，B:4::1 为节点 R4 的 End SID。为此，需要由控制器构造 SRv6 OAM 环回探测报文。环回探测报文需要将控制器本地 SID 作为其 Segment List 的最后一跳 SID；环回探测报文中的 OAM 载荷（OAM Payload）信息由控制器定义，可用于检测节点故障、路径时延等，可实现灵活的 OAM 探测功能。流程如下。

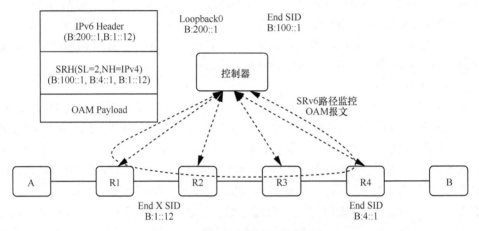

图 7-8　SRv6 路径监控方案示意图

步骤 1　控制器：基于本地 SID 构造 SRv6 OAM 环回探测报文。其中，Segment List 为 <B:1::12, B:4::1, B:100::1>，SRH 报头的 NH 字段值为 4[3]（代表 IPv4）；源地址为 B:200::1，目的地址为 B:1::12。控制器基于 IPv6 目的地址将报文转发至节点 R1。

步骤 2　节点 R1：收到报文后，查询本地 SID 表，发现 B:1::12 为本地分配的 End.X SID，随即执行 End.X 指令，将 B:4::1 复制到 DA 字段，将报文从 End.X 绑定的链路转发出去。

步骤 3　节点 R2：收到报文后，查询本地 SID 表，无匹配 SID，随即基于 IPv6 路由转发表将报文转发至节点 R3。

步骤 4　节点 R3：采用与节点 R2 相同的流程，将报文转发至节点 R4。

步骤 5　节点 R4：收到报文后，查找本地 SID 表，发现 B:4::1 为本地分配的 End SID，随即执行 End 指令，将 B:100::1 复制到 DA 字段，然后基于 IPv6 路由转发表将报文转发至控制器。

步骤 6　控制器：收到报文后，查找本地 SID 表，发现目的 SID 为本地分配的 SID，且为 SRH 中的最后一个 SID，则解封装报文，并处理 OAM Payload。

这种 SRv6 路径监控方案充分利用了控制器对网络全局拓扑的可见性，无须进行扩展，在现有 SRv6 功能基础上即可实现对 SRv6 网络中任意路径的监控。

3　SRv6 OAM 环回探测报文所探测的是用户/业务流量的实际路径，所以其 SRH 的 NH 字段所指代协议类型需与用户/业务流量类型一致。此例中，用户/业务流量为 IPv4，所以 SRH 的 NH=4。

7.2.4　SRv6 性能测量

典型的 IP 网络性能测量工具/技术，如单向主动测量协议（One-Way Active Measurement Protocol，OWAMP）、TWAMP、IP 流性能测量（IP Flow Performance Measurement，IPFPM）、In-Situ OAM 等，均可用于 SRv6 性能测量。此外，还可以基于 SRv6 OAM 增强（OAM Enhancement）技术进行性能测量。本节简要介绍 TWAMP、IPFPM 以及基于 SRH.Flags.O 标志位的性能测量实现方案。

1. TWAMP 性能测量

TWAMP 由 ISP 提出，在 OWAMP 基础上逐渐演化而来。TWAMP 架构示意图如图 7-9 所示，其中包含 4 种逻辑实体：Control-Client、Server、Session-Sender、Session-Reflector。其中，Control-Client、Server 属于控制平面，二者之间通过 TCP 交互可完成测量任务的初始化、启动、停止等工作；Session-Sender、Session-Reflector 属于数据平面，二者之间通过 TWAMP Test 报文（为 UDP 类型的报文）的发送/响应来完成性能测量工作。

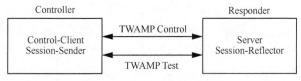

图 7-9　TWAMP 架构示意图

在具体实现上，将 Session-Sender 与 Control-Client 角色合并，称为 Controller；Session-Reflector 与 Server 合称为 Responder。Controller 与 Responder 首先建立 TCP 连接，并交互 TWAMP Controller 报文，建立测试会话（Test Session）。在此基础上，Controller 向 Responder 发送 UDP 类型的 TWAMP Test 报文，Responder 响应该报文，从而实现 IP 网络的性能测量。

为了简化流程，实际使用过程中更多采用 TWAMP Light 架构，TWAMP Light 架构示意图如图 7-10 所示。与 TWAMP 架构不同的是，Controller 实体包括 Session-Sender、Control-Client 以及 Server 3 部分的功能，Responder 实体则只包含 Session-Reflector 功能。TWAMP Light 架构省略了控制平面的 TCP 协商过程，而是通过配置的方式将关键信息下发给 Controller 实现，这样 Responder 只负责接收并响应 TWAMP Test 报文，从而简化了整体架构。

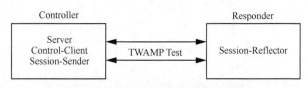

图 7-10　TWAMP Light 架构示意图

针对 SRv6 网络的 TWAMP Light 端到端性能测量报文示例如图 7-11 所示。图 7-11 中，用于 TWAMP Test 的 Query 与 Response 报文被封装在 SRv6 报文中，性能测量（如时延测量、丢包测量等）信息封装在相应 OAM 消息（OAM Message）中。这样，在无须对 SRv6 协议进行相应增强的情况下，就可实现 SRv6 网络的端到端性能测量。

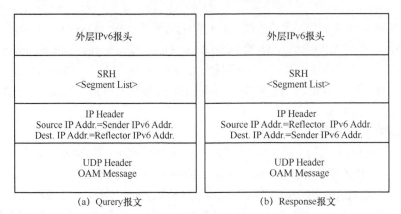

(a) Qurery报文   (b) Response报文

图 7-11　针对 SRv6 的 TWAMP Light 端到端性能测量报文示例

2．IPFPM 性能测量

IETF RFC 8321 提供了用于性能测量的交替标记方法（Alternate-Marking Method）。该方法基于"报文块染色（Packet Block Coloring）"方式进行性能测量，其典型应用为 IPFPM。IPFPM 报文块"染色"示例如图 7-12 所示。基于"染色"的 IPFPM 在数据流（Traffic flow）中按照一定规则将报文块（Packet Block）"染色"，并对块内"染色"报文进行性能测量。

对于"染色"报文块的设置，可以有多种方式，具体如下。

- 基于报文数目：如将连续 5000 个报文设置为一个颜色块，正常情况下（除非有丢包情况），这个颜色块的报文数目是固定的。
- 基于时间设置：如将 10s 内的连续报文设置为一个颜色块，这种情况下，报文数目会根据报文速率有所不同。
- 基于 Flow Label：对于 IPv6 报文，可以基于 Flow Label 设置颜色块。如 Flow Label 为 0 的报文构成一类颜色块，Flow Label 为 1 的报文构成一类颜色块。

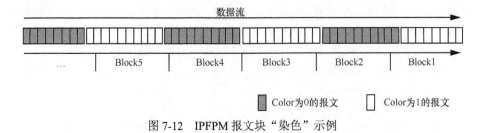

图 7-12　IPFPM 报文块"染色"示例

这种 Alternate-Marking Method 无须改变协议与报文，适用于所有的"报文类型流量（Pakcet-Based Traffic）"，包括 Ethernet、IP、MPLS 等，且无关乎单播与多播，因而，对 SRv6 同样适用。基于此方法的 SRv6 性能测量此处不再赘述。

3．基于 SRH.Flags.O 标志位的性能测量

为实现对 SRv6 报文的监测和 OAM 信息处理，SRv6 在 SRH Flags 字段中新定义 O 标志

位以指示 SRv6 节点是否对报文进行 OAM 处理。SRH Flags 字段格式如图 7-13 所示，O 标志位为 Flags 字段中的第 3 个比特位，可触发 SRv6 节点对测量数据的采集与上送（Collection and Export）。采集信息的上送方式可基于现有技术（如 IPFIX、telemetry 等）实现，上送数据类型可通过控制器下发配置模板进行定义。

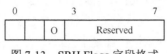

图 7-13　SRH Flags 字段格式

SRH.Flags.O 标志位是可选（Optional）标志位：如果 SRv6 节点不支持对该标志位的处理，收到带该标志置位的报文时，会忽略该标志位；反之，SRv6 节点就会进行相应处理。具体而言，SRH.Flags.O 标志位为 1，则指示节点复制一份 SRv6 报文，打上时间戳后送至 OAM 处理程序进行处理，并将 OAM 处理后得到的测量数据上送至控制器。OAM 的处理需在正常 SID 指令执行之前进行，若需采集最后一跳节点的 OAM 信息，Segment List 中应使用 USP 类型 SID。

SRv6 OAM 实现方案示意图如图 7-14 所示。以下结合图 7-14，对基于 SRH.Flags.O 标志位的性能测量过程进行介绍。图 7-14 中，节点 CE1（IPv4 地址为 10.0.1.1）与节点 CE2（IPv4 地址为 10.0.2.1）之间基于 VPN 互通。节点 R1（Loopback 地址为 B0:1::1）、节点 R3（End SID 为 B:3::1）、节点 R4（End.DT4 SID 为 B:4::100）为 SRv6 节点，节点 R2 为普通 IPv6 节点，节点 R3 不具备处理 SRH.Flags.O 标志位的能力。节点 R1 上为 VPN 流量安装的 SRv6 Policy 所对应的 Segment List 为<B:3::1, B:4::100>。网络管理员希望通过在节点 R1 上安装的 SRv6 Policy 获得 VPN 流量性能。基于 SRH.Flags.O 标志，控制器可采集节点 R1 和节点 R4 上 SRv6 流量的测量信息，从而实现相应 OAM 功能。源节点 CE1 向目的节点 CE2 发送 IPv4 报文，到达节点 R1。

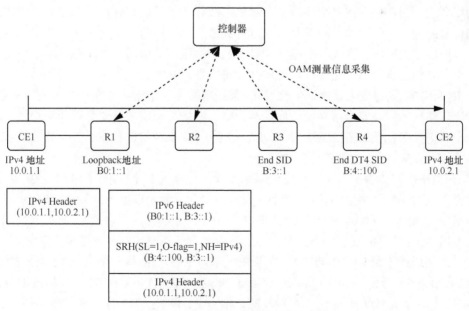

图 7-14　SRv6 OAM 实现方案示意图

- 节点 R1：收到报文后，为其做 SRv6 封装，SRH.Flags.O 标志置位，SRv6 报文格式为（B0:1::1， B:3::1）（B:4::100， B:3::1; SL=1; O-flag=1; NH=IPv4）（IPv4 Header）。其中，报文源地址为节点 R1 的 Loopback 接口地址，目的地址为 B:3::1（节点 R3 的 End SID）。根据 SRH.Flags.O 标志位指示，将报文复制一份，并打上时间戳后发送至本地 OAM 进程进行处理；节点 R1 将本地 OAM 处理后的完整/部分报文上送至控制器。同时，节点 R1 基于 IPv6 转发表将该 SRv6 报文向下一跳节点 R2 转发。
- 节点 R2：不支持 SRv6，不对 SRH 进行处理，基于 IPv6 路由转发表将该 SRv6 报文向下一跳节点 R3 转发。
- 节点 R3：支持 SRv6，但不支持对 SRH.Flags.O 标志位的处理；收到报文后，查询本地 SID 表，发现 B:3::1 为本地分配的 End SID，随即执行 End 指令，将报文向下一跳节点 R4 转发。
- 节点 R4：支持 SRv6，支持对 O 标志位的处理；收到报文后，查询本地 SID 表，发现 B:4::100 为本地分配的 End.DT4 SID，首先将报文复制一份，并打上时间戳后发送至本地 OAM 进程进行处理；本地 OAM 将处理后的部分/完整报文上送至控制器；同时，执行 End.DT4 指令，将原始报文向节点 CE2 转发。
- 控制器：关联处理从节点 R1、节点 R4 上送的 SRv6 报文信息，实现相应性能测量。

需要说明的是，基于 SRH.Flags.O 标志位的性能测量与 In-situ OAM 是不同的：In-situ OAM 方式在报文中携带了测量信息；SRH.Flags.O 方式只是通过标志位指示节点对报文进行 OAM 处理，并不需要在报文中记录 OAM 测量数据。

7.3 SRv6 网络安全

网络安全是指在分布式网络环境中，对信息载体（包括处理载体、存储载体和传输载体等）和信息的处理、传输、存储以及访问过程提供安全保护的一系列操作与技术，以防止数据、信息内容遭到破坏、更改、泄露，或者防止网络服务被中断、拒绝或被非法使用/篡改。网络安全主要包含机密性、完整性、可用性、可靠性、真实性与不可否认性等特点。

在 IP 网络中，为保证上述网络安全要求，需运用网络安全策略与相关技术进行安全保障。网络安全策略包括物理安全策略、访问控制策略、网络加密策略及安全管理策略等，涉及的网络安全关键技术包括加密/解密技术、访问控制技术、安全检测技术、安全监控技术及安全审计技术等，以应对网络面临的安全威胁。

SRv6 网络需同样满足上述网络安全保障要求。与传统 IP 网络不同的是，由于其源路由技术特点以及可编程网络架构特点，SRv6 在网络安全方面表现出自身特点。SRv6 混合架构下的网络安全风险示例如图 7-15 所示。图 7-15 中，节点 R1、节点 R2、节点 R3、节点 R4 以及控制器属于同一 SRv6 网络域，节点 A、节点 B 属于其他 SRv6 网络域。节点 A、节点 B 间的交互流量通过节点 R1、节点 R2、节点 R3、节点 R4：当流量从节点 A 向节点 B 转发时，节点 R1 和节点 R4 分别为 SRv6 Policy（Candidate Path 为 R1→R2→R3→R4）的 Headend 与 Endpoint；当流量从节点 B 向节点 A 转发时，节点 R1 和节点 R4 的角色互换。为叙述方便，此例以节点 R1 作为 Headend 介绍。

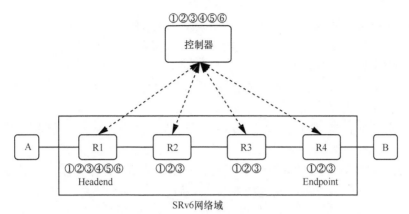

①②③④⑤⑥窃听攻击风险　②篡改攻击风险　③仿冒攻击风险　④重放攻击风险
⑤DoS/DDoS攻击风险　⑥恶意数据注入风险

图 7-15　SRv6 混合架构下的网络安全风险示例

1. 控制器安全风险

SRv6 控制器通常与网络设备之间交互信令与网络状态信息，二者之间没有用户/业务流量。控制器部署相对集中，一旦被侵入，网络编程控制权将受到侵害，导致系统性安全风险。与控制器相关的安全风险有以下几种。

- 窃听攻击（Eavesdroping Attack）风险：控制器基于 BGP-LS 协议获取网络拓扑信息，基于 BGP SR Policy/PCEP/NETCONF 等协议下发网络配置、SR Policy 等信息。如果报文未采用加密手段，入侵者则可在报文经过的链路上截获传送的数据。通过多次窃取和分析，可获取 LSDB/TEDB 等完整网络信息，并获得设备配置指令。
- 篡改攻击（Tampering Attack）风险：攻击者如果篡改 BGP-LS 报文，控制器将获得"虚假"的网络信息，最终导致网络编程、网络配置错误；攻击者如果篡改 BGP SR Policy/PCEP/NETCONF 等协议配置报文，则可基于 Headend 发动网络攻击。
- 仿冒攻击（Spoofing Attack）风险：攻击者可以冒充网络设备，通过 BGP-LS 向控制器发送仿冒信息；攻击者也可以冒充控制器，通过向 BGP SR Policy/PCEP/NETCONF 等协议向 Headend 等网络节点发送仿冒的配置信息。
- 重放攻击（Replay Attack）风险：该风险发生在控制器与网络设备之间建立连接期间。在此期间，攻击者非法截获报文，过一段时间再重新发送该报文，就可能与控制器或网络设备建立连接。
- DoS/DDoS 攻击风险：一台或多台网络设备不断向控制器发送攻击报文，从而耗尽控制器的资源，导致其无法正常提供服务。
- 恶意数据注入（Malicious Data Injection Attack）风险：攻击者可能向控制器发送具有攻击性的可执行代码或报文，使控制器无法正常工作；攻击者也可能向网络设备（如 Headend 节点）发送具有攻击性的可执行代码或报文，使网络节点无法正常工作。

2. Headend 节点安全风险

Headend 节点需要与控制器、内部网络节点（如 R2）、外部网络节点（如节点 A，这类节点可能是客户设备，也可能是另外一个网络域的设备）建立连接。Headend 节点与控制器交互，所以与控制器相关的安全风险，在 Headend 节点上同样存在。此外，由于需要转发用户/业务流量，Headend 还存在另外一些安全风险，具体如下。

- 窃听攻击风险：如果报文未采用加密手段，入侵者可在 Headend-节点 A、Headend-节点 R2 等链路上截获报文，窃取和分析信息。
- 篡改攻击风险：攻击者可能在节点 A-Headend 的链路上（或在节点 A 上）篡改报文，并向 Headend 发送。
- 仿冒风险：攻击者可能冒充网络设备，通过节点 A-Headend 的链路上（或在节点 A 上）向 Headend 发送仿冒信息。
- DoS/DDoS 攻击风险：攻击者从外网设备（如节点 A）或外网链路（如节点 A-Headend 的链路）不断向 Headend 发送攻击报文，从而 Headend 资源严重消耗，无法正常提供服务。

3．Endpoint 节点安全风险

R2、R3、R4 均为 Endpoint 节点（其中 R4 为此例中 SRv6 Policy 的尾节点）。这些节点都存在报文窃听、篡改与仿冒的安全风险，其过程与 Headend 节点类似，此处不再赘述。

基于上述分析，SRv6 网络安全重点关注节点安全、路由安全与报文安全（或网络传输安全）等方面。

IETF RFC 7855、RFC 8402 等标准指出 SR 网络需要界定明确的网络边缘与网络可信域（Trust Domain），可信域内的设备被认定是可信的。在 SRv6 可信域内，只连接域内网络设备的节点称为域内设备，连接域外网络的设备称为 SRv6 可信域的边缘设备。图 7-15 中的 SRv6 网络域与控制器均属于同一可信域。

7.3.1　SRv6 节点安全

基于 SRv6 可信域划分，可在一定程度上降低节点安全风险，尤其是域内节点（如 R2、R3）的安全风险。但是，控制器与 Headend 这些边缘节点的安全风险仍然非常大。由于 SRv6 的可编程与源路由特点，一旦攻击者攻击和劫持控制器与 Headend 节点（通过显式指定路径指导报文转发），整个 SRv6 域的安全将受到极大挑战。控制器与 Headend 节点的安全风险主要来自重放风险、DoS/DDoS 风险以及恶意数据注入风险等。

为保障控制器与 Headend 节点安全，必要时可采取节点认证等方式（如数字签名技术等），以保证这两类节点所有的连接均为可信连接。

7.3.2　SRv6 路由安全

如果 SRv6 网络中发生了路由泄露，网络攻击者则可能获取 SRv6 网络内部信息并实施相应攻击。为此，需要通过设置路由可信域控制 SRv6 网络的路由发布范围，同时对可信域外部的流量进行过滤与安全校验，从而将非法流量阻隔在可信域外部，增强网络安全。

第 7.1 节所介绍的 SRv6 SID 规划方法表明：在某一网络内部，SRv6 SID 通常采用与普通 IPv6 地址相同的网段，逐级规划。在这种规划原则下，就单个网络节点而言，其设备接口地址与本地 SID 则采用了不同的子网地址段。

如果将一个 SRv6 网络划为一个可信域，其域内设备及其规划的网络地址段均为可信的。

根据 SRv6 SID 规划原则以及 IGP 机理，域内设备默认只将 SID 等信息在域内发布，而不允许泄露给域外设备。因而，理论上，域外设备无法获取 SRv6 可信域内部源路由的信息，从而保障了路由安全。此外，尽管从路由发布角度，SRv6 SID 与 IPv6 接口地址没有区别，但 SRv6 节点只对本地发布的 SID 进行相应指令操作。因而，即使 IPv6 接口地址被恶意编码到 Segment List，仍不会触发 SID 的处理流程。这是因为 SRv6 基于报文的目的地址查询本地 SID 表将不会命中。在本地 SID 表无命中情况下，SRv6 节点再查询本地 IPv6 FIB 表，发现该报文的目的地址与其自身的 Loopback 接口地址相匹配。对于目的地址为节点自身地址，且扩展报头仍为 SRH 的报文，SRv6 节点通常将其丢弃。

为保证来自域外的流量安全可信，SRv6 可信域边缘节点需基于 ACL、HMAC 等技术部署安全访问策略，将非法携带域内路由信息的流量丢弃。

1. 基于 ACL 的流量过滤

在 SRv6 网络边缘设备上配置 ACL 流量过滤策略，阻止非法报文进入 SRv6 可信域。

- 在外接口上配置 ACL 规则：若收到的 SRv6 报文源地址或目的地址来自可信域内 SID 所属网段，则丢弃报文。这是因为正常情况下可信域内部 SID 不会泄露到可信域外部，若被域外获取，则认定携带该地址的 SRv6 报文为攻击报文。但在某些特殊情况下（如基于 Binding SID 实现跨域 SRv6 Policy），需要将 SRv6 SID 发布到可信域外。此时，需允许携带 Binding SID 的流量通行，以实现相关业务的部署。

- 对外接口和对内接口上配置 ACL 规则：若收到的 SRv6 报文的目的地址为本地 SID，且源地址不是内部 SID（或不属于域内 SID 网段）或内部接口地址，则将报文丢弃。这是因为只有可信域内部网元才能进行 SRv6 封装，所以当目的地址为 SID 时，源地址必须为内部 SID 或内部接口地址。

2. 基于 HMAC 的通信源身份验证

尽管基于 ACL 的流量过滤可在一定程度上实现路由安全，但仍不能完全消除 BSID 等导致的 SID 信息外泄等安全隐患。为此，在 SRv6 边缘设备处引入 HMAC 机制进行 SRH 验证，防止 SRH 等数据被篡改，从而确保可信域外的 SRv6 报文来自可信数据源。

关于 SRH 的 HMAC TLV，请参见本书第 3.2 节。为实现数据源身份验证，需在 SRv6 可信域边缘节点部署 ACL 规则。当携带 SRH 的报文进入 SRv6 可信域时，将触发 HMAC 处理。若 SRH 不携带 HMAC TLV 或 HMAC 校验失败（计算摘要与报文所携带的摘要信息不一致），则丢弃报文。当且仅当 HMAC 校验成功时，SRv6 可信域的边缘设备才会认为报文合法，并进行相应处理、转发。

7.3.3　SRv6 报文安全

除了在相应节点执行 SRv6 指令外，SRv6 报文在网络传输过程中与普通 IPv6 报文并无区别。因此，SRv6 报文在传输过程中的安全问题本质就是 IPv6 网络的安全传输问题。IPv6 报文安全主要基于 IPSec 协议实现，因而，SRv6 报文安全仍由 IPSec 协议实现。

作为 IPv6 网络安全的基础协议，IPSec 是由 IETF 制定的一套 IP 数据加密、认证的协议族。IPSec 通过认证报头（Authentication Header，AH）和封装安全净荷（Encapsulation Security Payload，ESP）两个安全协议实现 IP 报文的封装/解封装，IPv6 报文的 AH、ESP 扩展报头可单独使用，也可一起使用，关于这两个扩展报头的介绍请参见本书附录 1。

IPSec 有传送（Transport）和隧道（Tunnel）两种工作模式。传送模式主要为上层协议提供保护，该模式下，AH 或 ESP 的扩展报头被插入原始 IPv6 报文报头与传送层数据之间。传送模式下 IPv6 报文的 IPSec 封装格式示例如图 7-16 所示。传送模式下，AH 协议对整个 IPv6 报文进行完整性验证，报文内容改变会导致接收端 AH 认证失败；ESP 对 ESP 扩展报头、传送层协议头（图 7-16 中为 TCP Header）、报文净荷（图 7-16 中为 Data）和 ESP 尾（ESP Trailer）等部分进行完整性验证，但不验证 IPv6 报头，因此 ESP 无法保证 IPv6 报头的安全；ESP 的加密部分包括传送层协议头、报文净荷和 ESP 尾。

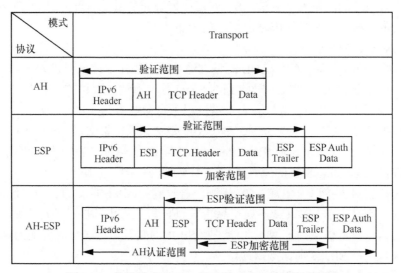

图 7-16　传送模式下 IPv6 报文的 IPSec 封装格式示例

隧道模式中，整个 IPv6 报文被用来计算 AH 头或 ESP 头。AH 或 ESP 的扩展报头与所认证/加密的 IPv6 报文被封装在一个新的 IPv6 报文中。隧道模式下 IPv6 报文的 IPSec 封装格式示例如图 7-17 所示。隧道模式下，AH 协议的完整性验证范围包括新增 IPv6 报头在内的整个 IPv6 报文；ESP 的完整性验证范围包括 ESP 扩展报头、原 IPv6 报头、传输层协议头、报文净荷和 ESP 尾，但不包括新增 IPv6 报头，因此 ESP 无法保证新增 IPv6 报头的安全；ESP 的加密部分包括传输层协议头、数据和 ESP 尾。

IPSec 通过上述加密与验证等方式，可为 IPv6 报文提供安全服务，具体如下。

- 用户数据加密：通过用户数据加密提供数据私密性。
- 数据完整性验证：通过数据完整性验证确保数据在传输路径上未经过篡改。
- 数据源验证：通过对发送数据的源进行身份验证，保证数据来自真实的发送者。
- 防止数据重放：通过在接收方拒绝重复的报文，防止恶意用户通过重复发送捕获的报文进行攻击。

SRv6 网络同样可采用 IPSec 对报文进行加密和验证，提高网络安全性。但是，为了提供灵活可编程能力，SRv6 报文的 SRH 采用可变字段 Segment List，因此在计算 AH 认证摘要时，需跳过 SRH 部分，以实现数据信息的完整性验证，这也同时导致了无法验证 SRH 完整性的问题。

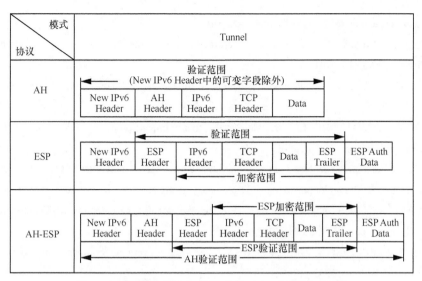

图 7-17　隧道模式下 IPv6 报文的 IPSec 封装格式示例

参考文献

[1] DROMS R. Dynamic host configuration protocol: RFC 2131[R]. 1997.

[2] MAMAKOS L, LIDL K, EVARTS J, et al. A method for transmitting PPP over Ethernet (PPPoE): RFC 2516[R]. 1999.

[3] PARTRIDGE C, JACKSON A. IPv6 router alert option: RFC 2711[R]. 1999.

[4] ANDERSSON L, SWALLOW G. The multiprotocol label switching (MPLS) working group decision on MPLS signaling protocols: RFC 3468[R]. 2003.

[5] MIYAKAWA S, DROMS R. Requirements for IPv6 prefix delegation: RFC 3769[R]. 2004.

[6] KENT S. IP authentication header: RFC 4302[R]. 2005.

[7] KENT S. IP encapsulating security payload (ESP): RFC 4303[R]. 2005.

[8] VARADA S, HASKINS D, ALLEN E. IP version 6 over PPP: RFC 5072[R]. 2007.

[9] CHEN E, REKHTER Y. Outbound route filtering capability for BGP-4: RFC 5291[R]. 2008.

[10] CHEN E, SANGLI S. Address-prefix-based outbound route filter for BGP-4: RFC 5292[R]. 2008.

[11] HEDAYAT K, KRZANOWSKI R, MORTON A, et al. A two-way active measurement protocol (TWAMP): RFC 5357[R]. 2008.

[12] MORTON A, HEDAYAT K. Mixed security mode for the two-way active measurement protocol (TWAMP): RFC 5618[R]. 2009.

[13] SHAND M, BRYANT S. IP fast reroute framework: RFC 5714[R]. 2010.

[14] KATZ D, WARD D. Bidirectional forwarding detection (BFD): RFC 5880[R]. 2010.

[15] KATZ D, WARD D. Bidirectional forwarding detection (BFD) for multihop paths: RFC 5883[R]. 2010.

[16] AGGARWAL R, KOMPELLA K, NADEAU T, et al. Bidirectional forwarding detection (BFD) for MPLS label switched paths (LSPs): RFC 5884[R]. 2010.

[17] NADEAU T, PIGNATARO C. Bidirectional forwarding detection (BFD) for the pseudowire virtual circuit

connectivity verification (VCCV): RFC 5885[R]. 2010.

[18] MORTON A, CHIBA M. Individual session control feature for the two-way active measurement protocol (TWAMP): RFC 5938[R]. 2010.

[19] BJORKLUND M. YANG - a data modeling language for the network configuration protocol (NETCONF): RFC 6020[R]. 2010.

[20] MORTON A, CIAVATTONE L. Two-way active measurement protocol (TWAMP) reflect octets and symmetrical size features: RFC 6038[R]. 2010.

[21] FROST D, BRYANT S. Packet loss and delay measurement for MPLS networks: RFC 6374[R]. 2011.

[22] CLARK A, CLAISE B. Guidelines for considering new performance metric development: RFC 6390[R]. 2011.

[23] BHATIA M, CHEN M, BOUTROS S, et al. Bidirectional forwarding detection (BFD) onLink aggregation group (LAG) interfaces: RFC 7130[R]. 2014.

[24] MIZRAHI T, SPRECHER N, BELLAGAMBA E, et al. An overview of operations, administration, and maintenance(OAM) tools: RFC 7276[R]. 2014.

[25] HEDIN J, MIRSKY G, BAILLARGEON S. Differentiated service code point and explicit congestion notification monitoring in the two-way active measurement protocol (TWAMP): RFC 7750[R]. 2016.

[26] MORTON A. Active and passive metrics and methods (with hybrid types in-between): RFC 7799[R]. 2016.

[27] SCUDDER J, FERNANDO R, STUART S. BGP monitoring protocol (BMP): RFC 7854[R]. 2016.

[28] PIGNATARO C, WARD D, AKIYA N, et al. Seamless bidirectional forwarding detection (S-BFD): RFC 7880[R]. 2016.

[29] PIGNATARO C, WARD D, AKIYA N. Seamless bidirectional forwarding detection (S-BFD) for IPv4, IPv6, and MPLS: RFC 7881[R]. 2016.

[30] BJORKLUND M. The YANG 1.1 data modeling language: RFC 7950[R]. 2016.

[31] KUMAR N, PIGNATARO C, SWALLOW G, et al. Label switched path (LSP) ping/traceroute for segment routing (SR) IGP-prefix and IGP-adjacency segment identifiers (SIDs) with MPLS data planes: RFC 8287[R]. 2017.

[32] FIOCCOLA G, CAPELLO A, COCIGLIO M, et al. Alternate-marking method for passive and hybrid performance monitoring: RFC 8321[R]. 2018.

[33] MRUGALSKI T, SIODELSKI M, VOLZ B, et al. Dynamic host configuration protocol for IPv6 (DHCPv6): RFC 8415[R]. 2018.

[34] MORTON A, MIRSKY G. Well-known port assignments for the one-way active measurement protocol (OWAMP) and the two-way active measurement protocol (TWAMP): RFC 8545[R]. 2019.

[35] ALI Z, GANDHI R, FILSFILS C, et al. Segment routing header encapsulation for in-situ OAM data: draft-ali-spring-ioam-srv6-03[R]. 2020.

[36] CHEN H, MCBRIDE M, FAN Y, et al. SRv6 point-to-multipoint path: draft-chen-pim-srv6-p2mp-path-01[R]. 2020.

[37] CHEN H, HU Z, CHEN H, et al. SRv6 midpoint protection: draft-chen-rtgwg-srv6-midpoint-protection-03[R]. 2020.

[38] GANDHI R, FILSFILS C, VOYER D, et al. Performance measurement using TWAMP light for segment routing networks: draft-gandhi-spring-twamp-srpm-11[R]. 2020.

[39] ALI Z, FILSFILS C, MATSUSHIMA S, et al. Operations, administration, and maintenance (OAM) in segment routing networks with IPv6 data plane (SRv6): draft-ietf-6man-spring-srv6-oam-08[R]. 2020.

[40] BROCKNERS F, BHANDARI S, MIZRAHI T. Data fields for in-situ OAM: draft-ietf-ippm-ioam-data-12[R]. 2021.

[41] SONG H, GAFNI B, ZHOU T, et al. In-situ OAM direct exporting: draft-ietf-ippm-ioam-direct-export-02[R]. 2020.

[42] MIZRAHI T, BROCKNERS F, BHANDARI S, et al. In-situ OAM flags: draft-ietf-ippm-ioam-flags-03[R]. 2020.

[43] BHANDARI S, BROCKNERS F, PIGNATARO C, et al. In-situ OAM IPv6 options: draft-ietf-ippm-ioam-ipv6-options-04[R]. 2020.

[44] MIRSKY G, TANTSURA J, VARLASHKIN I, et al. Bidirectional forwarding detection (BFD) directed return path for MPLS label switched paths (LSPs): draft-ietf-mpls-bfd-directed-15[R]. 2020.

[45] SONG H, QIN F, MARTINEZ-JULIA P, et al. Network telemetry framework: draft-ietf-opsawg-ntf-07[R]. 2021.

[46] MIRSKY G, TANTSURA J, VARLASHKIN I, et al. Bidirectional forwarding detection (BFD) in segment routing networks using MPLS data plane: draft-ietf-spring-bfd-00[R]. 2020.

[47] LI C, CHENG W, CHEN M, et al. A light weight IOAM for SRv6 network programming: draft-li-spring-light-weight-srv6-ioam-02[R]. 2020.

[48] LI C, LI Z, XIE C, et al. Security considerations for SRv6 networks: draft-li-spring-srv6-security-consideration-05[R]. 2020.

[49] SONG H, PAN T. SRv6 in-situ active measurement: draft-song-spring-siam-00[R]. 2020.

[50] Broadband Forum. Subscriber sessions: TR-146[R]. 2013.

[51] Broadband Forum. CPE WAN management protocol: TR-069[R]. 2020.

第8章

多播可编程技术

IP 网络主要有两类流量传送模式：单播与多播。相对于单播的点对点（Point to Point，P2P）流量传送模式，多播采用 P2MP 或多点对多点（Multi-Point to Multi-Point，MP2MP）模式，使得 Internet 流量传输更有效率。随着互联网视频、4K/8K IPTV、VR/AR 等大视频业务的开展，以及 DC 内/DC 间流量迁移/备份、CDN/分布式存储/分布式 Cache 等应用的规模部署，对多播业务的需求呈现爆炸式增长。

根据应用范畴，IP 多播协议包括多播成员管理协议和多播路由协议。多播成员管理协议（如 IGMP、MLD 等）运行在主机与路由设备之间，用于路由设备对多播组成员的管理以及多播流量分发。多播路由协议主要运行在路由器/交换机等网元之间，形成多播路由。常见的多播路由协议包括协议无关多播（Protocol Independent Multicast，PIM）、多播 VPN（Multicast Virtual Private Network，MVPN）等。无论是 PIM 还是 MVPN，都需要中间路由器节点维护多播转发状态，在扩展性、灵活性、安全性以及拥塞控制等方面都存在局限性。

于是，近年来业界开始以"头端节点编程"理念探索多播路由技术的发展。多播可编程技术发轫于位索引显式复制（Bit Index Explicit Replication，BIER），并开始向 BIER-IPv6 技术发展。本章从 BIER 的基本概念、分层架构、控制平面、数据平面、报文转发过程等方面阐述了 BIER 的实现原理，介绍了 BIERin6 和 BIERv6 两种 BIER-IPv6 技术的实现方式，并介绍了 SR 技术在多播方面的拓展。

8.1 BIER 技术

BIER 由 IETF RFC 8279 提出，是一种全新的多播路由转发技术。该技术通过在入节点（Ingress Node）进行"位（bit）"信息编程的方式，指导报文在 BIER 域（BIER Domain）内转发，无须传统多播路由协议，无须显式建立多播分发树，也无须中间节点保存任何多播流状态，从而大大简化了多播部署。

然而，尽管理念类似，BIER 技术与 SR 在编程目的与编程信息等方面仍存在显著不同。

（1）编程目的不同

IETF RFC 8402 明确指出 SR 应用于单播场景。SR 编程目的是在缺省单播路由转发基础上，为业务/流量提供更加灵活的转发路径，因而其主要应用有 SR-TE、SR VPN、SR SFC、Flex-Algo 以及 TI-LFA 等。BIER 编程的目的在于通过 BIER 报文携带多播路径信息的方式简化多播部署，消除中间节点的多播转发状态。

（2）编程信息不同

SR 编程信息主要为 SR SID，可面向拓扑、业务等进行网络编程。BIER 编程信息为"bit"，"bit" 实际上是位转发路由器标识符（BFR Identifier，BFR-ID）。BFR-ID 又与 BFR-Prefix（即 BFR 路由器的 IP 地址）相对应，这样才能保证在入节点所编程的信息代表多播流量需到达的节点。

8.1.1　BIER 基本概念

BIER 多播示例如图 8-1 所示。在介绍 BIER 之前，首先结合图 8-1 介绍几个基本概念。

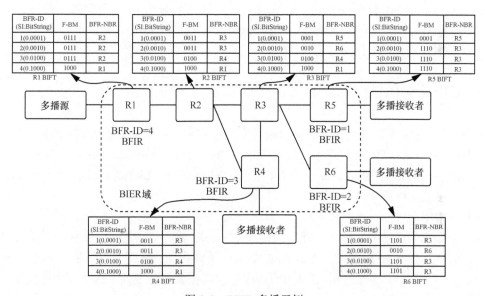

图 8-1　BIER 多播示例

- BFR（Bit-Forwarding Router）：即位转发路由器，指支持 BIER 转发的路由器。BFR 包括 BFIR（Bit-Forwarding Ingress Router）与 BFER（Bit-Forwarding Egress Router）两种类型。BFIR 指代 BIER 域的位转发入口路由器（如图 8-1 中的 R1），BFER 指代 BIER 域的位转发出口路由器（如图 8-1 中的 R4、R5、R6）。
- BIER Domain：指代支持 BIER 转发的网络域。BIER 域中的网络节点包括边缘节点（如 BFIR、BFER）和中间节点。中间节点将 BIER 报文作为普通报文转发，不需要配置 BFR-ID。BIER 通常划分为多个子域（Sub-domain，SD）以支持 IGP 多拓扑等特性。每个 BIER 域至少包含一个子域（即缺省的 Sub-domain 0）。
- BFR-ID：一个用于标识 BFIR 和 BFER 节点的整数，取值范围为 1~65535。BFR-ID

代表了该 BFR 在 BitString 中的位置（按照从右往左的顺序，从 1 开始）。例如，图 8-1 中节点 R6 的 BFR-ID=2，表示该节点的本地 BitString 为 0010。BFR-ID 值在子域内是唯一的。

- BitString：表现为一个二进制位（Bit）串，指代 BIER 报文的目的节点集合。在 SI 确定的情况下，BitString 中每"bit"都代表一个 BFR-ID。如果该"bit"置 1，则表示报文要往该 BFR-ID 所代表的 BFER 节点发送。BitString 长度至少为 64bit，为叙述方便，图 8-1 所示采用 4bit 的 BitString。

- SI（Set Identifier）：即集合标识符，指代一组 BFR-ID。作为 BFR-ID 的集合，BitString 的长度（BitString Length，BSL）随 Sub-domain 规模的扩大而增长，而 BitString 不可能在报文封装时无限扩展。为了支持更大规模的网络编址，引入 SI。SI 的作用在于将 BFR-ID 编号划分多个区间。假设 BitString 长度为 256bit，而 Sub-domain 中共有 512 个 BFR，则将 1～256 的 BFR-ID 归为集合 0（SI=0），257～512 的 BFR-ID 归为集合 1（SI=1）。

- BFR-Prefix：指代 BFR 节点的 IP 地址，通常采用 Loopback 接口地址。

- BIFT（Bit Index Forwarding Table）：即位索引转发表。该表主要包括 BFR 邻居（BFR-NBR）和位转发掩码（Forwarding Bit Mask，F-BM），表示本 BFR 节点通过其邻居所能到达的 BFER 节点。

8.1.2 BIER 分层架构

BIER 最大的优势在于多播业务与网络转发完全解耦。本质上，BIER 将多播看作单播路由域内的一种业务，通过单播路由最优化实现多播报文的高效转发。因而，BIER 从架构上可分为路由层（Routing Underlay）、BIER 层（BIER Layer）和多播业务层（Multicast Flow Overlay）3 层。

（1）路由层

路由层作为 BIER 的底层，主要功能是建立 BIER 域内节点之间的邻居关系，并基于路由计算，确定从指定 BFR 节点到下游 BFR 节点的最佳路径。需要说明的是，下游 BFR 节点并非特定的一个节点，而是一组 BFR 节点。这是因为在多播分发的 P2MP 模型中，指定节点的下游节点通常为一组而非一个。

比如，图 8-1 中的 BFIR 节点 R1 接收多播报文后，发现该多播报文要转发到 BFER 节点 R4、节点 R5 和节点 R6，那么，节点 R1 到节点 R4、节点 R5 和节点 R6 的 BIER 报文转发路径就是基于路由层计算得来的。典型场景下，路由层通常采用由 IGP（包括 IS-IS 和 OSPF）计算出来的路径，即节点 R1 到节点 R4、节点 R5 和节点 R6 的 BIER 报文转发路径与通过 IGP 计算出来的节点 R1 到节点 R4、节点 R5 和节点 R6 的单播路径保持一致。对于不支持 BIER 转发的节点，只需要通过路由层通告其链路能力属性，BIER 节点就可以根据该信息对 BIER 报文进行外层封装/解封装，以便使报文通过这些不支持 BIER 转发的节点。

（2）BIER 层

BIER 层负责多播数据报文在 BIER 域的传送。具体包括以下几点。

- BIER 信息发布：所发布信息包括节点的 BFR-Prefix 信息、节点所在子域的 BFR-ID、节点所在子域使用的 BSL 以及与子域相关的路由层信息。这部分功能属于 BIER 层的控制平面。上述信息的发布需依赖路由层，通常基于路由层协议扩展的方式实现信息发布。

- BIER 报文封装：即对多播数据报文封装 BIER 报头。
- BIER 报文转发：即转发 BIER 报文并更改 BIER 报头。
- BIER 报文解封装：即解封装 BIER 报文并进行后续处理（通常将解封装后的报文提交至多播业务层）。

BIER 报文封装、转发、解封装等均属于 BIER 层的数据平面功能。

（3）多播业务层

多播业务层主要负责对多播数据报文的处理，主要功能包括以下两点。

- 为 BFIR 节点提供信息：以便从 BIER 域外收到多播报文后，BFIR 节点确定将报文发往哪些 BFER。
- 为 BFER 节点提供信息：以便在 BIER 域内收到 BIER 报文后，BFER 节点决定后续如何转发、处理。

BIER 的多播业务层可以通过 SDN、MP-BGP（MVPN）以及静态配置等方式实现，其中 MP-BGP 和 SDN 最为常见。IETF RFC 8556 提出的基于 BIER 实现 MVPN 业务（MVPN with BIER）的方案，就是将 MVPN 应用视作 BIER 的多播业务层。

8.1.3　BIER 控制平面

从 BIER 总体架构看，BIER 报文转发时需要包括子域、BFR-ID、BSL、SI 以及 BitString 等信息。BIER 控制平面需要在 BIER 域内泛洪通告这些信息。基于这些 BIER 信息的泛洪，沿路 BIER 节点生成 BIFT。

目前 IETF 针对 BIER-MPLS 封装已经定义了 BIER 需要的 IS-IS 及 OSFPv2 协议扩展（分别对应 RFC 8401、RFC 8444），尚未对 non-MPLS BIER 封装所需协议扩展完成标准化工作。此处以 IS-IS 协议扩展为例介绍 BIER 控制平面。

IS-IS 协议针对 BIER 信息的扩展，体现在 TLV135（Extended IP Reachability TLV）、TLV235（Multi-Topology Reachable IPv4 Prefixes TLV）、TLV236（IPv6 Reachability TLV）和 TLV237（Multi-Topology Reachable IPv6 Prefixes TLV）中。TLV135、TLV235、TLV236、TLV237 均属于 Prefix-Reachability TLV 类型。上述 Prefix-Reachability TLV 主要用于通告 BFR-Prefix，并通过携带 BIER Info Sub-TLV（通告 BFR-ID 及路由算法）、BIER MPLS Encapsulation Sub-sub-TLV（通告 SI、BSL 和 Label 信息）方式通告 BIER 信息。此处以 TLV135 为例进行介绍。

IS-IS 协议的 TLV135 格式如图 8-2 所示，该 TLV 主要用于通告 IPv4 Prefix。其中的主要字段说明如下。

- Metric Information：长度为 4byte（32bit），标识 IPv4 前缀的开销类型。BIER 要求 IS-IS 协议均使用 Wide Metric。
- U：U 标志位，长度为 1bit，标识 Up/Down。
- S：S 标志位，长度为 1bit，标识该 TLV 是否存在 Sub-TLV。

- Prefix Len：前缀长度，长度为 6bit，用于指定 Prefix 字段长度。携带 BIER 信息时，取值为 32（意味着 BFR-Prefix 为 32bit 的主机路由前缀）。
- IPv4 Prefix：前缀，长度为 0～32bit。针对 BIER，所携带信息内容为 BFR-Prefix 地址（长度为 32bit）。
- Optional Sub-TLV：长度可变，为可选 Sub-TLV 字段。此处携带的 Sub-TLV 为 BIER Info Sub-TLV。

0		7	15	23	31
Type(=135)			Length		
Metric Information(4byte)					
U	S	Prefix Len			
IPv4 Prefix(0~4 byte)					
Optional Sub-TLV(0~255byte)					

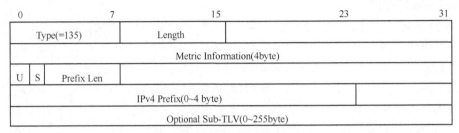

图 8-2　IS-IS 协议的 TLV135 格式

BIER Info Sub-TLV（Type 取值为 32）用于通告 BFR 节点的 BIER 信息。BIER Info Sub-TLV 格式如图 8-3 所示，其中的主要字段说明如下。

0　7	15	23	31
Type(=32)	Length		
BAR	IPA	Sub-domain-ID	
BFR-ID			
Sub-sub-TLV(variable)			

图 8-3　BIER Info Sub-TLV 格式

- BAR：BIER Algorithm，标识 BIER 路由算法，长度为 8bit。目前仅支持默认算法（设置为 0）。
- IPA：IGP Algorithm，标识 IGP 路由算法，长度为 8bit。目前仅支持默认算法（设置为 0）。
- Sub-domain-ID：标识 BFR 节点所属的 Sub-domain，长度为 8bit。
- BFR-ID：标识节点在所属 Sub-domain 的 BFR-ID 值，长度为 16bit。如果没有配置有效的 BFR-ID，则设置为 0（表示无效的 BFR-ID 值）。
- Sub-sub-TLV：长度可变，可选 Sub-sub-TLV 字段。此处携带的 Sub-sub-TLV 为 BIER MPLS Encapsulation Sub-sub-TLV。

BIER MPLS Encapsulation Sub-sub-TLV（Type 取值为 1）用于携带 BIER MPLS 封装信息。BIER MPLS Encapsulation Sub-sub-TLV 格式如图 8-4 所示，其中的主要字段说明如下。

- Length：用于标识 Length 后的字段长度，长度为 8bit。Length 取值为 4，表示 Length 后字段有 32bit。
- Max SI（Maximum Set Identifier）：即标识特定的<Sub-domain，BSL>下的最大 SI 值，长度为 8bit。每个 SI 对应一个 Label（例如第一个 Label 对应 SI=0，第二个 Label 对应 SI=1）。

- BSL（Local BitString Length）：即标识 BSL 编码值，长度为 4bit。目前定义的有效值为 1~7，分别表示 BitString 长度为 64bit、128bit、256bit、512bit、1024bit、2048bit、4096bit。
- Label：长度为 20bit，表示特定的 <Sub-domain，BSL> 下的 Label Range 的起始标签值。

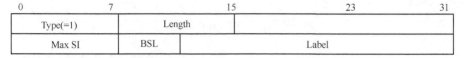

图 8-4　BIER MPLS Encapsulation Sub-sub-TLV 格式

在 BIER-MPLS 封装中，BFR 基于 <SD，BSL，SI> 三元组分配 Label，并需确保每个 <SD，BSL> 下的多个 SI 的标签属于同一标签范围（Label Range）。

例如，一个 BIER 域包含 1024 个 BFR 节点且支持 2 个子域和 2 种 BSL 类型。每个 BFR 节点在分配标签时，存在 4 个标签范围，分别对应 <SD=0，BSL=256>、<SD=0，BSL=512>、<SD=1，BSL=256>、<SD=1，BSL=512>（此处 BSL 取值为实际 BSL 长度）。假设这 4 个 Label Range 所对应起始标签分别为 100、150、200、250，则该 BFR 节点所分配标签如下。

- Label1=100：对应于 <SD=0，BSL=256，SI=0>。
- Label2=356：对应于 <SD=0，BSL=256，SI=1>。
- Label3=612：对应于 <SD=0，BSL=256，SI=2>。
- Label4=868：对应于 <SD=0，BSL=256，SI=3>。
- Label5=150：对应于 <SD=0，BSL=512，SI=0>。
- Label6=662：对应于 <SD=0，BSL=512，SI=1>。
- Label7=200：对应于 <SD=1，BSL=256，SI=0>
- Label8=456：对应于 <SD=1，BSL=256，SI=1>。
- Label9=712：对应于 <SD=1，BSL=256，SI=2>。
- Label9=968：对应于 <SD=1，BSL=256，SI=3>。
- Label11=250：对应于 <SD=1，BSL=512，SI=0>。
- Label12=762：对应于 <SD=1，BSL=512，SI=1>。

IS-IS 协议通告这些标签信息时，并非将这 12 个标签封装在不同的 BIER MPLS Encapsulation Sub-sub-TLV 中，而是基于具体的 <SD，BSL> 组合通告以 BSL 为单位的连续标签范围。例如，对于 <SD=0，BSL=256>，通告的标签范围大小是 4，携带的起始标签是 100，对应的标签分别是 100（对应 SI=0）、356（对应 SI=1）、612（对应 SI=2）、868（对应 SI=3）。

在 BIER-MPLS 封装中，BIER-MPLS 等同于 BIFT-ID。IS-IS 协议通过 Prefix-Reachability TLV/BIER Info Sub-TLV/BIER MPLS Encapsulation Sub-sub-TLV 的泛洪，在 BIER 域内的各 BFR 节点建立了基于 BIER-MPLS 标签的标签表和对应的 BIFT 表。

8.1.4　BIER 数据平面

根据 IETF RFC 8296，BIER 技术可部署于 MPLS 网络环境和非 MPLS（non-MPLS）网络环境，因而对应的 BIER 报文也存在 BIER-MPLS 与非 BIER-MPLS 两种封装方式。BIER

报文封装如图 8-5 所示，BIER 报文统一封装在 Ethernet 帧中，由 EtherType 表明 BIER 报文采用何种封装方式：EtherType=0x8847，表示采用 BIER-MPLS 封装；EtherType=0xAB37，则表示采用非 BIER-MPLS 封装。

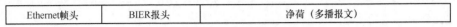

Ethernet帧头	BIER报头	净荷（多播报文）

图 8-5　BIER 报文封装

BIER 报头格式如图 8-6 所示。尽管 BIER 报文在 MPLS 与非 MPLS 网络环境中采用相同的报头格式，但相应字段的含义却有所区别，下面对其主要字段分别进行介绍。

```
0               7               15              23              31
┌───────────────────────────────────────┬────┬────┬─────────────┐
│              BIFT-ID                   │ TC │ S  │     TTL      │
├───────────┬──────────┬─────────┬───────┴────┴────┴─────────────┤
│  Nibble   │   Ver    │   BSL   │           Entropy             │
├──────┬────┼──────────┴───┬─────┼───────────────────────────────┤
│ OAM  │Rsv │     DSCP     │Proto│           BFIR-ID             │
├──────┴────┴──────────────┴─────┴───────────────────────────────┤
│                   BitString(first  32bit)                      │
├────────────────────────────────────────────────────────────────┤
│                            …                                   │
├────────────────────────────────────────────────────────────────┤
│                   BitString(last 32bit)                        │
└────────────────────────────────────────────────────────────────┘
```

图 8-6　BIER 报头格式

（1）BIFT-ID

BIFT-ID 字段长度为 20bit。BIFT-ID 字段值和一个<SD，BSL，SI>三元组对应[1]。通过 BIFT-ID 字段，可以获得 BFR 节点的 SD、BSL 与 SI 信息。

在 BIER-MPLS 封装中，BIFT-ID 字段是一个 MPLS 标签（也称为 BIER 标签）。在 BIER-MPLS 封装中，BIER 标签由各 BFR 节点自行分配，并且每个<SD，BSL>下的多个 SI 的标签需要属于同一个标签范围中。各 BFR 节点给同一个<SD，BSL，SI>三元组分配的标签值可能相同，也可能不相同。

在非 BIER-MPLS 封装中，BIFT-ID 字段并非 MPLS 标签，而是一个普通整数值。各 BFR 节点需要为每个<SD，BSL，SI>三元组分配一个在 BIER 域中相同且唯一的 BITF-ID 值。由于 BIFT-ID 在 BIER 域内全局唯一，所以 BIER 报文转发过程中，该 BIFT-ID 值不会变化。

（2）TC

TC（Traffic Class）即流量等级，TC 字段长度为 3bit，在 BIER-MPLS 封装中用于流分类。该字段在非 BIER-MPLS 封装中无实际意义（需要置 0），各 BFR 节点在处理 BIER 报文时忽略该字段。

（3）S

S（bottom of Stack）即栈底标记，S 字段长度为 1bit，在 BIER-MPLS 封装中置 1（表示该 MPLS 标签为标签栈的栈底标签）。该字段在非 BIER-MPLS 封装中无实际意义（需要置 1），各 BFR 节点在处理 BIER 报文时忽略该字段。

1　IETF draft-ietf-bier-non-mpls-bift-encoding 文档，介绍了一种根据<SD,BSL,SI>自动生成 BIFT-ID 值的方法：取 8bit 的 SD 值、4bit 的 BSL 值代码和 8bit 的 SI 值依次拼接，形成 20bit 的 BIFT-ID 值。其中，SD 的取值范围为 0～255，SI 的取值范围为 0～255，BSL 的取值范围是 1～7 的编码值（根据 RFC 8296，依次代表 64～4096）。

（4）TTL

TTL 字段长度为 8bit，表示 BIER 报文生存时间，用以在控制平面误操作时防止 BIER 报文在网络中无限循环。

（5）Nibble

Nibble 字段长度为 4bit，在 BIER-MPLS 封装中取值为 0101，用来区分 MPLS 承载的业务。由于在普通 MPLS 报文转发过程中，有时需要检查 MPLS 报头后面的 IP 报头或伪线（Pseudo Wire）报头以支持 ECMP，通过 Nibble 字段可表明此 MPLS 所承载业务为 BIER。

该字段在非 BIER-MPLS 封装中无实际意义（需要置 0），各 BFR 节点在处理 BIER 报文时忽略该字段。

（6）Ver

Ver 字段长度为 4bit，标识 BIER 报头的版本号（当前值为 0）。

（7）BSL

BSL 字段长度为 4bit，以编码方式标识位串（BitString）长度，取值为 1～7，BSL 字段与位串长度对应表见表 8-1。

需要说明的是，该字段仅用于某些线下（Offline）分析场景，以便在分析 BIER 报文时获取 BIER 报头的位串长度。BFR 节点是通过解析 BIFT-ID 获取位串长度的。

表 8-1　BSL 字段与位串长度对应表

BSL 值	1	2	3	4	5	6	7
位串长度	64bit	128bit	256bit	512bit	1024bit	2048bit	4096bit

（8）Entropy

Entropy 即熵，Entropy 字段长度为 20bit，用于负载分担场景。对于不同多播流可使用不同的熵值，以便不同的多播流在负载分担的不同路径上转发；属于同一多播流的各 BIER 报文应使用相同熵值，以确保这些报文经过同一路径。

（9）OAM 字段

OAM 字段长度为 2bit。缺省情况下，BFIR 会将该字段置 0（沿途各 BFR 节点不会对该字段更改），且对 BIER 报文质量与报文转发路径没有影响。

该字段可能最先应用在性能测量场景中，目前正在标准化过程中。

（10）Rsv

该字段为保留字段，长度为 2bit。

（11）DSCP

DSCP 字段长度为 6bit。该字段缺省不会用于 MPLS 网络，因而在 BIER-MPLS 封装中置 0。在非 MPLS 网络中，该字段用于 QoS。

（12）Proto

Proto 字段长度为 6bit，用于标识 BIER 报头后面的报文类型。Proto 字段所代表报文类型见表 8-2。

（13）BFIR-ID

BFIR-ID 字段用于表示 BFIR 节点的 BFR-ID。该字段长度为 16bit，其取值范围为 1～65535。

表 8-2　Proto 字段所代表报文类型

Proto 字段值	报文类型
1	下游分配标签的 MPLS 报文
2	上游分配标签的 MPLS 报文
3	Ethernet 帧
4	IPv4 报文
5	OAM 报文
6	IPv6 报文

（14）BitString

BitString 字段表示 BIER 报文的节点集合字符串。BitString 与 SI 一起代表了该 BIER 报文对应的所有 BFER。

8.1.5　BIER 报文转发过程

BIER 域中所有路由器基于配置进行 IS-IS 泛洪，形成本地 BIFT。从图 8-1 可知，节点 R1 从多播源接收多播报文，多播接收者分别从节点 R4、节点 R5、节点 R6 接收多播报文。

1．节点 R1

节点 R1 作为 BFIR，从 BIER 域外收到多播报文，其处理步骤如下。

步骤 1　由多播业务层明确 BIER 所承载的报文类型（体现在 BIER 报头的 Proto 字段中），确定该多播报文需发送到 BFER 节点 R4、节点 R5、节点 R6。

步骤 2　为多播报文指定子域（图 8-1 中采用缺省子域 Sub-domain 0）。

步骤 3　在指定子域（Sub-domain 0）查找 BFER 节点 R4、节点 R5、节点 R6 对应的 BFR-ID（分别为 3、1、2），并将它们转换为对应的 SI:BitString。图 8-1 中 SI=0，节点 R4、节点 R5、节点 R6 对应的 SI:BitString 分别为 0:0100、0:0001、0:0010。

步骤 4　由于上述 BitString 所属 SI 相同，将它们聚合到同一个 BitString（0111）中。聚合后的 BitString 代表要发往的 BFER 集合。

步骤 5　复制一份多播报文，并为其封装 BIER 报头。BIER 报头中包含了代表 BFER 集合的 BitString，还包含 BFIR-ID（图 8-1 中 BFIR-ID=4）。

步骤 6　由于 Sub-domain（=0）、BSL（=4）、SI（=0）已经明确，针对该 BIER 报文，查找其 BitString 中"置 1"的最末"bit"，并将该"bit"在 BitString 中的位置（为 1）作为 BIFT 中的索引（Index）。

步骤 7　基于索引在 BIFT 中获得 F-BM 与 BFR-NBR:针对索引 1，所获得 F-BM/BFR-NBR 对应表项为 0111/R2。

步骤 8　复制一份报文，将所复制报文的 BitString（0111）与 F-BM（0111）进行 AND 操作后更新至 BitString 字段（仍为 0111），随后向 R2 转发。

步骤 9　将 F-BM（0111）进行"取反（Inverse）"操作，所得结果（1000）与原始 BIER 报文的 BitString（0111）进行 And 操作，并更新至 BitString（此时该字段为 0000）。

步骤 10　当节点 R1 发现该 BIER 报文的 BitString 为"全 0"，随即丢弃该报文（这种操作可防止 BIER 报文在网络中产生环路），转发流程结束。

2．节点 R2

节点 R2 属于中间转发节点，并非 BFER 节点。该节点收到 BitString 为 0111 的 BIER 报文。

步骤 1　在 Sub-domain（=0）、BSL（=4）、SI（=0）明确的情况下，针对该 BIER 报文，查找其 BitString 中"置 1"的最末"bit"，并将该"bit"在 BitString 中的位置（为 1）作为 BIFT 中的索引。

步骤 2　基于索引在 BIFT 中获得 F-BM 与 BFR-NBR：针对索引 1，所获得 F-BM/BFR-NBR 对应表项为 0011/R3。

步骤 3　复制一份报文，将所复制报文的 BitString（0111）与 F-BM（0011）进行 AND 操作后更新至 BitString 字段（为 0011），随后向 R3 转发。

步骤 4　将 F-BM（0011）进行"取反（Inverse）"操作，所得结果（1100）与原始 BIER 报文的 BitString（0111）进行 And 操作，并更新至 BitString（此时该字段为 0100）。

此时原始报文的 BitString 更新为 0100，针对该报文，重复步骤 1~步骤 3 的操作。此处通过步骤 5~步骤 7 详细介绍。

步骤 5　针对 BitString（0100）的 BIER 报文，查找其 BitString 中"置 1"的最末"bit"，并将该"bit"在 BitString 中的位置（为 3）作为 BIFT 中的索引。

步骤 6　基于索引在 BIFT 中获得 F-BM 与 BFR-NBR：针对索引 3，所获得 F-BM/BFR-NBR 对应表项为 0100/R4。

步骤 7　复制一份报文，将所复制报文的 BitString（0100）与 F-BM（0100）进行 And 操作后更新至 BitString 字段（为 0100），随后向节点 R4 转发。

步骤 8　将 F-BM（0100）进行"取反（Inverse）"操作，所得结果（1011）与原来 BIER 报文的 BitString（0100）进行 And 操作，并更新至 BitString（此时该字段为 0000）。

步骤 9　当节点 R2 发现 BIER 报文的 BitString 为"全 0"，随即丢弃该报文。转发流程结束。

3．节点 R3

节点 R3 属于中间转发节点，并非 BFER 节点。该节点收到 BitString 为 0011 的 BIER 报文。所执行操作流程与节点 R2 相同。

节点 R3 分别向节点 R5、节点 R6 发送 BitString 为 0001 和 0010 的 BIER 报文。

4．节点 R4

节点 R4 为 BFER 节点，该节点收到 BitString 为 0100 的 BIER 报文。

步骤 1　在 Sub-domain（=0）、BSL（=4）、SI（=0）明确的情况下，针对该 BIER 报文，查找其 BitString 中"置 1"的最末"位"，并将该"位"在 BitString 中的位置（为 3）作为 BIFT 中的索引。

步骤 2　发现该索引恰好为 R4 节点的 BFR-ID（=3），就复制一份报文，并将该报文送至多播业务层处理。多播业务层通常对 BIER 报文进行解封装，还原为原始多播报文，并按照多播业务层的多播信息转发该多播报文。

步骤 3　将原始 BIER 报文的 BitString 的"置 1"位清 0，则 BitString 更新为 0000。节点 R4 将其丢弃。

5．节点 R5、节点 R6

节点 R5、节点 R6 为 BFER 节点，它们分别收到 BitString 为 0001、0010 的 BIER 报文。

所执行操作流程与节点 R4 相同。

8.2 BIER-IPv6 技术

随着 SRv6 技术的发展，SRv6 的网络可编程特性为 BIER 多播在 IPv6 网络的部署提供了新的思路，基于 IPv6 数据平面构建 BIER 多播架构成为了业界关注的一个重要方向。

IETF RFC 8296 定义了在 MPLS 与非 MPLS 网络环境下的 BIER 封装格式。为充分发挥 IPv6 统一承载优势，业界正在探索基于 Native IPv6 扩展报头实现的 BIER 多播机制（即 BIER-IPv6）。目前 BIER-IPv6 主要有 BIERin6 和 BIERv6 两种方案。

8.2.1 BIERin6

BIERin6 （BIER in IPv6 Networks）采用在 IPv6 报头中引入 BIER 扩展报头的方式实现 BIER 报文封装。BIERin6 报头格式如图 8-7 所示。目前，IPv6 报头中针对 BIER 扩展报头的 Next Header 值尚未确定。

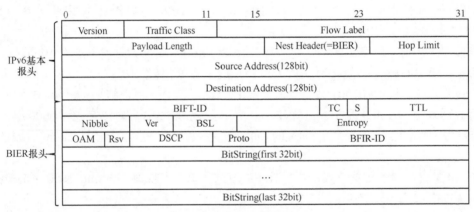

图 8-7 BIERin6 报头格式

BIERin6 可与其他 IPv6 扩展报头无缝融合，BIER 报文可以放置在 IPv6 逐跳选项（Hop-by-Hop Options）或目的选项（Destination Options，DO）扩展报头之后，通过扩展报头中 Next Head 标识其载荷为 BIER 报文。

BIERin6 方案中，BIER 扩展报头格式与 BIER 报头的封装格式完全相同。相对于第 8.1 节所述 BIER 技术，BIERin6 只是将外层封装更改为 IPv6，其报文转发过程与前述类似，此处不再赘述。

8.2.2 BIERv6

BIERv6（BIER IPv6）采用在 IPv6 目的选项扩展报头（Next Header 值为 60）中定义 BIER Option 的方式，实现 BIER 报文封装。BIERv6 报头格式如图 8-8 所示。由于 BIERv6 承载业

务为 IPv4/IPv6 多播业务，因而 DO 扩展报头的 Next Header 值为 4（对应 IPv4 报文）或 41（对应 IPv6 报文）。

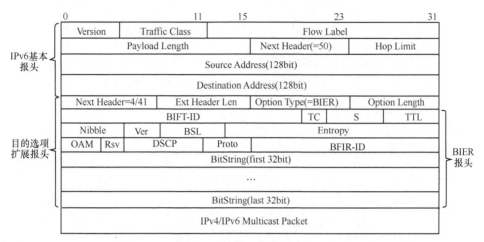

图 8-8　BIERv6 报头格式

BIERv6 通过在 IPv6 的 DO 扩展报头中定义 Option Type 为 BIER Option 指明后续报文封装为 BIER 封装，因而 BIER 报头格式可以完全保留。

为了支持基于 DO 扩展报头的报文转发，BIERv6 定义了一种 End.BIER 地址作为 BIERv6 报文的目的地址。End.BIER 地址在 FIB 表中是一个 128bit 掩码的转发表项，并被明确标识为 End.BIER 类型。IPv6 节点（无论是普通 IPv6 节点，还是 BIERv6 节点）收到 IPv6 报文后，均会根据目的地址查找 FIB 表，以确定该报文的目的地址是否为 End.BIER 地址：若为 End.BIER 地址，则继续处理 IPv6 扩展报头中的 BIER 报头；否则，按普通 IPv6 报文处理。

BIERv6 对 BIER 报头的处理，遵循第 8.1 节所述的流程，此处不再赘述。

8.3　SR 多播技术

尽管 IETF RFC 8402 明确指出 SR 应用于单播场景，业界仍希望可以利用 SR 技术传递多播业务，这些技术统称为 SR 多播技术。目前 SR 多播主要包括 SR Replication Segment 和 SRv6 Multicast SID 两类方案。

8.3.1　SR Replication Segment 方案

在 SR 域内（无论 SR-MPLS 还是 SRv6），多播流量可基于 SR P2MP Tree 路径分发。一个典型的 SR P2MP Tree（如图 8-9 所示）由根节点（Root Node）、中间的复制节点（Replication Node）和叶子节点（Leaf Node）组成。在一个 P2MP Tree 中，同时担负 Leaf Node 与 Replication Node 职能的节点称为 Bud Node。相对于 Root Node，Replication Node 和 Leaf Node 统称为下游节点（Downstream Node）。在 Root Node - Replication Node、Replication Node - Leaf Node 之间的分段（Segment）称为复制分段（Replication Segment）。可以说，一个 SR P2MP Tree

由一系列 Replication Segment 构成。

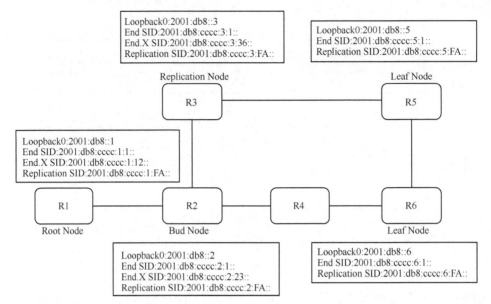

图 8-9   SR P2MP Tree

Replication Segment 由 Replication SID、Downstream Node 以及 Replication State 3 类元素构成。

（1）Replication SID

Replication SID 即 Replication Segment 对应的 SID，用以在数据平面标识 Replication Segment。此类 SID 又称为 End.Replicate SID，其行为是"根据 Replication State 复制并转发报文"。对于 Replication Node 而言，Replication SID 的作用等同于 SR Policy 的 Binding SID。在 Root Node 节点上的 Replication SID 被称为 Tree-SID。

（2）Downstream Node

指 Replication Segment 所复制报文指向的下游节点，通常由 Node-ID 标识。

（3）Replication State

由 Root Node/Replication Node 指向下游节点的各复制分支（replication branch）列表。每个 replication branch 可以由<Downstream Node，Downstream Replication SID>表示。

SR P2MP Policy（Segment Routing Point-to-Multipoint Policy）是 SR Policy 的一种变体，可用来定义 SR P2MP Tree。构建 SR P2MP Tree 时，Tree-SID 被用作 SR P2MP Policy 的 Binding SID。SR P2MP Policy 由<Root，Tree-ID，Node-ID>标识，具体如下。

- Root: SR P2MP Tree 的 Root 节点地址（以 IPv4 或 IPv6 地址表示），与 SR Policy 中的 Headend 相对应。通常以 Root 节点的 Loopback 接口地址标识。
- Tree-ID：Root 节点上用于标识特定 SR P2MP Tree 的 Replication SID。
- Node-ID：Root/Replication/Leaf 节点的地址（以 IPv4 或 IPv6 地址表示），与 SR Policy 中的 Endpoint 类似。

下面结合图 8-9 介绍基于 SR Replication Segment 实现 SR 域多播报文转发的过程。

图 8-9 中，SRv6 域中各节点的地址空间为 2001:db8:0::/48，各节点的 SRv6 SID 空间为

2001:db8:cccc::/48，各节点具体的 IPv6 编址与 SRv6 SID 编址如图 8-9 所示。其中，节点 R1 为 Root Node，节点 R2、节点 R5、节点 R6 为 Leaf Node，节点 R2、节点 R3 为中间的 Replication Node。由于节点 R2 既是 Replication Node 又是 Leaf Node，该节点称为 Bud Node。

1．节点 R1

节点 R1 作为 P2MP Tree 的 Root 节点，当从 SR 域外收到多播报文后，即将其导入 SR P2MP Policy。

步骤 1　获取 Replication Segment 信息：获取 Replication Segment 标识<Root，Tree-ID，Node-ID>。此处采用节点 R1 的 Loopback0 接口地址作为 Root 地址（2001:db8::1/128），Tree-ID 为节点 R1 的 Replication-SID（2001:db8:cccc:1:FA::），Node-ID 同样采用节点 R1 的 Loopbcke0 地址，因而节点 R1 的 Replication Segment 为<2001:db8::1，2001:db8:cccc:1:FA::，2001:db8::1>。由于多播报文需要从节点 R1 通过接口 L12（指代从节点 R1 到节点 R2 的链路，此例中其他链路命名以此类推）向节点 R2 转发，所以 Replication State 为<2001：db8::2，2001:db8:cccc:2:FA::->L12>。

步骤 2　根据 H.Encaps.Replicate 行为封装并转发复制的多播报文，外层报头的源地址为节点 R1 的 Loopback0 地址（2001:db8::1/128），目的地址为节点 R2 的 Replication SID（2001:db8:cccc:2:FA::）。封装后的多播报文经 L12 接口向节点 R2 转发。

2．节点 R2

节点 R2 作为 P2MP Tree 的 Bud 节点，收到目的地址为 2001:db8:cccc:2:FA::的报文后，分别承担 Leaf 节点与 Replication 节点的职责。

步骤 1　获取 Replication Segment 信息。

- Replication Segment 标识<2001:db8::1，2001：db8:cccc:1:FA::，2001:db8::2>。
- Replication SID 为 Tree-SID（2001:db8:cccc:1:FA::）。
- Replication State：

<2001:db8:cccc:2:FA::，Leaf> //表明 R2 节点本身为 Leaf 节点。

<2001:db8::3，2001:db8:cccc:3:FA::->L23> //封装多播报文，并经 L23 接口转发。

<2001:db8::6，2001:db8:cccc:6:FA::> //封装多播报文，向节点 R6 转发。

步骤 2　作为 Leaf 节点：去掉报文的外层报头，将原始多播报文送至多播模块处理。

步骤 3　作为 Replication 节点，需复制两份报文：一份报文外层报头的目的地址为 2001:db8:cccc:3:FA::（表示向 R3 节点复制并转发报文）；一份外层报头的目的地址为 2001:db8:cccc:6:FA::（表示向 R6 节点复制并转发报文）。这两份报文的外层报头源地址仍为 2001:db8::1。

3．节点 R3

节点 R3 作为 P2MP Tree 的 Replication 节点，收到目的地址为 2001:db8:cccc:3:FA::的报文后，向节点 R5 复制转发报文。

步骤 1　获取 Replicaiton Segment 信息。

- Replication Segment 标识<2001:db8::1，2001：db8:cccc:1:FA::，2001:db8::3>，其中 2001:db8::3 为节点 R3 的 Loopback0 地址。
- Replication SID 为 Tree-SID（2001:db8:cccc:1:FA::）。
- Replication State：<2001:db8::5，2001:db8:cccc:5:FA::->L35> //封装多播报文，并经 L35 接口转发。

步骤 2　复制并转发报文，该报文外层报头的源地址为 R1 节点的 Loopback0 地址（2001:db8::1/128），目的地址为节点 R5 的 Replication SID（2001:db8:cccc:5:FA::）。封装后的多播报文经 L35 接口向节点 R5 转发。

4．节点 R4

节点 R4 并不属于 P2MP Tree 的 Root/Replication/Leaf 节点，只是普通 SR 节点。该节点根据 IGP 路由确定的最短路径向节点 R6 转发报文。

5．节点 R5、节点 R6

节点 R5、节点 R6 均为 P2MP Tree 的 Leaf 节点，分别收到目的地址为 2001:db8:cccc:5:FA::、2001:db8:cccc:6:FA::的报文后，去掉报文的外层报头，将原始多播报文送至相应多播模块处理。

8.3.2　SRv6 Multicast SID 方案

SR Replication Segment 方案基于 Replication State 复制转发报文，就需要在中间的Replication 节点上保留相应状态。尽管该方案利用了 SR Policy 的优势，但并未从根本上解决传统多播技术的问题。

业界又提出了一种基于 SRv6 Multicast SID 实现网络多播的方案。SRv6 Multicast SID 格式如图 8-10 所示。此方案兼容 SRH 格式，通过新定义的 Multicast SID 指示多播报文转发，Multicast SID 字段中包含 Multicast SID Locator、N-Branches、N-SIDs、Arguments 等部分，具体如下。

- Multicast SID Locator：与普通 SID 节点的 Locator 作用相同。
- N-Branches：多播树的分叉数，指代从当前多播节点向下游节点复制的多播报文份数。
- N-SID：指代从当前多播节点到达下游所有节点需要的 Multicast SID 数量。
- Arguments：与普通 SID 节点的 Arguments 作用相同。

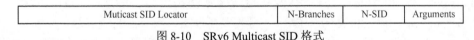

图 8-10　SRv6 Multicast SID 格式

基于 SRv6 Multicast SID 的多播方案示例如图 8-11 所示。以图 8-11 为例，介绍基于 SRv6 Multicast SID 转发多播报文的过程。

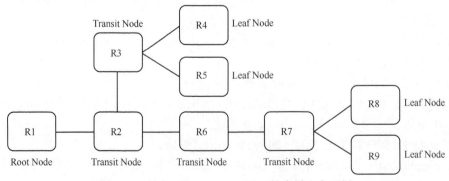

图 8-11　基于 SRv6 Multicast SID 的多播方案示例

图 8-11 中，各节点的地址空间为 2001:db8:0::/48，各节点的 SRv6 SID 空间为 2001:db8:cccc::/48，SRv6 Multicast SID 编码示例见表 8-3。

表 8-3 SRv6 Multicast SID 编码示例

节点	节点 Locator	N-Branches 域	N-SID 域	Arguments	Multicast SID
R1	2001:db8:cccc:1::	1	8	0	2001:db8:cccc:1:1:8:0
R2	2001:db8:cccc:2::	2	7	0	2001:db8:cccc:2:2:7:0
R3	2001:db8:cccc:3::	2	2	0	2001:db8:cccc:3:2:2:0
R4	2001:db8:cccc:4::	0	0	0	2001:db8:cccc:4::
R5	2001:db8:cccc:5::	0	0	0	2001:db8:cccc:5::
R6	2001:db8:cccc:6::	1	3	0	2001:db8:cccc:6:1:3:0
R7	2001:db8:cccc:7::	2	2	0	2001:db8:cccc:7:2:2:0
R8	2001:db8:cccc:8::	0	0	0	2001:db8:cccc:8::
R9	2001:db8:cccc:9::	0	0	0	2001:db8:cccc:9::

1．节点 R1

节点 R1 为多播树的 Root 节点，从 SRv6 域外收到多播报文后，对原始多播报文采用 H.Encaps.Red 的方式进行 SRH 封装并转发（对原始多播报文封装即可采用 H.Encaps 方式，也可采用 H.Encaps.Red 方式。此例中采用 H.Encaps.Red 方式）。

（1）节点 R1 将所有下游节点的 SID 以逆序方式编码在 SRH 的 SID 列表中。由于节点 R1 向节点 R2 复制转发报文，节点 R2SID（2001:db8:cccc:2:2:7:0）直接作为外层报头的目的地址，因而其 SID 列表为（2001:db8:cccc:9::，2001:db8:cccc:8::，2001:db8:cccc:7:2:2:0，2001:db8:cccc:5::，2001:db8:cccc:4::，2001:db8:cccc:6:1:3:0，2001:db8:cccc:3:2:2:0）。这个 SID 列表从顺序角度对应的节点列表为<R3，R6，R4，R5，R7，R8，R9>。

（2）外层报头的源地址为节点 R1 的 Loopback0 地址（2001:db8::1），目的地址为节点 R2 的 Multicast SID（2001:db8:cccc:2:2:7:0）。

2．节点 R2

节点 R2 为多播树的 Transit 节点，收到目的地址为 2001:db8:cccc:2:2:7:0 的报文，随即查询本地 SID 转发表，并根据 Multicast SID 的相应指令进行报文处理转发。

（1）根据 Multicast SID 指令，节点 R2 需要向节点 R3、节点 R6 分别复制转发报文。遵循与节点 R1 相同的原则，这两个新报文的 SID 列表分别为：

- 目的地址为 2001:db8:cccc:3:2:2:0 的报文的 SID 列表为<2001:db8:cccc:5::，2001:db8:cccc:4::>，SL=2；
- 目的地址为 2001:db8:cccc:6:1:3:0 的报文的 SID 列表为<2001:db8:cccc:9::，2001:db8:cccc:8::，2001:db8:cccc:7:2:2:0>，SL=3。

（2）这两个报文的外层报头的源地址为 R1 的 Loopback0 地址（2001:db8::1），目的地址分别为节点 R3 SID（2001:db8:cccc:3:2:2:0）、节点 R6 SID（2001:db8:cccc:6:1:3:0）。

3．节点 R3

节点 R3 为多播树的 Transit 节点，收到目的地址为 2001:db8:cccc:3:2:2:0 的报文后，随即查询本地 SID 转发表，并根据 Multicast SID 的相应指令进行报文处理转发。

根据 Multicast SID 指令，节点 R3 需要向节点 R4、节点 R5 分别复制转发报文。由于节点 R4、节点 R5 均为多播树的 Leaf 节点，在 H.Encaps.Red 模式下，无须 SID 列表，只需将这两个报文的外层目的地址分别更新为节点 R4 SID（2001:db8:cccc:4::）、节点 R5 SID（2001:db8:cccc:5::）。

4．节点 R4、节点 R5

节点 R4、节点 R5 均为多播树的 Leaf 节点，分别收到目的地址为 2001:db8:cccc:4::、2001:db8:cccc:5::的报文后，匹配本地 SID 表，随即去掉外层报头，转入相应的多播模块进行处理。

5．节点 R6

节点 R6 为多播树的 Transit 节点，收到目的地址为 2001:db8:cccc:6:1:3:0 的报文后，即查询本地 SID 转发表，并根据 Multicast SID 相应指令进行报文处理转发。

（1）根据 Multicast SID 指令与 Segment List 信息，节点 R6 需要向节点 R7 复制转发报文。遵循与节点 R1 相同的原则，新报文的 SID 列表为<2001:db8:cccc:9::，2001:db8:cccc:8::>，SL=2。

（2）这个报文的外层报头源地址为节点 R1 的 Loopback0 地址（2001:db8::1），目的地址为节点 R7 SID（2001:db8:cccc:7:2:2:0）。

6．节点 R7

节点 R7 为多播树的 Transit 节点，收到目的地址为 2001:db8:cccc:7:2:2:0 的报文后，即查询本地 SID 转发表，并根据 Multicast SID 相应指令进行报文处理转发。

根据 Multicast SID 指令，节点 R7 需要向节点 R8、节点 R9 分别复制转发报文。由于节点 R8、节点 R9 均为多播树的 Leaf 节点，在 H.Encaps.Red 模式下，无须 SID 列表，只需将这两个报文的外层目的地址分别更新为节点 R8SID（2001:db8:cccc:8::）、节点 R9 SID（2001:db8:cccc:9::）。

7．节点 R8、节点 R9

节点 R8、节点 R9 均为多播树的 Leaf 节点，分别收到目的地址为 2001:db8:cccc:8::、22001:db8:cccc:9:::的报文后，匹配本地 SID 表，随即去掉外层报头，转入相应多播模块进行处理。

参考文献

[1] XIE J, GENG L, MCBRIDE M, et al. Encapsulation for BIER in non-MPLS IPv6 networks: draft-xie-bier-ipv6-encapsulation-10[R]. 2021.

[2] XIE J, WANG A, YAN G, et al. BIER IPv6 encapsulation (BIERv6) support via IS-IS: draft-xie-bier-ipv6-isis-extension-02[R]. 2020.

[3] XIE J, MCBRIDE M, DHANARAJ S, et al. Use of BIER IPv6 encapsulation (BIERv6) for multicast VPN in IPv6 networks: draft-xie-bier-ipv6-mvpn-03[R]. 2020.

[4] ZHANG Z, ZHANG Z, WIJNANDS, et al. Supporting BIER in IPv6 networks (BIERin6): draft-zhang-bier-bierin6-09[R]. 2021.

[5] DEERING S. Host extensions for IP multicasting: RFC 1112[R]. 1989.

[6]　CAIN B, DEERING S, KOUVELAS I, et al. Internet group management protocol, version 3: RFC 3376[R]. 2002.

[7]　VIDA R, COSTA L. Multicast listener discovery version 2 (MLDv2) for IPv6: RFC 3810[R]. 2004.

[8]　HOLBROOK H, CAIN B. Source-specific multicast for IP: RFC 4607[R]. 2006.

[9]　ROSEN E, AGGARWAL R. Multicast in MPLS/BGP IP VPNs: RFC 6513[R]. 2012.

[10]　AGGARWAL R, ROSEN E, MORIN T, et al. BGP encodings and procedures for multicast in MPLS/BGP IP VPNs: RFC 6514[R]. 2012.

[11]　AGGARWAL R, KAMITE Y, FANG L, et al. Multicast in virtual private LAN service (VPLS): RFC 7117[R]. 2014.

[12]　FENNER B, HANDLEY M, HOLBROOK H, et al. Protocol independent multicast - sparse mode (PIM-SM): protocol specification (revised): RFC 7761[R]. 2016.

[13]　ROSEN E, MORIN T. Registry and extensions for P-multicast service interface tunnel attribute flags: RFC 7902[R]. 2016.

[14]　ROSEN E, SUBRAMANIAN K, ZHANG Z,et al. Ingress replication tunnels in multicast VPN: RFC 7988[R]. 2016.

[15]　WIJNANDS I J, ROSEN E, DOLGANOW A,et al. Multicast using bit index explicit replication (BIER): RFC 8279[R]. 2017.

[16]　GHANWANI A, DUNBAR L, MCBRIDE M, et al. A framework for multicast in network virtualization over layer 3: RFC 8293[R]. 2018.

[17]　WIJNANDS I J, ROSEN E, DOLGANOW A, et al. Encapsulation for bit index explicit replication (BIER) in MPLS and non-MPLS networks: RFC 8296[R]. 2018.

[18]　GINSBERG L, PRZYGIENDA A, et al. Bit Index Explicit Replication (BIER) Support via IS-IS: RFC 8401[R]. 2018.

[19]　PRZYGIENDA T, ALDRIN S, ZHANG Z. Bit Index Explicit Replication (BIER) Support via IS-IS[R]. RFC Editor, 2018.

[20]　PSENAK P, KUMAR N, DOLGANOW A, et al. OSPFv2 extensions for bit index explicit replication (BIER): RFC 8444[R]. 2018.

[21]　ROSEN E, SIVAKUMAR M, PRZYGIENDA T, et al. Multicast VPN using bit index explicit replication (BIER): RFC 8556[R]. 2018.

[22]　VENAAS S, RETANA A. PIM message type space extension and reserved bits: RFC 8736[R]. 2020.

[23]　PAREKHR, FILSFILS C, VENKATESWARAN A, et al. Multicast and Ethernet VPN with segment routing point-to-multipoint trees: draft-ietf-bess-mvpn-evpn-sr-p2mp-01[R]. 2020.

[24]　MCBRIDE M, XIE J, GENG X, et al. BIER IPv6 requirements: draft-ietf-bier-ipv6-requirements-09[R]. 2020.

[25]　WIJNANDS I J, MISHRA M, XU X, et al. An optional encoding of the BIFT-id field in the non-MPLS BIER encapsulation: draft-ietf-bier-non-mpls-bift-encoding-04[R]. 2021.

[26]　SHEPHERD G, DOLGANOW A, GULKO A, et al. Bit indexed explicit replication (BIER) problem statement: draft-ietf-bier-problem-statement-00[R]. 2016.

第9章

SRv6 实践案例

任何技术的价值与生命力都体现为其应用的广度与深度，SRv6 亦然。SRv6 业务承载统一的编程能力以及 Native IP 属性，使得网络业务的部署更为灵活与便捷，因而 SRv6 自被提出以来便得到了业界的普遍认可。目前，IETF 等标准组织正在全力推进与 SRv6 相关的标准化进程；国内外设备提供商以及开源组织加大了对 SRv6 技术研发的投入，加速对硬件与软件的迭代；网络运营商、内容提供商等也在积极运用 SRv6 加速创新，推进网络/业务升级。

SRv6 技术将开启一个 IP 网络全面应用创新的时代。IETF RFC 8354 展示了 SRv6 在小微企业（Small Office）、接入网络、DC 网络、CDN 以及骨干网中的应用场景。各大运营商在 SRv6 方面的应用层出不穷、不胜枚举。中国电信作为业内 SRv6 应用的先行者，目前的应用案例超过 60 个。本章以广域网应用为主，针对新型城域网、IP 骨干网、跨域组网等场景介绍 SRv6 技术在现网的部署实践。

9.1 SRv6 在新型城域网的应用

9.1.1 新型 IP 城域网概述

新型 IP 城域网又称新型云化 IP 城域网，是中国电信创新提出并率先大规模部署的 IP 城域网络。该网络遵循"云为中心，云网一体，固移融合"的组网理念，基于城域 Spine-Leaf（脊–叶）架构，采用模块化、标准化的组件方式构建。

新型 IP 城域网示意图如图 9-1 所示，其城域 Spine-Leaf 架构与 DC 网络的 Spine-Leaf（DC Spine-Leaf）架构相似，但在组网目的、服务对象与网络范围等方面存在显著不同。

（1）组网目的

DC Spine-Leaf 架构主要用于疏导 DC 内部以及 DC 之间的流量。而构建城域 Spine-Leaf 架构的目的则在于打造云网一体的城域网络，全方位疏导入云、云间流量。基于此目的，所有 Spine 节点和 Leaf 节点均围绕云资源池和边缘云所在机房设置,以便实现云边(中心云–边缘云)、边边(边缘云–边缘云)业务协同。

(2)服务对象

DC Spine-Leaf 架构服务于 Server/VM/Container 之间的流量承载以及出入 DC 流量的疏导,而城域 Spine-Leaf 的服务范畴则分为两大类。

- 一是通过综合业务接入区实现固移融合接入,满足个人客户(to Customer,2C)、政企客户(to Business,2B)、家庭客户(to Home,2H)业务的一致性体验。其中,综合业务接入区用于布放 IP RAN[1] A 设备、光线路终端(Optical Line Terminal,OLT)设备等。IP RAN A 设备可实现演进 NB(evolved Node B,eNB,指 4G 基站)、下一代 NB(next generation Node B,gNB,指 5G 基站)以及部分政企客户的接入;PON OLT 设备可实现光网宽带用户(包括家庭客户与部分政企客户)的接入。IP RAN A 设备与 Leaf 设备构成环状拓扑;OLT 设备则通过交叉上联的方式接入 Leaf 设备。
- 二是创造性提出云网 PoP,实现各类云业务的快速、便捷接入。为此,新型 IP 城域网将城域 Leaf 部署于云网 PoP,实现与云业务网络的标准化对接。

(3)网络范围

DC Spine-Leaf 架构通常属于园区范围内的网络架构,Spine 与 Leaf 节点通常处于同一 DC POD(Point of Delivery),DC 内 Spine、Leaf 间的连接以短距(通常不超过 2km)为主。

与之对应,城域 Spine-Leaf 架构属于城域网络架构,Spine 节点与 Leaf 节点之间的连接以中长距(不低于 10km)光纤/光缆为主,覆盖范围较大的区域需要借助光传输系统。此外,新型城域网中也存在 POD 概念,但城域 POD 以光宽用户规模和移动基站规模为原则(如 80 万光宽用户、1500 个基站等)设置。对于用户规模较大的城域网,可以拆分为多个城域 POD 进行建设。

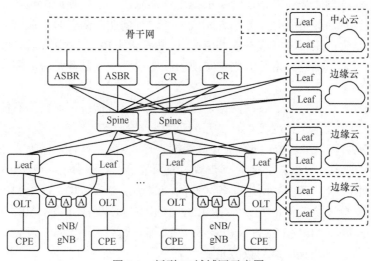

图 9-1 新型 IP 城域网示意图

---

1 IP RAN 通常指代从移动基站到移动核心网之间的承载网络。IP RAN 的 A 设备用于接入移动基站。

9.1.2　基于 SRv6 的归一化业务承载

随着 5G、云计算等业务的兴起，2C、2B、2H 应用日益丰富，用户个性化/定制化需求也越来越多。据不完全统计，目前的业务类型超过 50 个，涉及的网络协议也超过了 100 个。如此纷繁多样的业务由新型城域网统一承载，在建设成本与运营成本方面必然是一个巨大挑战。

（1）建设成本

建设成本首先表现为设备成本。由于软硬件紧耦合的研发模式，现有网络设备开发周期通常较长。为了满足业务多样性需求，一台网络设备通常要实现尽可能多的网络特性。目前 IETF 已发布的 RFC 超过 9000 个（截至 2021 年 8 月，最新发布的 RFC 为 RFC 9105），再加上 IEEE、ITU-T 等发布的网络标准，一台业务路由器源代码行数达亿级，涉及命令 1 万多条，涉及协议 2000 多个。如此复杂的研发内容，势必导致设备成本的居高不下。

此外，多协议、多命令还导致设备配置的烦琐、复杂。由于每种业务都需要在设备上进行相应的配置，每种配置都涉及一系列的命令、参数，不仅业务部署慢，而且容易出现配置错误。

（2）运营成本

运维成本不仅表现在多厂商、多协议、多命令导致的网络排障困难，而且还表现在高昂的人工成本。目前，绝大部分网络都采用多厂商设备组网方式。由于采用不同的设备操作系统，不同厂商设备针对同一网络特性的实现也会千差万别。这对网络运维人员的专业技能提出了很高的要求。一个运维人员通常难以对所有厂商、所有类型的设备操作都熟练掌握，这也导致了运维人员的数量庞大。

此外，由于业务部署是在网络运营中根据用户需求、技术发展而渐进实施的一个过程，不可能在网络建设伊始就将所有业务部署完成。当进行新业务部署时，通常要考虑新业务对既有业务的配置是否产生影响（或导致冲突），这些都无形增加了网络运营成本。

由上述分析可知，推进网络智能化，实现承载协议归一化是新型城域网应对上述挑战的必由之路，具体如下。

- 网络智能化：固定网络、移动网络、云业务融合承载情况下，网络智能化是满足客户定制化、差异化需求的必要条件。尽管网络智能化涉及 SDN、Telemetry 以及接口能力开放等多个方面，SDN 始终是其最关键一环。SRv6 是目前最为有效的广域网络端到端 SDN 技术，可以较好地解决新型城域网云–网端到端网络/业务可编程问题。

- 承载协议归一化：目前的网络业务涉及的网络协议复杂多样。以与 MPLS 相关的应用为例，标签分发协议包括 LDP、CR-LDP、RSVP-TE 及 BGP 等，VPN 则包括 VPWS、VPLS、EVPN、MPLS L3VPN 以及 MVPN 等。如果采用 SRv6 和 EVPN 实现归一化承载，可大大地简化网络协议数量。

基于 SRv6 的新型城域业务融合承载示意图如图 9-2 所示。下面以图 9-2 为例，介绍基于新型城域网主要业务 SRv6 的归一化承载方案。目前，新型城域网业务类型已超过 50 种，随着用户需求的多样化发展，未来将会出现更多的业务类型。本节主要介绍 2C、2B、2H 的基本业务承载情况。

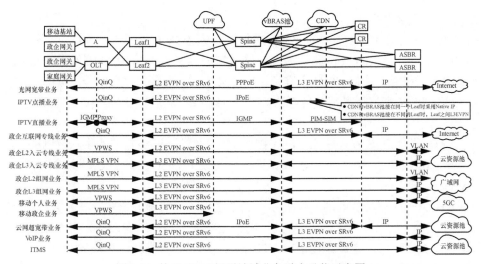

图 9-2　基于 SRv6 新型城域业务融合承载示意图

图 9-2 中，用户平面功能（User Plane Function，UPF）模块、虚拟宽带远程接入服务器（virtual Broadband Remote Access Server，vBRAS）池、CDN 均部署于边缘云。其中，UPF 是 5G 移动用户的接入锚点，可实现用户数据报文的路由、转发和接入控制；vBRAS 池是传统宽带远程接入服务器（Broadband Remote Access Server，BRAS）设备在控制平面/用户平面（Control Plane/User Plane，C/U）分离基础上的池化形态，通过集中部署，可实现光网宽带用户（基于 PPPoE、IPoE 以及静态 IP 方式）的规模接入与集约化管理；CDN 主要用于 IPTV 等视频业务的内容分发与缓存。本节为叙述方便，将 UPF、vBRAS 池、CDN 的部署方式进行了适度简化，具体包括：

- UPF、CDN 通常分布式部署，并随着业务发展而逐步下沉，此处简化为集中部署于 Spine 节点位置；
- UPF、vBRAS 池、CDN 部署于边缘云，需通过 Leaf 设备与 Spine 设备相连，此处简化为与 Spine 设备直连。

（1）光网宽带业务

光网宽带业务属于 2H 类型的业务。该业务的逻辑流程为：用户通过家庭网关以 PPPoE 方式接入 vBRAS 池，获得 IP 地址与接入授权后，访问 Internet 资源。

由于家庭网关采用 PPPoE 接入 vBRAS 池，网络需要提供家庭网关到 vBRAS 池的二层 Ethernet 连接：家庭网关经 OLT 接入 Leaf 设备，OLT 与 Leaf 之间采用 QinQ[2]（802.1Q in 802.1Q，802.1Q 嵌套 802.1Q），Leaf 设备与 vBRAS 池之间采用 L2 EVPN over SRv6。

Internet 内容通常不在城域网内部，因此流量需经 CR（此时，CR 可看作城域 Spine-Leaf 架构的 Leaf 设备）访问外部网络。为此，vBRAS 池与 CR 之间采用 L3 EVPN over SRv6 进行流量疏导；CR 到外部网络（图 9-2 中的 Internet）之间流量为 Native IP 流量。

2　QinQ 又称 Stacked VLAN 或 Double VLAN，该标准出自 IEEE 802.1ad。具体而言，就是用户私网 VLAN Tag 封装在公网 VLAN Tag 中，使报文带着两层 VLAN Tag 穿越运营商网络。QinQ 技术通过在以太帧中堆叠两个 802.1Q 报头，可以有效扩展 VLAN 数目，使 VLAN 数目最多可达 4094×4094 个（尽管 VLAN 数目理论上可达到 4096 个，但由于 0 和 4095 为协议保留值，实际可用 VLAN 数目为 4094 个）。

（2）IPTV 点播业务

IPTV 点播业务属于 2H 类型的业务，该业务也是 IPTV 的子业务。IPTV 点播业务的逻辑流程为：IPTV 机顶盒（Set Top Box，STB）通过家庭网关以 IPoE 方式接入 vBRAS 池，获得 IP 地址与接入授权后，访问 IPTV 内容源。为提升 IPTV 业务的用户体验，IPTV 系统通常将视频内容通过 CDN 布放至离用户较近的位置。所以，IPTV 点播业务实际上是机顶盒对 CDN 的访问。

由于 STB 采用 IPoE 方式经家庭网关接入 vBRAS 池，网络需要提供家庭网关到 vBRAS 池的二层 Ethernet 连接：家庭网关与 Leaf 设备之间采用 QinQ，Leaf 设备与 vBRAS 池之间采用 L2 EVPN over SRv6。

根据 vBRAS 池与 CDN 的连接关系，二者之间的流量疏导方式存在差异：当 CDN 与 vBRAS 池接入同一 Leaf 设备（即二者处于同一边缘云）时，二者之间采用 Native IP 方式进行流量疏导；否则，二者之间采用 L3 EVPN over SRv6 方式进行流量疏导。

（3）IPTV 直播业务

IPTV 直播业务属于 2H 类型的业务，该业务与 IPTV 点播业务一样，属于 IPTV 的子业务。IPTV 直播业务的逻辑流程为：IPTV 机顶盒在通过 IPoE 获得 IP 地址与接入授权的基础上，向 vBRAS 池发送 IGMP 请求，请求特定多播组的流量，vBRAS 池向用户分发多播流量。多播源通常位于 CR 或在城域网之外，为实现多播业务，在 CR 与 vBRAS 池之间部署的设备配置 PIM-SM 协议。

如果像 IPTV 点播业务那样（家庭网关与 Leaf 设备之间采用 QinQ，Leaf 设备与 vBRAS 池之间采用 L2 EVPN over SRv6），vBRAS 池针对每个用户 IGMP 请求都会分发一份多播流量（这是因为每个用户都有不同的 VLAN，而 vBRAS 池通常针对每个 VLAN 复制分发多播流量），导致 vBRAS 池与 Leaf 设备之间链路带宽的巨大浪费。

为此，采用多播 VLAN 方式，并结合 IGMP Proxy 实现 IPTV 直播业务：OLT 设备在现有用户 VLAN（QinQ）配置基础上，配置多播 VLAN 并配置 IGMP Proxy，在 vBRAS 池、Leaf 设备上配置多播 VLAN。这样，IPTV 直播业务流程如下。

步骤 1　针对单个 OLT 下多个用户的相同 IGMP 请求，OLT 只需通过多播 VLAN 向 vBRAS 池发送一份 IGMP 请求。

步骤 2　Leaf 设备采用 IGMP over L2 EVPN over SRv6 的方式将 IGMP 请求传递至 vBRAS 池的相应多播 VLAN。

步骤 3　vBRAS 池根据 IGMP 请求，通过多播 VLAN 分发多播流量，经 L2 EVPN over SRv6 传递至 Leaf 设备。

步骤 4　Leaf 设备将多播流量传递至 OLT 设备，OLT 设备根据用户 VLAN 与多播 VLAN 的映射关系，将多播流量转发至用户 VLAN，进而传递至 IPTV 机顶盒。

（4）政企互联网专线业务

政企互联网专线业务属于 2B 类型业务。该业务为政企用户提供互联网访问的专线服务，可基于 PON、LAN 或光纤直驱等方式接入。以 PON 接入方式为例，政企互联网专线的逻辑流程为：用户通过政企网关（某些小微政企用户也可以通过家庭网关）以 PPPoE、IPoE 或静态 IP 的方式接入 vBRAS 池，获得 IP 地址（针对 PPPoE 与 IPoE 接入方式）及接入授权后，访问 Internet 资源。

PON 接入方式的政企互联网专线业务与 2H 的光网宽带业务的逻辑流程基本相同。因此，二者的网络配置与流量承载方式也基本相同，此处不再赘述。

（5）政企 L2 入云专线业务

政企 L2 入云专线业务属于 2B 类型的业务。该业务为政企用户提供 2 层入云专线服务，可基于 PON、LAN、光纤直驱或 IP RAN 等方式接入，此处以 IP RAN 接入方式为例介绍。此外，随着内容、算力下沉，云资源池将逐步从中心云下沉到边缘云。以入中心云为例，政企 L2 入云专线的逻辑流程为：用户通过政企网关接入 Leaf 设备，Leaf 设备与 ASBR[3] 之间形成伪线，由 ASBR 对接中心云的云资源池。

在 IP RAN 接入方式下，政企 L2 入云专线可分为以下 3 段配置。

- 接入段：政企网关通过光纤接入 A 设备；IP RAN 的 A 设备与 Leaf 设备形成环状网络拓扑（IGP 配置为 IS-IS Level1 或 OSPF），A 设备与 Leaf 设备之间配置 VPWS（现阶段大部分 A 设备不支持 SRv6，因此配置基于 MPLS 的 VPWS）形成 A 与 Leaf 设备之间的伪线。
- 网络段：ASBR 属于 Leaf 节点，所以其与新型城域网中所有其他 Spine、Leaf 设备均属于 IS-IS Level2 域。在 Leaf 节点与 ASBR 节点上配置 L2 EVPN over SRv6。
- 云网对接段：ASBR 如果与中心云直连，则基于 VLAN 接入中心云；ASBR 若通过骨干网络接入中心云，则 ASBR 与骨干网采用 Option A 方式跨域对接，骨干网的对端 PE 路由器基于 VLAN 与中心云对接。

（6）政企 L3 入云专线业务

政企 L3 入云专线业务属于 2B 类型的业务。该类业务为政企用户提供 3 层入云专线服务，可基于 PON、LAN、光纤直驱或 IP RAN 等接入。政企 L3 入云专线业务与 L2 入云专线业务在逻辑流程以及实现方式上类似，此处以 IP RAN 接入方式为例说明。

- 接入段：政企网关通过光纤接入 A 设备；A 设备与 Leaf 设备之间通常配置 MPLS VPN。
- 网络段：在 Leaf 与 ASBR 节点上配置 L3 EVPN over SRv6。
- 云网对接段：ASBR 如果与中心云直连，则以 Native IP 方式接入中心云；ASBR 若通过骨干网络接入中心云，则 ASBR 与骨干网采用 Option A 方式跨域对接，骨干网的对端 PE 路由器基于 Native IP 与中心云对接。

（7）政企 L2 组网业务

政企 L2 组网业务属于 2B 类型的业务。该业务为政企用户在不同站点之间提供 2 层组网服务，这些用户站点可以属于同一城域网，也可分布于不同城域网（甚至可以跨越不同的国家）。政企 L2 组网通常以 VPLS 或 VPWS 为基础。VPLS 可为客户站点之间提供类似 LAN 的服务；VPWS 可以为每对客户站点之间提供伪线服务，进而可以基于需求在该客户的所有站点之间形成网状（Mesh）或树形（Tree）网络拓扑。此处以跨城域政企 L2 组网业务为例介绍。

政企 L2 组网业务的逻辑流程为：用户通过政企网关接入 Leaf 设备，Leaf 设备与 ASBR 之间形成 L2VPN，由 ASBR 与城域外的客户对端站点对接。

此种方式下，政企 L2 组网业务可分为 3 段配置，具体如下。

3　ASBR 通常在 AS 边缘用于跨域 VPN。在新型城域网中，该设备属于 Leaf 节点类型。

- 接入段：政企网关通过光纤接入 A 设备；A 设备与 Leaf 设备之间配置 VPWS 或 VPLS。
- 网络段：Leaf 与 ASBR 节点上配置 L2 EVPN over SRv6。
- 跨域对接段：由于客户的对端站点位于其他城域网或骨干网中， ASBR 通常需要与相应网络的 PE 或 ASBR 跨域对接。对接方式可以为 Option A 或 Option C，图 9-2 所示采用 Option A 方式，基于 VLAN 与对端 PE/ASBR 对接。

（8）政企 L3 组网业务

政企 L3 组网业务属于 2B 类型业务。政企 L3 组网业务与 L2 组网业务在逻辑流程以及实现方式上类似，下面进行相应说明。

- 接入段：政企网关通过光纤接入 A 设备；A 设备与 Leaf 设备之间配置 MPLS VPN。
- 网络段：Leaf 与 ASBR 节点上配置 L3 EVPN over SRv6。
- 跨域对接段：ASBR 与对端 PE/ASBR 跨域对接方式可以为 Option A 或 Option C，图 9-2 所示采用 Option A 方式，基于 Native IP 与对端 PE/ASBR 对接。

（9）移动个人业务

移动个人业务属于 2C 类型的业务。该业务为移动个人用户提供语音、数据、视频等服务，其逻辑流程为：用户通过基站经由 IP RAN 接入 5G 核心网（5G Core Network，5GC）[4]。从网络承载角度，可分为接入段、网络段与跨域对接段 3 部分，具体如下。

- 接入段：移动基站通过光纤接入 A 设备；A 设备与 Leaf 设备之间配置 VPWS 形成伪线。
- 网络段：Leaf 与 ASBR 节点上配置 L3EVPN over SRv6。接入段的伪线接入 L3 EVPN。
- 跨域对接段：从承载网络角度，5GC 属于业务网。5GC 通常会接入一个专用路由器，该路由器通常称为 5GC CE 设备。ASBR 与 5GC 对接实际上是与 5GC CE 跨域对接，对接方式可以为 Option A 或 Option C，图 9-2 所示采用 Option A 方式，基于 Native IP 与 5GC CE 对接。

此处，IP RAN 包括接入段与网络段两部分。

（10）移动政企业务

移动政企业务属于 2B 类型的业务。该业务为政企用户的移动终端或移动终端网络提供语音、数据、视频等服务。典型的移动政企业务场景包括设备远程控制、工业数据采集、远程医疗、赛事/现场直播以及自动驾驶等。这些典型业务的共同特征是对服务时延、可靠性、安全性等方面的要求高，因而其逻辑流程：移动终端在接入 5GC 后，通过接入 UPF 获得服务。

为满足移动政企业务需求，需要 UPF 按需下沉。仅就移动政企业务的数据平面流量承载而言，其网络配置可分为两段，具体如下。

- 接入段：移动基站通过光纤接入 A 设备；A 设备与 Leaf 设备之间配置 VPWS 形成伪线。
- 网络段：Leaf 到 UPF 配置 L3 EVPN over SRv6，接入段的伪线接入 L3 EVPN。由于 UPF 部署于边缘云，通常接入边缘云内的 Leaf 设备，因此，L3 EVPN over SRv6 实际配置在这一对 Leaf 设备上。

（11）云网超宽带业务

云网超宽带业务属于 2H 类型的业务。该业务为用户提供 AR/VR、云游戏等大带宽、低

---

4 5GC 可为移动用户建立可靠、安全的网络连接，并为其提供语音、数据、视频等应用的接入服务。

时延服务，其逻辑流程为：用户通过家庭网关以 IPoE 方式接入 vBRAS 池，获得 IP 地址与接入授权后，访问云资源池以获得相应服务。

由于 AR/VR、云游戏等应用对带宽、时延要求较高，因而需要承载 AR/VR、云游戏等应用的云资源池尽可能下沉，并尽量减少路径绕转。最理想的云网超宽带业务承载方案是由 Leaf 实现 IPoE 接入，并将云资源池下沉至该 Leaf 节点位置。然而，在业务开展初期阶段，云资源池仍采用高挂方式，用户仍接入 vBRAS 池（Leaf 设备目前对 IPoE 的接入能力支持较弱）。在此情况下，该业务的网络配置可分为 3 段，具体如下。

- 接入段：家庭网关经 OLT 接入 Leaf 设备，OLT 与 Leaf 之间采用 QinQ。
- 网络段：Leaf 与 vBRAS 池之间配置 L2 EVPN over SRv6；vBRAS 池与 CR 配置 L3 EVPN over SRv6。
- 云资源池对接段：云资源池与 CR 可以跨域对接，也可以域内对接。若采用跨域对接，云资源池的 Leaf 设备与 CR 之间采用 Option A 方式对接；若域内对接，云资源可视作 CR 的直连主机，通过 Native IP 方式接入 CR。

（12）VoIP 业务

VoIP 业务属于 2H 类型的业务。该业务为光网宽带用户提供语音（即传统固话）服务，其逻辑流程为：用户通过家庭网关以 IPoE 方式接入 vBRAS 池，获得 IP 地址与接入授权后，访问云资源池（核心网）以获得相应服务。

VoIP 业务的承载网络可分为 3 段。

- 接入段：家庭网关经 OLT 接入 Leaf 设备，OLT 与 Leaf 之间采用 QinQ。
- 网络段：Leaf 与 vBRAS 池之间配置 L2 EVPN over SRv6；vBRAS 池与 ASBR 配置 L3 EVPN over SRv6。
- 云资源池对接段：云资源池（核心网）通常接入骨干网，因而 ASBR 与云资源池（核心网）的对接实际是与骨干网的跨域对接。对接方式可以为 Option A 或 Option C，图 9-2 所示采用 Option A 方式。

（13）ITMS 流量

终端综合管理系统（Integrated Terminal Management System，ITMS）是基于宽带论坛（Broadband Forum，BBF）TR 069[5] 协议，对家庭网关、政企网关等进行自动管理、配置的系统。基于 ITMS 系统对家庭网关、政企网关等进行管理、配置等产生的流量，简称为 ITMS 流量，此处以对家庭网关的管理、配置为例进行介绍。在运营商网络中，对家庭网关等进行自动管理、配置对于网络业务规模部署至关重要，是网络自动化、智能化水平的最基本体现。

ITMS 流量并不属于用户业务流量，流量规模也不大，但却是新型城域网中与运营商网络运营密切相关的一类流量。ITMS 流量的逻辑流程为：家庭网关以 IPoE 方式接入 vBRAS 池，获得 IP 地址与接入授权后，访问云资源池（ITMS 系统）以获得相应服务。

ITMS 流量的承载网络可分为 3 段，具体如下。

- 接入段：家庭网关基于经 OLT 接入 Leaf 设备，OLT 与 Leaf 之间采用 QinQ。
- 网络段：Leaf 与 vBRAS 池之间配置 L2 EVPN over SRv6；vBRAS 池与 ASBR 配置 L3 EVPN over SRv6。

5　TR 069 协议又称为客户网关广域网管理协议（CPE WAN Management Protocol），该协议基于 IP，可实现对家庭网关的自动配置和业务动态发放、远程故障诊断、终端信息统计等功能。

- 云资源池对接段：云资源池（ITMS）通常接入骨干网，因而 ASBR 与云资源池（ITMS）的对接实际是与骨干网的跨域对接。对接方式可以为 Option A 或 Option C，图 9-2 所示采用 Option A 方式。

9.2　SRv6 在 IP 骨干网的应用

9.2.1　IP 骨干网概述

根据第 1 章的介绍，IP 骨干网是用于连接多个区域性或功能性网络的高速网络，属于广域网的范畴。为实现各区域性/功能性网络的高速互联，IP 骨干网理论上应该是全互联架构。然而，由于各地域用户规模、经济发展水平、内容源/云资源分布差异等因素，IP 骨干网通常为部分互联（Partial-mesh）架构。

IP 骨干网连接示意图如图 9-3 所示。一个典型的 IP 骨干网通常采用"核心节点全互联"+"区域化组网"架构。

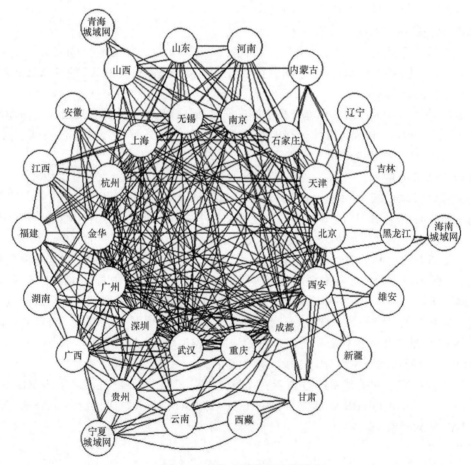

图 9-3　IP 骨干网连接示意图

（1）核心节点全互联

为实现快速转发，需要在上海、南京/无锡、石家庄、天津、北京、西安、成都、重庆、武汉、广州/深圳、杭州/金华等核心节点之间进行全互联（IP 一跳可达）。但是，由于区域流量的不均衡性，各核心节点之间的互联带宽并不完全相同。例如，广州-西安之间的带宽为 600Gbit/s，而广州-上海之间的带宽则为 1200Gbit/s。

山东、河南、内蒙古、辽宁、吉林、黑龙江、海南、新疆、甘肃、西藏、云南、贵州、宁夏、广西、湖南、福建、江西、安徽、青海与山西等则根据流量大小选择与上述核心节点部分互联。

需要说明的是，IP 层面的一跳可达并不意味着只有一条传输链路，更不意味着传输层面的一跳可达。为保证网络的健壮性，一般要求 IP 层实现多路径负载分担，在两个 IP 节点之间需提供至少两条物理传输路由。例如北京-广州之间 IP 一跳可达，但这两个 IP 节点之间存在北京-石家庄-郑州-武汉-长沙-广州、北京-开封-南昌-广州两条传输路由，且每条传输路由经过的传输节点不同。这种传输路由的差异，将使光缆距离的不同，最终导致 IP 报文在这两条不同物理路径上的传输时延差。

（2）区域化组网

由于经济、文化等因素，国内地域协同发展特征越发明显，IP 骨干网组网需顺应这一变化。长江三角洲（上海、江苏、浙江）、京津冀（北京、天津、河北）以及川渝陕（四川、重庆、陕西）等地区的区域化特征明显，因而对这些区域进行区域化组网：每个区域内节点全互联，相应城域网、IDC 可在区域内跨省上联。

区域化组网可实现区域内流量在本地转发，在大幅降低骨干网穿越流量的同时，可有效地提升用户体验。

9.2.2　基于 SRv6 的 IP 骨干网定制化路径

IP 骨干网采用 IS-IS 等链路状态协议作为 IGP。链路状态协议以单一因子（如路径时延、路径带宽等）作为 SPF 算法的输入，通过 ECMP/UCMP 以及 FRR 等技术，有效解决网络负载不均衡和故障快速重路由等问题。

然而，在网络运营过程中，存在一些基于现有技术手段难以有效解决的问题，需要借助 SRv6 技术解决。

（1）在指定传输路径上的 IP 流量转发

如前所述，IP 骨干网中直连的两个节点至少存在两条传输路由。这两个节点会以负载分担的方式在不同传输路径上转发 IP 报文，所以难以确定特定 IP 报文/流的传输路径。伴随着用户需求个性化和网络运营精细化进程，IP 骨干网需要具备指定传输路径转发 IP 报文的能力（例如，在不同传输路径距离差较大时，应用需要报文的转发时延最低；或者某些视频应用需要绕过传输质量较差的路径。）。

传统方式下，只能通过策略路由逐跳指定下一跳接口等操作来解决这类问题，配置烦琐，且在网络调整时需大量人工介入。由于 SRv6 的 End.X 指令可指示 IP 报文从特定链路转发，通过在相应设备配置 SRv6 End.X SID，即可轻松解决上述问题。

（2）链路/节点故障情况下的流量重路由

通常情况下，IP 骨干网会部署称为 LFA 的 IP FRR 方案：当链路出现故障时，PLR 将启动预先计算的 FRR 路径，并触发 IGP 收敛过程。然而，这种 FRR 方案存在一定的局限性。

- 如第 6.4.1 节所述，该方案不能保证 IP 骨干网实现 100%拓扑的故障保护。
- 若采用 RLFA，则需要引入 Target LDP 隧道，不仅导致网络中存在大量的保护隧道状态，而且会增加 Native IP 网络的配置复杂性。
- 无论 LFA 还是 RLFA，其备份路径可能不是 IGP 重新收敛之后的最优路径，因而可能需要将流量路径从备份路径切回重收敛后的路径。

基于 SRv6 的 TI-LFA FRR 方案（详见第 6.4.2 节）可解决上述问题：首先，它可满足 100%拓扑的故障保护；其次，以 SRv6 End 或 End.X SID 建立备份路径，无须在网络中维护保护隧道状态，且无须 Target LDP 等配置；最后，TI-LFA 算法基于重收敛后的最短路径计算，可保证绝大部分情况下的备份路径与重收敛后的最短路径一致。

（3）局部拥塞情况下的灵活调度

IP 骨干网中局部拥塞的情况时常发生，其本质原因在于链路高利用率下（IP 骨干网链路平均利用率通常不低于 60%）的 IP 统计复用特性。当出现重大活动/节日（如"双11"网购、跨年夜等）时，或部分方向的某些链路故障时，都可能导致 IP 骨干网的局部拥塞。

传统方式下，只能基于策略路由或 BGP-FS 等方案实现拥塞流量的疏导。基于 SRv6，IP 骨干网可以较为便捷地将拥塞流量调度到非拥塞路径。如果结合 BGP-LS、Telemetry 等技术，采集带宽、时延、利用率甚至业务数据，可实现更加智能、灵活地流量调度。

9.3 基于 SRv6 的跨域 VPN 组网

9.3.1 跨域组网概述

由于区域范围、网络/用户规模或管理边界等因素，不同网络通常划分 AS 域以便实施运营管理。客户、业务通常分布在不同 AS 域中，因而需要跨域组网。

最常见的跨域组网场景就是跨域 VPN。VPN 的实现方式多种多样（可参见第 6.2.1 节），从实现角度也可分为基于 Native IP 的 VPN（IP-based VPN）和基于 MPLS 的 VPN（MPLS-based VPN）。IP-baseVPN 基于 GRE、IPSec、VxLAN、L2TP 等技术实现，在客户站点之间建立 P2P 连接。这类 VPN 实现简单（尤其在跨域组网方面），但在多站点组网时存在 N^2 扩展性问题。MPLS-based VPN 包括 MPLS L2/L3VPN、EVPN 等，在多站点规模组网场景下优势明显，是目前 VPN 组网的主要形式。但是这类 VPN 在跨域组网（基于 Option A、Option B、Option C 等方式）扩展性方面实现较为复杂，不仅业务开通慢，而且在运营维护方面也存在诸多困难。在某些需要 MPLS TE 的场景下，部署跨域 MPLS-based VPN 将更加复杂。

9.3.2　基于 SRv6 的跨域组网

基于 SRv6 BGP EPE（简称为 SRv6 EPE 或 EPE）可较好地解决跨域组网问题。SRv6 EPE 技术通过 BGP Peering-SID（包括 PeerNode-SID、PeerAdj-SID 和 PeerSet-SID 等，详见第 2 章、第 4 章内容）引导流量到对等体（Peer）。该技术不改变现有 BGP 分发机制，借助 BGP-LS 协议与控制器，通过在 SRv6 Policy 的 SID 表中编程 BGP Peering-SID，可实现端到端跨域的 SRv6 TE 通道。在此基础上，基于 SRv6 Service SID（详见第 4.2.3 节）即可实现 VPN over SRv6 TE，从而实现跨域 MPLS-based VPN 的替代方案。

SRv6 VPN 跨域组网示例如图 9-4 所示，展示了基于跨域 SRv6 TE 实现 EVPN、L3VPN 组网的方式。其中，城域网 1 与城域网 3 之间跨越骨干网形成 EVPN；城域网 2 与城域网 3 之间跨越骨干网形成 L3VPN。理论上，每个城域网与骨干网都部署 RR（用于反射本域内的 BGP 路由信息），不同网络之间的 RR 相互交互，实现跨域信息的传递。为了简化叙述，此处以 SRv6 控制器实现跨域信息的传递。城域网与骨干网内的相关设备通过 BGP-LS 向 SRv6 控制器通告与 Peering-SID、Service（包括 EVPN 与 L3VPN）SID 相关的信息以及网络拓扑信息等。

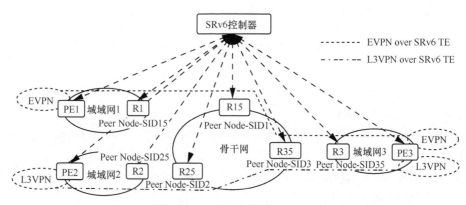

图 9-4　SRv6 VPN 跨域组网示例

（1）跨域 EVPN over SRv6 TE

为实现节点 PE1 与节点 PE3 之间的跨域 EVPN，需要在节点 PE1 与节点 PE3 之间传递 EVPN 相关的 Service SID 及其相关信息，同时需要在节点 PE1 与节点 PE3 之间形成跨域的 SRv6 TE 通道。SRv6 TE 双向通道由 SRv6 Policy Candidate Path 构成，具体如下。

- Candidate Path<PE1→PE3>路径：PE1→R1→R15→R35→R3→PE3。
- Candidate Path<PE3→PE1>路径：PE3→R3→R35→R15→R1→PE1。

节点 R1 与节点 R15、节点 R3 与节点 R35 之间为跨域连接，需要配置 Peering-SID。

- 在节点 R1 上配置 PeerNode-SID15，用于将节点 PE1 的流量向节点 R15 引导。
- 在节点 R15 上配置 PeerNode-SID1，用于将来自节点 PE3 的穿越（Transit）流量向节点 R1 引导。
- 在节点 R3 上配置 PeerNode-SID35，用于将节点 PE3 的流量向节点 R35 引导。
- 在节点 R35 上配置 PeerNode-SID3，用于将来自节点 PE1 的 Transit 流量向节点 R3 引导。

相应 Peering-SID 经 BGP-LS 上传至 SRv6 控制器，并编程至 SRv6 Policy 相应 SID 列表（即上述 Candidate Path 指示的路径），分别下发至节点 PE1、节点 PE3，即形成节点 PE1 与节点 PE3 之间的跨域 SRv6 TE 通道。

（2）跨域 L3VPN over SRv6 TE

为实现节点 PE2 与节点 PE3 之间的跨域 L3VPN，需要在节点 PE2 与节点 PE3 之间传递与 L3VPN 相关的 Service SID 及其他信息，同时需要在节点 PE2 与节点 PE3 之间形成跨域的 SRv6 TE 通道。SRv6 TE 双向通道由 SRv6 Policy Candidate Path 构成，具体如下。

- Candidate Path<PE2→PE3>路径：PE2→R2→R25→R35→R3→PE3。
- Candidate Path<PE3→PE2>路径：PE3→R3→R35→R25→R2→PE2。

节点 R2 与节点 R25、节点 R3 与节点 R35 之间为跨域连接，需要配置 Peering-SID。

- 在节点 R2 上配置 PeerNode-SID25，用于将节点 PE2 的流量向节点 R25 引导。
- 在节点 R25 上配置 PeerNode-SID2，用于将来自节点 PE3 的 Transit 流量向节点 R2 引导。
- 在节点 R3 上配置 PeerNode-SID35，用于将节点 PE3 的流量向节点 R35 引导。
- 在节点 R35 上配置 PeerNode-SID3，用于将来自节点 PE2 的 Transit 流量向节点 R3 引导。

相应 Peering-SID 经 BGP-LS 上传至 SRv6 控制器，并编程至 SRv6 Policy 相应 SID 列表（即上述 Candidate Path 指示的路径），分别下发至节点 PE2、节点 PE3，即形成节点 PE2 与节点 PE3 之间的跨域 SRv6 TE 通道。

参考文献

[1] BRZOZOWSKI J, LEDDY J, FILSFILS C, et al. Use cases for IPv6 source packet routing in networking (SPRING): RFC 8354[R]. 2018.

[2] FILSFILS C, PREVIDI S, DECRAENE B, et al. Resiliency use cases in source packet routing in networking (SPRING) networks: RFC 8355[R]. 2018.

[3] SAJASSI A, DRAKE J, BITAR N, et al. A network virtualization overlay solution using Ethernet VPN (EVPN): RFC 8365[R]. 2018.

[4] FILSFILS C, TALAULIKAR K, KROL P, et al. SR policy implementation and deployment considerations: draft-filsfils-spring-sr-policy-considerations-06[R]. 2020.

[5] MATSUSHIMA S, FILSFILS C, ALI Z, et al. SRv6 implementation and deployment status: draft-matsushima-spring-srv6-deployment-status-10[R]. 2020.

[6] Broadband Forum. Subscriber sessions: TR-146[R]. 2013.

[7] Broadband Forum. CPE WAN management protocol: TR-069[R]. 2020.

[8] 唐宏, 朱永庆, 伍佑明, 等. vBRAS 原理实现与部署[M]. 北京: 人民邮电出版社[R]. 2019.

第10章
SRv6 发展展望

在全球数字化进程持续提速的今天，SRv6 技术的出现恰逢其时。

首先，SRv6 满足了 IP 网络演进过程中不断寻求变革的需要。在 Internet 发展初期，为保证网络的稳健性，采用了以分布式路由为基础的一系列网络技术。伴随着网络智能化进程，以转控分离、集中控制为主要特征的 SDN 技术应运而生。以 OpenFlow 为代表的革新路线希望以转发、控制彻底分离的方式实现完全集中的 SDN。由于该技术是对现有网络技术及其产业链的颠覆，难以获得产业界的广泛支持。IETF 则坚持 SDN 应在既有协议（如 NETCONF、PCEP、BGP 等）基础上，通过集中控制解决分布式 IP 网络的问题。SR（包括 SR-MPLS 和 SRv6）在 IETF 的众多提案中脱颖而出，就在于其"分布式+集中式"的技术架构可为分布式 IP 网络的进一步变革与创新提供强力支撑。

其次，SRv6 为网络/业务端到端一体化创新奠定了基础。在传统 IP 通信范畴，由于业务逻辑及处理位置相对固定，用户、网络以及 IDC 之间的技术界限分明。例如，MPLS 技术仅限于城域网、骨干网范围，而在客户和 IDC 网络中则较少涉及。虚拟化技术，尤其是云计算、5G 等技术的发展，使得业务逻辑与处理位置灵活多变，逐渐模糊了用户、网络以及 IDC 之间的界限。SRv6 技术的广泛支持性（如 Linux Kernel 自 4.10 版本开始即支持 SRv6）使其可贯穿网络/业务的端到端流程，为一体化创新奠定了基础。

最后，SRv6 顺应了全球 IPv6 的发展潮流。SRv6 采用 IPv6 编址空间，基于 IPv6 源路由机制构建，可与 IPv6 无缝融合，从而可获得最广泛的产业链支持。SRv6 已经为 IP 技术开启了一扇创新之门，并将随着 IPv6 的普及而发挥更大的作用。

但是，SRv6 只是 IP 技术的一部分，其实现仍建立在现有的 IGP/BGP 的基础上。基于 SRv6 的技术创新并不能解决 IP 网络的所有问题（例如，SRv6 在网络安全、网络多播等方面并没有很好的解决方案），"SRv6 for Everything"更是言过其实。对 SRv6 采取理性、务实的态度，才有利于 SRv6 健康、持续发展。为此，需要重点在 SRv6 标准化、SRH 压缩以及 SRv6 部署应用等方面切实推进。

（1）加大推进 SRv6 标准化力度，为规模部署扫平障碍

作为 SRv6 标准的主要推动者，IETF 目前发布了 RFC 8354（SRv6 需求场景）、RFC 8402

（SR 架构）、RFC 8754（SRv6 报头格式 SRH）以及 RFC 8986（SRv6 可编程技术）4 个标准，在控制面协议扩展、故障保护、SRv6 头压缩及 OAM 等方面的标准仍在推进过程中。由于功能集的不完善、技术细节的不确定等因素，各设备提供商对 SRv6 的支持程度、实现方式都存在较大差异，在实际部署过程中出现部分场景难以互通或运营维护复杂等问题，阻碍了 SRv6 技术的规模部署。

（2）切实推进 SRH 压缩方案，保障 SRv6 可持续发展

SRv6 的灵活可编程能力以提升报头封装长度为代价，这不仅降低了报文承载效率，而且对网络设备（尤其是芯片）处理能力也提出了巨大挑战。这些最终都将导致网络建设与运营成本的上升。SRH 压缩方案可有效提升 SRH 封装效率（从而提升业务承载效率），也可降低芯片等器件对较长 SID 列表的处理难度，因而是 SRv6 可持续发展的必由之路。但目前 SRH 压缩方案存在的路线之争、利益之争甚至意气之争，并不利于该技术的健康发展。

（3）以问题为导向推广 SRv6 技术，切忌本末倒置

任何技术的价值与生命力均体现在其应用规模，而应用规模则取决于其解决问题的性价比，SRv6 也不例外。但是，在 SRv6 推广过程中，出现了某些为 SRv6 规模部署而全面升级网络的案例。这种"革新"部署方式，不仅不能最大限度地发挥 SRv6 与 IP 网络的兼容优势，而且增加了大量成本，与应用 SRv6 的初衷相背离。

作为近 20 年来最富有产业想象力的 IP 技术，SRv6 已经从概念迈向了规模应用，并开始展现其光彩。让我们携起手来，让 SRv6 技术为 IP 网络贡献更大的价值！

IPv6 报文由 IPv6 基本报头（Basic IPv6 Header）、IPv6 扩展报头（IPv6 Extension Header）、上层报头（Upper-layer Header）以及数据（Data）组成。IPv6 报头格式在 IETF RFC 8200 中定义。IPv6 报头采用 128bit 地址长度，相对于 IPv4 报头格式，删减了许多不必要的选项字段以提升报头的利用率。IPv6 报文格式如附图 1-1 所示，其采用基本报头与扩展报头相结合的方式：IPv6 基本报头尽量简单（长度固定为 40byte），可满足大多数情况下的流量转发需求；为了在不改变基本报头结构基础上提供报头灵活性（理论上可通过扩展报头实现 IPv6 报头的无限扩展），新增了 IPv6 扩展报头（为提高报文处理性能，扩展报头总是 8byte 长度的整数倍）。

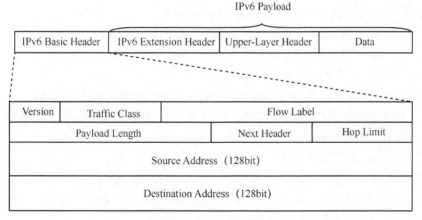

附图 1-1 IPv6 报文格式

IPv6 扩展报头位于 IPv6 基本报头与上层报头之间，属于 IPv6 报文净荷（IPv6 Payload）的一部分。一个 IPv6 报文可带 0 个或多个扩展报头。IPv6 基本报头的"Next Header"字段标识了扩展报头或上层报头类型。Next Header 报头类型见附表 1-1。本章主要介绍 IPv6 扩展报头。

附表 1-1 Next Header 报文类型

报头类型		协议号	含义
上层报头	TCP	6	同 IPv4 的 TCP/UDP 端口号
	UDP	17	
	OSPFv3	89	与 OSPFv2 协议端口号相对应
	ICMPv6	58	ICMP for IPv6，主要用于报告 IPv6 报文处理过程中的错误消息和执行网络诊断功能
扩展报头	逐跳选项扩展报头	0	携带必须由转发路径中每个节点都处理的信息，主要用于超大净荷、路由器警告、资源预留等场景
	目的选项扩展报头	60	携带只被目的节点检测处理的信息，主要用于移动 IPv6 场景
	路由扩展报头	43	通过列出到达目的节点路径中所经过的中间节点列表，提供路由选择功能，主要用于移动 IPv6、SRv6 等场景
	分片扩展报头	44	通过携带分片标识符实现各分片报文在接收节点的重组，用于 IPv6 源节点向目的节点发送大于路径 MTU 报文的场景
	认证扩展报头	51	为源与目的节点之间提供认证信息，主要用于实现数据源验证、数据完整性验证和防报文重放等功能
	封装安全有效净荷扩展报头	50	提供源与目的之间数据加密信息，主要实现数据加密、数据完整性验证、防重放攻击等功能
No Next Header（没有后续报头）		59	表明 IPv6 基本报头或扩展报头后没有扩展报头

网络节点根据 IPv6 基本报头的 Next Header 值决定是否处理特定扩展报头，无须检索和处理整个报头。为降低网络节点处理扩展报头的复杂度，IETF RFC 8200 对 IPv6 扩展报头在 IPv6 报文中的携带与处理顺序提出了相应建议：

- 逐跳选项扩展报头（Hop-by-Hop Options Header）；
- 目的选项扩展报头（Destination Options Header）；
- 路由扩展报头（Routing Header）；
- 分片扩展报头（Fragment Header）；
- 认证扩展报头（Authentication Header）；
- 封装安全有效净荷扩展报头（Encapsulating Security Payload Header）。

其中，"目的选项报头"可出现二次，第二个"目的选项报头"位于"封装安全有效净荷报头"之后，标识最终目的。

针对扩展报头，需要说明的是：

- 除"封装安全有效净荷扩展报头"外，IPv6 扩展报头长度均为 8byte 的整数倍；
- 虽然 AH 协议和 ESP 都可以提供数据源验证和数据完整性校验服务，但两者验证报文的范围不同，不能互相取代；
- IPv6 节点对选项的处理是按照其在报文中出现的顺序依次进行的，不能只搜索和处理某种类型的选项，而忽略其前面的选项；
- 当 Next Header=59，紧随该扩展报头后的 Payload 在转发过程应该被透明传输（Transmitted Transparently），而不能被改变。

1. 逐跳选项扩展报头（Hop-by-Hop Options Header）

逐跳选项扩展报头格式示例如附图 1-2 所示。通过 IPv6 基本报头中"Next Header"标识，其协议号为 0，是唯一需要转发路径上所有 IPv6 节点处理的扩展报头。逐跳选项扩展报头中，Next Header 指代紧随"逐跳选项扩展报头"之后的扩展报头/上层报头类型；Hdr Ext Len 指以 8byte 为单位的扩展报头长度（但不包括第一个 8byte）。一个逐跳选项扩展报头由一系列 Options 构成，每个 Option 都被设计成 TLV 格式。其中，Option Data Len 指 Option Data 的长度（以 byte 为单位）；Option Data 指该 Option 的数据内容（为保证"逐跳选项报头"的长度为 8byte 的整数倍，可以使用 Pad Option）；Option Type 字段共 8bit，用以标识 Option 的类型。Option Type 字段各 bit 相应含义/用法如下。

- 高位的第 1~2bit：表明当节点不支持 Option 处理时所采取的动作。00 表示忽略该选项，继续处理下一选项；01 为丢包；10 为丢包，且向源地址发送 ICMP 参数错误报告；11 为丢包，仅当报文的 IPv6 目的地址不是多播地址时，才向源地址发送 ICMP 参数错误报告。
- 高位的第 3 bit：表明该 Option 在报文转发过程中是否可被修改。为 1，表示可修改；否则，不可修改。
- 低 5bit：表示不同类型的 Option（Option Type 字段的这 8bit 共同作为选项类型标识值，而仅非低 5bit）。

常用的 Option 包括 Pad1/PadN、超大净荷以及路由器警告等选项。

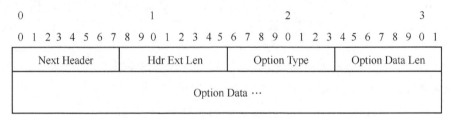

附图 1-2　逐跳选项扩展报头格式示例

（1）填充选项（Pad1/PadN Option）

由于 Option Data 长度是可变的，为满足 IPv6 报头对齐要求，引入了 Pad Option。IETF RFC 8200 定义了 Pad1 和 PadN 两种填充选项。

- Pad1：只有 Option Type 字段（值全为 0），没有 Option Data Len 和 Option Data 字段。该选项用于在报头中插入一个全 0 的填充 byte。
- PadN：PadN 可在报头中插入多个填充 byte。对于 Nbyte 的填充选项，Option Data 为 $N-2$ 个 byte 的全 0 数据（Option Type 和 Option Data Len 各占一个 byte）。

（2）超大净荷选项（Jumbo Payload Option）

IPv6 报头的 Payload Length 字段共 16bit，因而 IPv6 报文 Payload 长度通常不能超过 65535（$2^{16}-1$）byte。超大净荷选项用于在 Payload 长度超过 65535byte 时，指定 Payload 超出部分的长度（此时，IPv6 基本报头中的 Payload Length 字段被置为 0）。

IPv6 Jumbo Payload Option 由 IETF RFC 2675 定义。其中，Option Type 值为 194（0xC2，二进制表示为 11000010）；Option Data Len 值为 4，表明 Option Data 字段长度为 4byte；Option Data 字段（此处为 Jumbo Payload Length）用 32bit 表明 Jumbo Payload 的长度（不包括既有的 65535byte 长度的 Payload）。

（3）路由器警告选项（IPv6 Router Alert Option）

IPv6 Router Alert Option 由 IETF RFC 2711 定义，用于提醒（Alert）路由器对 IPv6 报文内容进行更深入检查，而非仅仅路由转发。

IPv6 Router Alert Option 中，Option Type 值为 5（0x05，二进制表示为 00000101），Option Data Len 值为 2，表明 Option Data 字段长度为 2byte；Option Data 字段定义了 3 个值。

- Option Data = 0：表明 Payload 中包含 MLD 消息。
- Option Data = 1：表明 Payload 中包含 RSVP 消息。
- Option Data = 2：表明 Payload 中包含 Active Networks 消息。

2. 目的选项扩展报头（Destination Options Header）

目的选项扩展报头用于携带需由当前目的地址对应节点（该节点可以是报文的最终目的地，也可以是源路由方案中的 Intermediate node）处理的信息。目的选项扩展报头由 IPv6 基本报头或上一扩展报头（如逐跳选项报头等）的 Next Header 标识，协议号为 60，报头格式与"逐跳选项报头"要求完全相同。

目前，目的选项扩展报头仅定义了 Pad1/Pad*N* 选项。

3. 路由扩展报头（Routing Header）

路由扩展报头的功能类似于 IPv4 协议的松散源路由选项（Loose Source and Record Route Option），用于指定从源节点到目的节点的路径中必须经过的一个或多个中间节点（Intermediate Node）。路由扩展报头只能由源节点设置，中间节点收到报文后，需要进行相应的处理。

路由扩展报头由 IPv6 基本报头或上一扩展报头（如逐跳选项报头等）的 Next Header 标识，协议号为 43。Routing Header 格式如附图 1-3 所示。

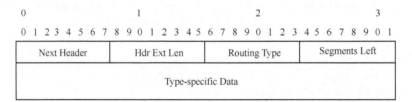

附图 1-3　Routing Header 格式

路由扩展报头中的 Next Header 指代紧随"路由扩展报头"之后的扩展报头或上层报头类型；Hdr Ext Len 指以 8byte 为单位的扩展报头长度（但不包括第一个 8byte）；Routing Type 指路由扩展报头所对应的具体源路由类型；Segments Left 标识到达最终节点还需经过的中间节点数量；Type-specific Data 则是与"Routing Type"相对应的数据。

目前 IETF 所定义的 Routing Type 类型见附表 1-2。具体如下。

- Routing Type=2：用于移动 IPv6（Mobile IPv6）通信场景。源节点（Correspondent）向移动节点（Mobile Node）发送 IPv6 报文时，目的地址为代理地址（Care of Address，CoA），而家乡地址（Home Address，HoA）则被插入"路由扩展报头（Routing Type=2）"中。当报文到达 CoA 地址后，移动节点将 HoA 地址更新为报文的最终目的地址。
- Routing Type=3：用于低功耗有损网络（Low-Power and Lossy Network，LLN）中。结合 RPL（IPv6 Routing Protocol for Low-Power and Lossy Network）协议，通过"路由

扩展报头（Routing Type=3）"携带中间节点的路径信息，实现 RPL 路由域内任意目的的指定报文转发。

- Routing Type=4：即本书介绍的 SRv6 路由扩展类型。

附表 1-2　与 outing Type 相关类型

类型值	描述	参考 IETF RFC
0	弃用类型	IETF RFC 5095
1	已于 2009 年废除	
2	移动 IPv6 节点路由	IETF RFC 6275
3	RPL 源路由报头（RPL Source Route Header）	IETF RFC 6554
4	段路由报头（Segment Routing Header，SRH）	IETF RFC 8754

当节点在处理一个 IPv6 报文的"路由扩展报头"时，如果遇到不认识报头的"Routing Type"，将会根据"Segments Left"来判断该采取何种措施：如果 Segments Left=0，节点则忽略该报头，继续处理下一报头；否则，节点丢弃该报文，并向源节点发送错误代码为 0 的 ICMP 报文。

4. 分片扩展报头（Fragment Header）

分片扩展报头是 IPv6 最常用的扩展报头之一。IPv6 基本报头不包含任何分片信息，而是通过分片扩展报头来实现 IPv6 报文的分片。此外，IPv6 与 IPv4 的分片机制还有如下区别：IPv6 报文只能由报文的源节点进行分片，中间路由器不对 IPv6 报文进行分片处理，而只能使用 ICMPv6 报文通知源节点进行分片并重发报文。当 IPv6 节点需要发送的报文大于链路的 MTU 时，则需要结合分片扩展报头进行分片。

分片扩展报头由 IPv6 基本报头或上一扩展报头（如路由扩展选项报头等）的 Next Header 标识，协议号为 44。

分片扩展报头用于携带各分片的识别信息，报头长度为固定的 8byte。网络节点在进行报头处理时，只要看到 Next Header 协议号为 44，就可确认紧随其后的扩展报头类型（分片扩展报头）与长度。因而，在 Fragment Header 中没有"Hdr Ext Len"字段 Fragment Header 格式如附图 1-4 所示。

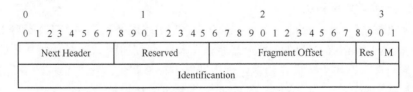

附图 1-4　Fragment Header 格式

分片扩展报头中的 Next Header 指代紧随"分片扩展报头"之后的扩展报头/上层报头类型；Reserved 字段目前设置为 0；Fragment Offset（长度为 13bit）标识了该分片在原 IPv6 报文的 byte 偏移量（offset）；M（More 标志位）指示了该分片是否为最后一个分片，取值为 0 表示是最后一个分片，取值为 1 则不是；Identification 标识该分片所属的原始报文。一个原始报文的所有分片具有相同的 Identification（标识符），此标识符在通信双方之间唯一，接收端根据标识符进行 IPv6 报文重组。

5. 认证扩展报头（Authentication Header，AH）

认证扩展报头由 IETF RFC 4302 单独定义，通常用于 IPv4 和 IPv6 协议的 IPSec 场景，通过使用带密钥的验证算法，可实现报文数据源身份验证（Data Authentication）、完整性验证（Data Integrity），并可防止重放攻击（Anti-Replay），但不提供数据加密功能。

AH 由 IPv6 基本报头或上一扩展报头（如分片扩展选项报头等）的 Next Header 标识，协议号为 51。AH 报头格式如附图 1-5 所示，各字段含义/用法如下。

- Next Header：指代紧随"认证扩展报头"之后的扩展报头或上层报头类型。
- Payload Len：AH 扩展报头长度（不包括第一个 8byte）。为与 IPv4 场景兼容，AH 扩展报头长度以 4byte 为计量单位。
- SPI（Security Parameters Index）：即安全参数索引，长度为 32bit，用于接收者确定报文所绑定的安全关联（Security Association，SA）。安全关联由 SPI、目的地址及安全协议三元组唯一确定，通过携带安全协议、算法及密钥等，确定对报文的安全处理方式。
- Sequence Number Field：用于承载 Sequence Number（序列号）。序列号长度为 32bit，与 SA 绑定，随发送报文而递增，可用于重放攻击防护。当序列号递增至 2^{32} 时，将会溢出。为防止出现这种情况，通信双方需要交换新的密钥，建立并使用新的 SA。
- Integrity Check Value：完整性检查值（ICV）为变长字段，是对报文字段的完整性校验值。ICV 的生成算法由 SA 决定，通常基于 HMAC 机制，以一个对称密钥和 IPv6 报文作为输入，生成一个数字签名，接收方通过对比自身生成的 ICV 和对端发送的 ICV 来判断数据的完整性和真实性。

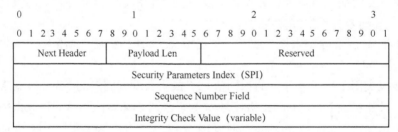

附图 1-5　AH 报头格式

6. 封装安全负载扩展报头

封装安全负载（Encapsulating Security Payload，ESP）扩展报头由 IETF RFC 4303 单独定义，通常用于 IPv4 和 IPv6 协议的 IPSec 场景，可基于相应加密算法对紧随其后的 IPv6 数据内容进行加密处理，以防止数据在传输过程中泄露。ESP 可实现报文数据源身份验证、完整性验证以及数据加密（Data Encryption）等功能，并可防止重放攻击。

ESP 作为 IPSec 在 IPv6 中的安全封装协议，常与 AH 结合使用，以达到验证数据源身份、验证数据完整性与真实性的目的。

ESP 由 IPv6 基本报头或上一扩展报头（如 AH 等）的 Next Header 标识，协议号为 50。ESP 报头格式示例如附图 1-6 所示，各字段含义/用法如下。

- Next Header：指代紧随"ESP 扩展报头"之后的扩展报头或上层报头类型。
- SPI：含义/用法与 AH 相同。

- Sequence Number：含义/用法与 AH 相同。
- Next Header：标识 Payload Data 的协议类型。
- ICV：含义/用法与 AH 相同。

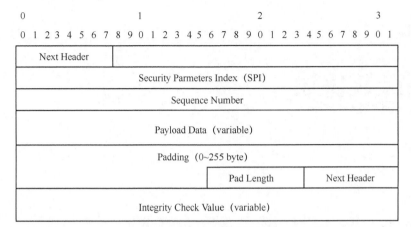

附图 1-6　ESP 报头格式示例

参考文献

[1]　DEERING S, HINDEN R. Internet protocol, version 6 (IPv6) specification: RFC 8200[R]. 2017.

[2]　BORMAN D, DEERING S, HINDEN R. IPv6 jumbograms: RFC 2675[R]. 1999.

[3]　PARTRIDGE C, JACKSON A. IPv6 router alert option: RFC 2711[R]. 1999.

[4]　KENT S. IP authentication header. RFC 4302[R]. 2005.

[5]　KENT S. IP encapsulating security payload (ESP): RFC 4303[R]. 2005.

附录 2

BGP-LS 协议

BGP-LS 协议由 IETF RFC 7752 定义。该协议在原有 BGP 的基础上，引入了 BGP-LS NLRI 以通告网络链路状态信息。BGP-LS NLRI 隶属于 MP_REACH_NLRI 或 MP_UNREACH_ NLRI Attribute 属性字段，通过 BGP Update 消息进行通告。BGP-LS 在 MP-BGP 中的 AFI 为 16388，根据 SAFI 值的不同分为两种类型：值为 71 时代表普通 BGP-LS，值为 72 时表示为 BGP-LS-VPN。

BGP-LS 可基于 BGP 将一个/多个 IGP 域内的 LSDB、TEDB 等信息传递给外部组件（如 PCE 等）。这些信息包括本地/远端 IP 地址、本地/远端接口 ID、链路 metric、TE metric、链路带宽、预留带宽、CoS 状态、是否抢占以及 SRLG 等。外部组件可基于这些信息获得全网拓扑视图，并基于自身强大的计算能力实现跨域流量工程。

尽管 BGP-LS 所携带信息与 IS-IS/OSPF 协议所携带信息基本一致，但并非简单地将这些协议的 LSP/LSA 封装在 BGP 中，而是将其中的信息通过 TLV 方式进行编码（Encoding）。BGP-LS 协议中，通过 BGP-LS 获得网络拓扑等信息的设备称为消费者（Consumer），通过 BGP-LS 通告本地信息的设备称为生产者（Producer）。BGP-LS 典型实现架构如附图 2-1 所示，其中的 BGP-LS Consumer（消费者）通常为控制器（如 PCE 等）。根据 IS-IS/OSPF 协议的特点，同一 IGP 域内每台设备上的 LSDB 与 TEDB 信息是一致的。因而，在每个 IGP 域内，只需其中一台设备（BGP Speaker）运行 BGP-LS，直接与 Consumer 建立 BGP-LS 邻居关系。在实际部署过程中，通常由控制器与路由反射器（Route Reflector，RR）建立 BGP-LS 邻居关系，通过 RR 收集网络拓扑信息，再发送给控制器。这样，可减少 Consumer 的对外连接数，从而简化网络的运维和部署。此外，可在设备上配置相应策略以控制基于 BGP-LS 的网络信息通告，这样不仅可以减少不必要的信息通告，而且在控制器上能够基于不同需求灵活形成各种网络拓扑。

自 BGP-LS 提出后，业界对 BGP-LS 进行了多次扩展，其信息类型不断丰富。目前，BGP-LS 协议已不限于携带路由信息，还可携带其他信息。这些信息包括：

- 从 LSDB/TEDB 以外其他来源获取的信息；
- 节点配置和状态信息；

- Segment Routing（包括 SR-MPLS 与 SRv6）信息；
- IGP TE 度量信息。

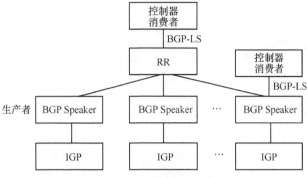

附图 2-1　BGP-LS 典型实现架构

典型的 BGP-LS Update 报文 Path Attributes 格式示例如附图 2-2 所示，其中的起源（ORIGIN）、自治域路径（AS_PATH）、本地优先级（LOCAL_PREF）为 BGP Update 报文通常必须携带的 Path Attribute 属性，与 BGP-LS 对应的多协议可达 NLRI（MP_REACH_NLRI）的 AFI/SAFI 为 16388/71 或 16388/72，BGP-LS Attribute（类型值为 29）又称为链路状态（LINK-STATE）属性。Link-State NLRI 与 BGP-LS Attribute 均采用 TLV 格式，二者一起描述相应网络信息。

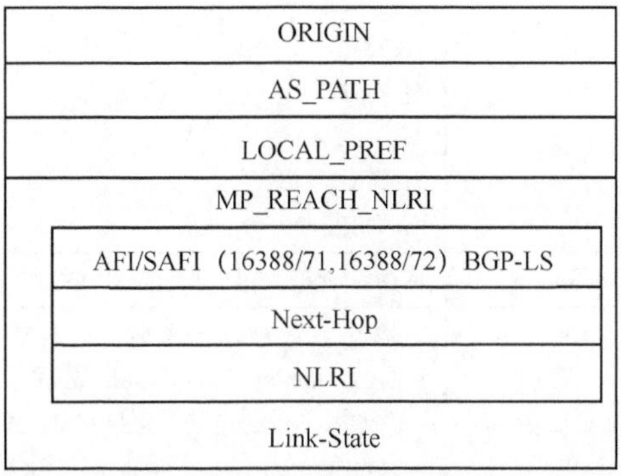

ORIGIN
AS_PATH
LOCAL_PREF
MP_REACH_NLRI
AFI/SAFI（16388/71,16388/72）BGP-LS
Next-Hop
NLRI
Link-State

附图 2-2　BGP-LS Update 报文 Path Attributes 格式示例

BGP-LS 基于 BGP 为描述网络中不同类型网络信息，BGP-LS 定义了 Node、Link、IPv4/IPv6 Topology Prefix、TE Policy 以及 SRv6 SID 等 BGP-LS NLRI 类型，分别携带链路、节点和 IPv4/IPv6 前缀、TE Policy 以及 SRv6 SID 信息。针对不同的 BGP-LS NLRI 类型，还定义了相应的 BGP-LS Attribute 属性，用于携带相应属性信息。

SRv6 SID 类型的 BGP-LS NLRI 及其 BGP-LS Attribute 已经在第 4 章介绍，此处主要介绍 Node、Link、IPv4/IPv6 Topology Prefix、TE Policy 这 5 类 BGP-LS NLRI 的内容。

1．Node NLRI

任何一个节点均由 Node NLRI 和其所对应节点属性（Node Attribute）一起来描述。Node NLRI（类型值为 1）用于携带本地节点的可达性信息。Node NLRI 报文格式如附图 2-3 所示。

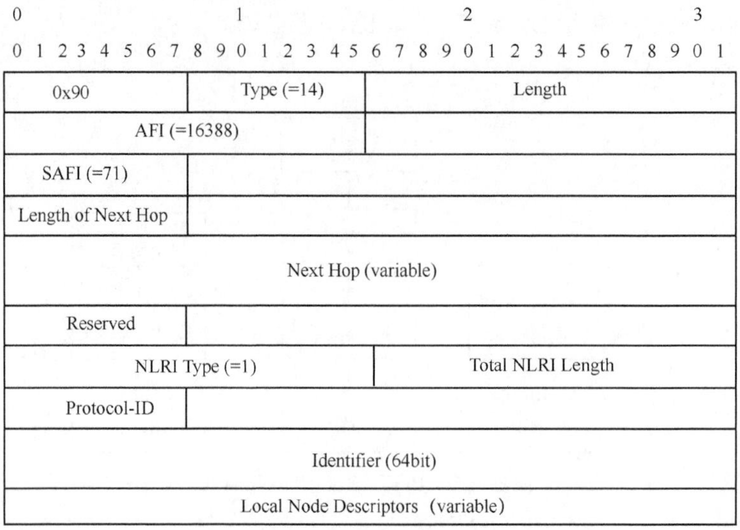

```
 0                   1                   2                   3
 0 1 2 3 4 5 6 7 8 9 0 1 2 3 4 5 6 7 8 9 0 1 2 3 4 5 6 7 8 9 0 1
```

0x90	Type (=14)	Length
AFI (=16388)		
SAFI (=71)		
Length of Next Hop		
Next Hop (variable)		
Reserved		
NLRI Type (=1)		Total NLRI Length
Protocol-ID		
Identifier (64bit)		
Local Node Descriptors (variable)		

附图 2-3　Node NLRI 报文格式

Node NLRI 报文各字段说明见附表 2-1。

附表 2-1　Node NLRI 报文各字段说明

字段名	长度	含义
Protocol-ID	8bit	协议标识。 1：IS-IS Level 1； 2：IS-IS Level 2； 3：OSPFv2； 4：直连路由； 5：静态路由； 6：OSPFv3
Identifier	64bit	路由标识符，用于在 IS-IS、OSPF 多实例时标识不同实例
Local Node Descriptors	可变长度	本地节点描述，由一系列 Sub-TLV 组成，主要包括以下： • Autonomous System Sub-TLV：自治系统 Sub-TLV； • BGP-LS Identifier Sub-TLV：BGP-LS 标识符 Sub-TLV； • OSPF Area-ID Sub-TLV：OSPF 区域标识符 Sub-TLV； • IGP Router-ID Sub-TLV：IGP 路由器标识符 Sub-TLV

节点属性由 TLV 携带，主要有以下属性。

• Multi-Topology Identifier：即多拓扑标识符，用于携带多拓扑标识。
• Node Flag Bit：即节点标志位，以位图（bitmap）方式描述节点属性，如是否为 OSPF 区域边界路由器（Area Border Router，ABR）。
• Opaque Node Attribute：即不透明节点属性，可携带一些可选的节点属性。
• Node Name：即节点名。
• IS-IS Area Identifier：即 IS-IS 路由域标识符。
• IPv4 Router-ID of Local Node：即本地节点的 IPv4 路由器标识符。
• IPv6 Router-IDof Local Node：即本地节点的 IPv6 路由器标识符。

- SRAlgorithm：即节点支持的 SR 算法。
- SR Node MSD：即节点支持的最大栈深。
- SRv6 Capabilities：即节点的 SRv6 支持能力。

2．Link NLRI

任何一条链路均由 Link NLRI 和其所对应链路属性（Link Attribute）一起来描述。Link NLRI（类型值为 2）用于携带与链路相关的可达性信息，Link NLRI 报文格式如附图 2-4 所示。

0	1	2	3
0 1 2 3 4 5 6 7 8 9 0 1 2 3 4 5 6 7 8 9 0 1 2 3 4 5 6 7 8 9 0 1

0x90	Type (=14)	Length
AFI (=16388)		
SAFI (=71)		
Length of Next Hop		
Next Hop (variable)		
Reserved		
NLRI Type (=2)	Total NLRI Length	
Protocol-ID		
Identifier (64bit)		
Local Node Descriptors（variable）		
Remote Node Descriptors（variable）		
Link Descriptors（variable）		

附图 2-4　Link NLRI 报文格式

Link NLRI 报文各字段说明见附表 2-2。

附表 2-2　Link NLRI 报文各字段说明

字段名	长度	含义	
Protocol-ID	8bit	同附表 2-1	
Identifier	64bit		
Local Node Descriptors	可变长度	本地节点描述	用于和 Node NLRI 进行关联，包含的类型与附表 2-1 中 Local Node Descriptors 类型相同
Remote Node Descriptors	可变长度	远端节点描述	
Link Descriptors	可变长度	链路描述，由一系列 TLV 组成，主要包括以下： • Link Local/Remote Identifier TLV：本地/远端链路标识符 TLV； • IPv4 Interface Address TLV：IPv4 接口地址 TLV； • IPv6 Interface Address TLV：IPv6 接口地址 TLV； • IPv4 Neighbor Address TLV：IPv4 邻居地址 TLV； • IPv6 Neighbor Address TLV：IPv6 邻居地址 TLV； • Multi-Topology Identifier TLV：多拓扑标识符 TLV	

链路属性由 TLV 携带，主要包含以下属性。

- IPv4 Router-ID of Local Node：本地节点的 IPv4 路由器标识符。
- IPv6 Router-ID of Local Node：本地节点的 IPv6 路由器标识符。

- IPv4 Router-ID of Remote Node：远端节点的 IPv4 路由器标识符。
- IPv6 Router-ID of Remote Node：远端节点的 IPv6 路由器标识符。
- Administrative Group（Color）：链路的管理组属性，也称为链路的"颜色"属性。
- Maximum Link Bandwidth：最大链路带宽。
- Maximum Reservable Link Bandwidth：最大可预留链路带宽。
- Link MSD：链路支持的最大栈深。
- SRv6 End.X SID：P2P/P2MP 链路或 IS-IS/OSPFv3 邻接相对应的 SRv6 End.X SID 信息。
- SRv6 LAN End.X SID：广播网邻居类型的 SRv6 End.X SID 信息。

3．IPv4/IPv6 Topology Prefix

IPv4/IPv6 Prefix 分别由 IPv4/IPv6 Topology Prefix NLRI 和其对应的前缀属性（Prefix Attribute）一起来描述。IPv4/IPv6 Topology Prefix NLRI（类型值分别为 3 和 4）用于携带网络中 IPv4/IPv6 路由前缀信息，二者报文格式相同，IPv4/IPv6 Topology Prefix NLRI 报文格式如附图 2-5 所示。

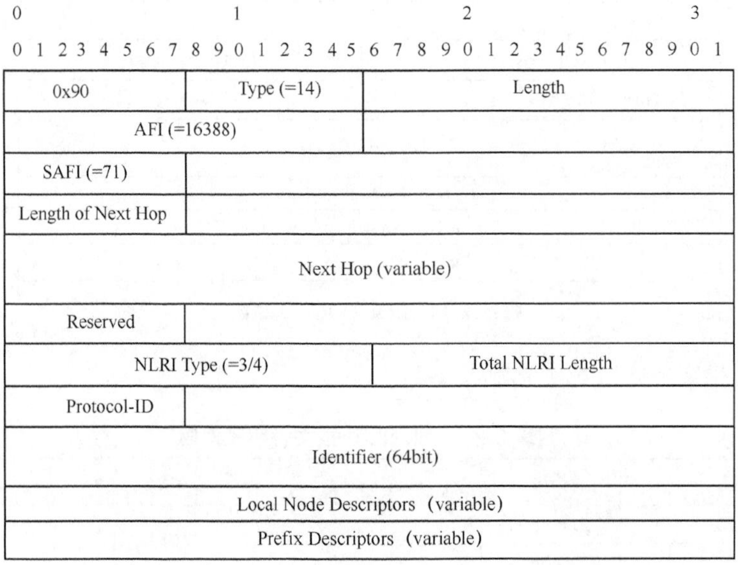

附图 2-5　IPv4/IPv6 Topology Prefix NLRI 报文格式

IPv4/IPv6Topology NLRI 报文各字段说明见附表 2-3。

附表 2-3　Prefix NLRI 报文各字段说明

字段名	长度	含义
Protocol-ID	8bit	同附表 2-1
Identifier	64bit	
Local Node Descriptors	可变长度	
Prefix Descriptors	可变长度	路由前缀描述，主要的 Sub-TLV 有以下几种。 • Multi-Topology Identifier Sub-TLV：多拓扑标识符 Sub-TLV。 • OSPF Route Type Sub-TLV：OSPF 路由类型 Sub-TLV。 • IP Reachability Information Sub-TLV：IP 可达性信息 Sub-TLV

前缀属性由 TLV 携带，主要有以下属性。

- IGP Flag：用于携带与 IS-IS 或 OSPF 协议的标志。
- IGP Route Tag：用于携带 IS-IS 或 OSPF 协议的路由标志信息。
- IGP Extended Route Tag：用于携带 IS-IS 或 OSPF 协议的拓展路由标志信息。
- Prefix Metric：前缀度量属性。
- OSPF Forwarding Address：OSPF 转发地址属性。
- Opaque Prefix Attribute：不透明前缀属性。
- SRv6 Locator：Prefix 对 SRv6 的支持能力。

4．TE Policy NLRI

TE Policy 指 MPLS TE、IP 隧道（IP Tunnel）、SR Policy 等一系列 TE 技术的统称。在 BGP-LS 中，任何一条 TE Policy 均由 TE Policy NLRI 和其所对应一系列 TE Policy State TLV 一起来描述。TE Policy NLRI（类型值为 5）用于携带链路的可达性信息。TE Policy NLRI 报文格式如附图 2-6 所示。

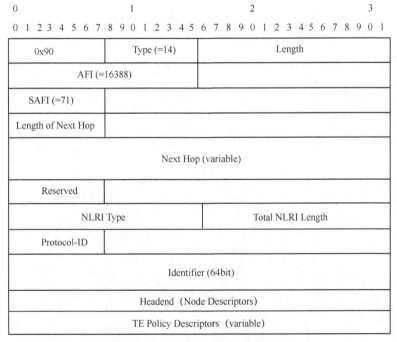

附图 2-6　TE Policy NLRI 报文格式

TE Policy NLRI 报文各字段说明见附表 2-4。

TE Policy 相应属性 TLV，主要有以下几种。

- MPLS-TE Policy State TLV：用于描述 MPLS-TE Policy 特性，包括该 Policy 的特征与属性、数据平面、显式路径、QoS 参数、路由信息和保护机制等。
- SR Policy State TLV：用于描述 SR Policy 状态、候选路径与 SID 列表及其状态等，包括 SR Binding SID、SR Candidate Path State 、SR Candidate Path Name、SR Candidate Path Constraints、SR Segment List 等一系列 TLV。

附表 2-4　TE Policy NLRI 报文各字段说明

字段名	长度	含义
Protocol-ID	8bit	协议标识。 • 8：RSVP-TE • 9：Segment Routing
Identifier	64bit	同附表 2-1
Headend	可变长度	即 Local Node Descriptors，同附表 2-1
TE Policy Descriptors	可变长度	TE Policy 描述，主要的 TLV 有以下几种。 • Tunnel ID TLV：隧道 ID TLV。 • LSP ID TLV：LSP ID TLV，用于 RSVP-TE 所建 LSP。 • IPv4/v6 Tunnel Head-end address TLV：IPv4/v6 隧道头端地址 TLV。 • IPv4/v6 Tunnel Tail-end address TLV：IPv4/v6 隧道尾端地址 TLV。 • SR Policy Candidate Path TLV：SR Policy 候选路径 TLV。 • Local MPLS Cross Connect：本地 MPLS 交叉连接

参考文献

[1]　GREDLER H, MEDVED J, PREVIDI S, et al. C north-bound distribution of link-state and traffic engineering (TE) information using BGP: RFC 7752[R]. 2016.

PCEP 最初由 IETF RFC 5440 定义，是用于在 PCE 与 PCC（Path Computation Client，路径计算终端）之间传递网络路径计算请求及结果等信息的通信协议。在 PCEP 架构中，PCE 是基于网络拓扑及路径计算约束条件等计算端到端路径的实体，可以部署在网络设备中，但更多情况下作为集中计算模块与控制器集成在一起；PCC 则为路径计算请求客户端，通常部署于网络设备中，向 PCE 发送路径请求并接收 PCE 返回的路径计算结果。集中式 PCE 架构示例如附图 3-1 所示，通过集中式 PCE 架构可将网络路径计算功能集中于 PCE 模块进行处理，以解决大规模多域网络的端到端路径计算问题。

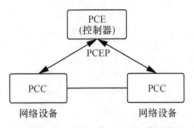

附图 3-1　集中式 PCE 架构示例

集中式 PCE 架构与典型 SR 架构非常类似：PCE 设备基于 TEDB（包含 IGP 链路状态、TE 信息及 TE 路径信息）进行路径计算，PCC 从 PCE 获得路径计算结果，并建立路径；网络设备间基于 IS-IS/OSPF 协议形成网络拓扑和最短路径；路径建立的信令传递机制通常也需要借助 IS-IS/OSPF 协议完成。

然而，从传统的集中式 PCE 架构到匹配 SR 能力的集中式 PCE 架构，业界经历了一系列技术革新。

最初，PCEP 主要面向 RSVP-TE 等流量工程应用场景，定义了无状态 PCE（Stateless PCE）机制和交互流程。"无状态"意味着 PCE 独立地基于 TEDB 计算路径，而无须维护/跟踪当前路径和网络中的其他路径，因而无法对当前路径进行重优化。另外，RSVP-TE 存在 N^2 等扩展性问题，因而 PCEP 最初并未得到广泛应用。

在 SDN 技术与 Segment Routing 技术的推动下，IETF RFC 8231 定义了有状态 PCE

（Stateful PCE）。有状态 PCE 通过维护一个与网络严格同步的 TEDB 及 TE 路径在网络中的预留资源，可按需、即时地进行路径计算与下发，从而更有利于实现全网路径优化。有状态 PCE 可分为 Passive 和 Active 两种模式。Passive 模式下，PCE 根据从 PCC 学习到的 LSP 状态信息计算优化路径，不主动更新 LSP 路径和状态，由 PCC（路径控制者）决定是否与 PCE 计算结果保持同步；Active 模式下，PCC 通过委托（Delegation）机制将 LSP 的控制权完全上交给 PCE，PCE 即可主动更新 LSP 路径和状态。

在 IETF RFC 8231 定义的 Stateful PCE 模型中，PCC 只是将 LSP 控制权委托给 PCE，LSP 配置仍由 PCC 完成。IETF RFC8281 则进一步定义了 Stateful PCE 模型下 PCE 发起（Initiate）LSP 的解决方案。这种解决方案中，PCE 可实现 LSP 的建立（Setup）、维护（Maintenance）与拆除（Teardown）全过程控制，而无须 PCC 参与，从而实现了集中控制模式下的网络动态部署。

为了将 PCEP 应用于 SR 架构，IETF RFC 8664 进一步对 PCEP 进行了扩展。

此处以 Stateful PCE 实现为例，对 PCEP 进行介绍。

1. PCEP 会话交互过程

PCEP 会话典型交互过程如附图 3-2 所示，其可分为 TCP 会话建立、PCEP 会话建立、状态同步、LSP 委托、路径建立与维护、委托撤销/返还以及 PCEP 会话终止等多个环节。需要说明的是，LSP 委托、委托撤销/返还环节实际上是在路径建立与维护环节发生的，此处将它们分开介绍是为了逻辑上叙述方便。

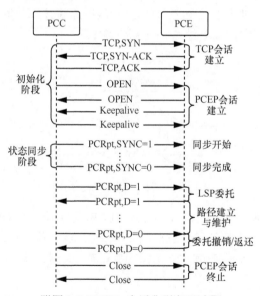

附图 3-2　PCEP 会话典型交互过程

（1）TCP 会话建立

PCEP 基于 TCP 实现。由 PCC 通过 TCP 端口 4189 发起与 PCE 的 TCP 会话。一个 PCC 可向多个 PCE 发起 PCEP 会话，因而需要首先建立相应的 TCP 会话。

（2）PCEP 会话建立

建立 TCP 会话后，PCC 与 PCE 之间通过 Open 消息交换会话参数。会话参数包括节点能力、存活（Keepalive）间隔以及死亡（Dead）间隔等。存活（Keepalive）消息用于确认 Open 消息，PCC 与 PCE 均成功收到 Keepalive 消息后，表明 PCEP 会话成功建立。

Keepalive 消息还可在 PCEP 会话建立后用于维系会话状态。PCC 与 PCE 彼此独立地发送 Keepalive 消息，二者所发送的 Keepalive 消息并非互相响应的关系。

TCP 会话建立、PCEP 会话建立环节被称为初始化（Initialization）阶段。

（3）状态同步（State Synchronization）

PCEP 会话初始化完成后，即进入状态同步环节。在该阶段，PCC 基于 PCEP 状态报告（PCRpt）消息将本地 LSP 状态同步到 PCE。PCRpt 消息使用同步标志位（Sync-flag）指示同步过程：Sync-flag 为 1，表明正在进行状态同步；Sync-flag 为 0，则表明同步过程结束。

完成首次 LSP 状态同步后，每当 PCC 上的 LSP 状态发生变化，它都会向 PCE 发送 PCRpt 消息进行状态同步。通过这种方式，PCC 与 PCE 上的 LSP 数据库将始终保持同步。

（4）LSP 委托

PCC 可以临时授权 PCE 进行 LSP 属性的更新，这个过程就是 LSP 委托（LSP Delegation）。完成 PCEP 初始化之后，PCC 可以随时进行 LSP Delegation。实际上，LSP Delegation 可以与状态同步等过程一起进行。

PCC 与 PCE 分别基于 PCRpt/PCUpd 消息的交互实现 LSP Delegation。PCRpt 消息使用委托标志位（D-flag）指示将 LSP 控制权委托给 Active Stateful PCE；Active Stateful PCE 使用 D-flag 置 1 的 PCUpd 消息确认 LSP Delegation 过程成功。

（5）LSP 建立与维护

根据 LSP 发起方的不同，LSP 建立与维护可分为 PCC 发起（PCC-Initiated）与 PCE 发起（PCE-Initiated）两种方式。

PCC 发起方式又可分为以下两种场景。

- 请求/应答/报告（Request/Reply/Report）场景：PCC 与 PCE 之间首先进行无状态请求/应答消息交换；随后 PCC 安装路径，并向 PCE 发送 PCRpt 消息（在消息中将路径委托给 PCE）。
- 报告/更新/报告（Report/Update/Report）场景：PCC 使能 SR Policy 后随即将路径（PCRpt 消息中路径可以为"空"）委托给 PCE；PCE 接受路径控制权，计算路径，并通过 PCUpd 消息将计算结果传递给 PCC；PCC 安装路径，并向 PCE 发送 PCRpt 消息。

PCE 发起路径方式下，通常由网络应用触发 PCE 行为。这种方式下，应用请求 PCE 在指定头端节点发起 SR Policy 路径（路径计算过程可由应用完成，也可由 PCE 完成）；PCE 向头端节点发送包含 ERO 的 PC Initiate 消息；头端节点发起路径；路径成功建立后，头端节点向 PCE 发送 PCRpt 消息，报告路径创建成功并将路径控制权委托给 PCE。

（6）委托撤销/返还（Delegation Revocation/Return）

在 LSP Delegation 阶段，PCRpt/PCUpd 消息的 D-flag 应该始终置 1。如果出现 PCRpt/PCUpd 消息的 D-flag 置 0 的情况，则认为 LSP Delegation 被撤销/返还：PCC 发送 D-flag 置 0 的 PCRpt 消息，从 PCE 处撤销对 LSP 控制权的委托；PCE 发送 D-flag 置 0 的 PCRpt 消息，将 LSP 控制权返还给 PCC。

委托撤销与委托返还过程相互独立，二者并不互为因果。

（7）PCEP 会话终止

PCC 与 PCE 任何一方发出 Close 消息都可以终止 PCEP 会话，同时拆除相应 TCP 会话。

2. PCEP 报文及其消息类型

PCEP 由 1 个通用报头和多个强制/可选的对象（Object）携带信息。PCEP 报文通用格式如附图 3-3 所示，其为通用报头+通用对象报头。

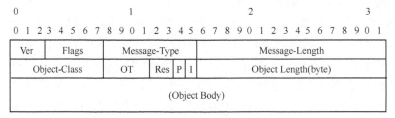

附图 3-3　PCEP 报文通用格式

各字段的用法与含义如下。

- Ver：长度为 3bit，标识 PCEP 版本号（目前为 1）。
- Flags：长度为 5bit，为标志位（目前尚未定义）。
- Message-Type：长度为 8bit，标识消息类型。PCEP 消息类型及其作用见附表 3-1。

附表 3-1　PCEP 消息类型及其作用

消息名称	作用
Open	启动 PCEP 会话，包括能力协商
Keepalive	用于描述 PCEP 会话保活消息，该信息用于维持 PCEP 会话处于活动状态
PCReq（Path Computation Request）	在 Stateless PCE 中，由 PCC 向 PCE 发送，用于请求路径计算
PCRep（Path Computation Reply ）	在 Stateless PCE 中，由 PCE 向 PCC 发送，用于回复 PCC 的路径计算请求
PCRpt（Path Computation State Report）	由 PCC 向 PCE 发送，用于报告 LSP 状态
PCUpd（Path Computation Update Request）	由 PCE 向 PCC 发送，用于更新 LSP 属性
PCInitiate（Path Computation LSP Initiate Request）	由 PCE 主动发向 PCC，用于主动初始化路径
PCErr（PCEP Error）	用于通知 PCEP 对端请求不符合 PCEP 规范或条件错误
Close	用于关闭 PCEP 会话

- Message-Length：长度为 16bit，标识消息长度。
- Object-Class：长度为 8bit，指对象分类，用于标识 PCEP 对象的分类。
- OT（Object-Type）：长度为 4bit，指对象类型，用于标识 PCEP 对象类型。Stateful PCE 模式下的 PCEP Object 种类及其携带位置见附表 3-2。每个 PCEP 对象都由 Object-Class、OT 唯一标识。
- Res：长度为 2bit，为预留的 Flag 标志位。
- P：长度为 1 bit，指处理规则标志位（Processing-Rule Flag，P-Flag），用于 PCEP 请求消息。如果置 1，则路径计算时必须考虑该对象；否则，此对象可选。
- I：长度为 1 bit，指忽略标志位（Ignore Flag，I-Flag），用于 PCEP 应答消息，向 PCC

表明是否忽略了该对象。如果置 1，则向 PCC 表明忽略了该对象；否则，向 PCC 表明处理了该对象。

- Object Length：长度为 16bit，指对象长度，标识对象总体长度（包含对象报头，以 byte 为单位）。
- Object Body：长度可变，指对象主体，包含对象的不同元素。

附表 3-2　Stateful PCE 模式下的 PCEP Object 种类及其携带位置

对象类型	作用	携带位置
OPEN	建立 PCEP 会话，协商业务能力	Open 消息
SRP（Stateful PCE Request Parameters）	关联 PCE 发送的更新请求以及 PCC 发送的错误报告和状态报告	PCRpt/PCUpd/PCErr 消息
LSP	携带 LSP 标识信息	PCRpt/PCUpd 消息
ERO（Explicit Route Object）	携带 PCE 计算的路径信息	PCUpd 消息
RRO（Record Route Object）	携带 PCC 的实际路径信息	PCRpt 消息
ERROR	携带错误信息	PCErr 消息
CLOSE	关闭 PCEP 会话	Close 消息

PCEP 每个消息中可能包含一个或多个 Object（对象），用于描述特定的功能。

除 Object 通用报头外，PCEP Object 还包含不同 Object 类型的差异报头及一个或多个 TLV 字段，用于描述与其相关的信息。

3. 路径计算过程中常用的 PCEP 消息

此处，以 SR Policy 路径计算为例，简要介绍 PCEP 消息。在 SR Policy 路径计算过程中常用到的 PCEP 消息有 PCReq、PCRpt、PCUpd、PCInitiate 等。

（1）PCReq 消息

PCReq 消息格式示例如附图 3-4 所示，必须包含的对象有 RP（Request Parameters） Object、End-Points Object，另外还包含可选的 LSPA（LSP Attributes） Object、Metric Object 等对象。

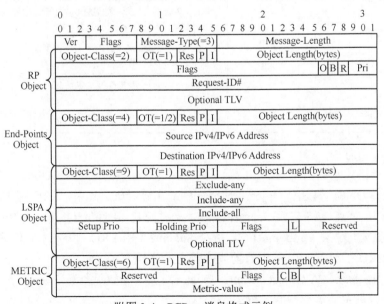

附图 3-4　PCReq 消息格式示例

附图 3-4 中，PCReq 消息主要对象参数见附表 3-3。

附表 3-3　PCReq 消息主要对象参数

对象名称	Object-Class	Object-Type	字段含义	
RP Object（请求参数对象）	2	1	Flags（32bit）	Pri（Priority）：3bit 长度，优先级
				R（Reoptimization）：1bit 长度，重优化
				B（Bi-directional）：1bit 长度，双向
				O（strict/loose）：1bit 长度，严格/松散
				Reserved：26bit，全部置 0
			Request-ID#：标识请求的 ID 号，与应答相匹配	
			Optional TLV：通常为 PATH-SETUP-TYPE TLV，详见 IETF RFC 8408	
End-Points Object（端点对象）	4	1	Source IPv4 Address	
			Destination IPv4 Address	
		2	Source IPv6 Address	
			Destination IPv6 Address	
LSPA Object（LSP 属性对象）	9	1	Exclude-any：排除任何指定"颜色（Color）"的链路。设置为 0 则不排除任何链路	
			Include-any：使用指定"颜色"的链路。设置为 0 则接受所有链路	
			Include-all：使用所有指定"颜色"的链路。设置为 0 则接受所有链路	
			Setup Prio：8bit 长度，建立优先级，用于隧道抢占	
			Holding Prio：8bit 长度，保持优先级，用于隧道抢占	
			L-Flag（Local Protection Desired）：需要本地保护。若置 1，则计算出的路径必须包含 FRR 保护链路	
			Optional TLV：用于携带附加的 TE LSP 属性	
Metric Object（度量对象）	6	1	B-Flag（Bound）：上限。如果置 0，则度量类型是优化目标；如果置 1，则度量值为此度量类型的上限（计算路径的累计度量≤度量值）	
			C-Flag（Computed Metric）：计算所得度量值。如果置 1，则 PCE 必须返回计算路径的度量值	
			T（Metric Type）：度量类型，包括 IGP 度量、TE 度量、跳数等，详见 IETF RFC 8233	
			Metric-value：度量值，即路径度量值	

（2）PCRpt 消息

PCRpt 消息格式示例如附图 3-5 所示，其必须包含的对象有 LSP Object、ERO，另外还包含可选的 SRP Object、LSPA Object、Metric Object 等对象。其中，ERO 用于描述路径所涉及元素（如链路、节点、AS 以及 Segment 等），显式路由（Explicit Route）被编码（Encoded）为 ERO 中一系列子对象（Subobject）。每个 Subobject 由 ERO 中的 Type 值区分。附图 3-5 中仅以 SRv6-ERO 子对象（Type 值目前尚未确定）为例表示 ERO。

附图 3-5 中，除 LSPA Object、Metric Object 对象（参数见附表 3-3）外，其余对象的参数，即 PCRpt 消息主要对象参数见附表 3-4。

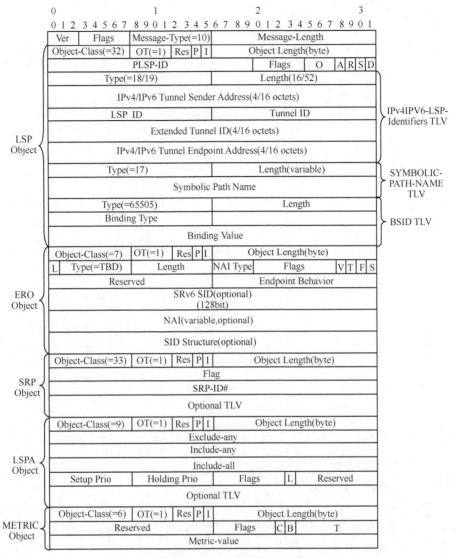

附图 3-5　PCRpt 消息格式示例

附表 3-4　PCRpt 消息主要对象参数

对象名称	Object-Class	Object-Type	字段含义		
LSP Object（LSP 对象）	32	1	PLSP-ID：20bit 长度，LSP 的 PCEP 标识符。PCC 为每条 LSP 创建一个 PLSP-ID。该 ID 在 PCEP 会话期间保持不变		
			Flags（12bit）	A（Administrative）：1bit 长度，管理状态	
				R（Remove）：1bit 长度，删除。如果置 1，则 PCE 删除所有路径状态	
				S（Sync）：1bit 长度，同步。该标志在状态同步期间置 1	
				D（Delegate）：1bit 长度，委托	
				Reserved：5bit，全部置 0	
			TLV：通常包括 LSP 标识符 TLV、路径符号名称 TLV 与 BSID TLV 等。详见下文		

（续表）

对象名称	Object-Class	Object-Type	字段含义		
ERO Object（显式路由对象）	7	1	L（Loose）：如果置 1，表明这是 LSP 中的松散跳（Hop）		
			Type（Sub-object 类型）	Type=1: IPv4 Prefix	
				Type=2: IPv6 Prefix	
				Type=32: AS#	
				Type=36: SR-ERO	
			NAI Type（NT）：NAI 不存在（0）、IPv4 节点 ID（1）、Pv6 节点 ID（2）、IPv4 邻接（3）、采用 Global IPv6 地址的 IPv6 邻接（4）、与 IPv4 节点间的无编号邻接 ID（5）、采用 link-local IPv6 地址的 IPv6 邻接（6）		
			Flags	F：1 bit 长度，如果置 1，在 NAI 字段为空	
				S：如果置 1，则 SRv6 SID 字段为空，由 PCC 选择 SID	
				T：如果置 1，则该子对象必须包含 SID Structure	
				V：用于 SID Verification	
			NAI（Node or Adjacency ID）	NT=1: IPv4 类型的节点 ID	
				NT=2: IPv6 类型的节点 ID	
				NT=3: IPv4 地址对，即本地/远端 IPv4 地址	
				NT=4: IPv6 地址对，即本地/远端 IPv6 地址	
				NT=5: 二元组（节点 ID，接口 ID）	
SRP Object（有状态请求参数对象）	33	1	Flag：目前尚无定义		
			SRP-ID#：在当前的 PCEP 会话中唯一标识 PCE 请求 PCC 执行的操作。每次向 PCC 发送 PCUpd 消息时，该 ID 值就会递增		

LSP 对象中通常附带的 TLV 如下。

- LSP Identifiers TLV（LSP 标识符 TLV）：类型值 18/19 分别对应 IPv4-LSP Identifiers TLV 与 IPv6-LSP Identifiers TLV；IPv4/IPv6 Tunnel Sender Address（IPv4/IPv6 隧道发送方地址）为头端的 IP 地址；LSP ID 用于相同隧道 ID 的 LSP；Tunnel ID（隧道 ID）是在路径生命周期内保持不变的路径标识符；Extended Tunnel ID（扩展隧道 ID）通常为头端的 IP 地址；IPv4/IPv6 Tunnel Endpoint Address（IPv4/IPv6 隧道端点地址）为隧道端点的 IP 地址。
- Symbolic-Path-Name TLV（路径符号名称 TLV）：类型为 17；路径的符号名称在每个 PCC 内都是唯一的，且在路径声明周期内始终不变。
- BSID TLV：类型值为 65505，用于携带 SR Policy 候选路径的 TLV。

（3）PCUpd 消息

PCUpd 消息格式示例如附图 3-6 所示，其必须包含的对象有 SRP Object、LSP Object、ERO，另外还包含可选的 Metric Object 等对象。参数见附表 3-3、附表 3-4。

（4）PCInitiate 消息

PCInitiate 消息格式示例如附图 3-7 所示，必须包含的对象有 SRP Object、LSP Object、ERO，另外还包含可选的 End-Points Object、Metric Object 等对象。参数见附表 3-3、附表 3-4。

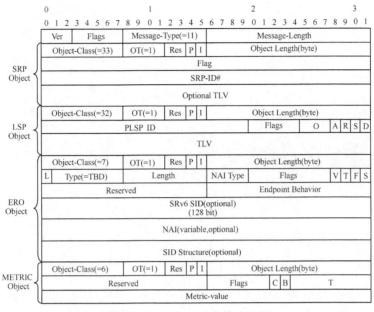

附图 3-6 PCUpd 消息格式示例

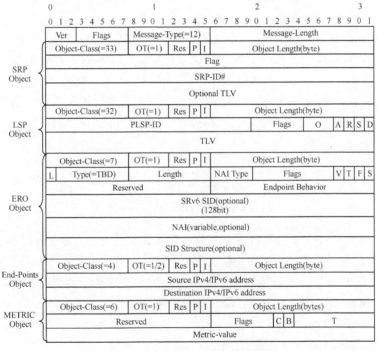

附图 3-7 PCInitiate 消息格式示例

参考文献

[1] VASSEUR J P, LE ROUX J L. Path computation element (PCE) communication protocol (PCEP): RFC 5440[R]. 2009.

附录 4

ICMPv6 错误消息

ICMPv6 是 ICMP 针对 IPv6 的新版本，在 IETF RFC 4443 中定义。ICMPv6 位于 TCP/IP 模型中的网络层（其协议号为 58），主要用于报告 IPv6 报文处理过程中的错误消息和执行网络诊断功能。与 ICMP 相比，ICMPv6 增加了一些新的应用场景，比如邻居发现协议 NDP 和多播监听者发现协议 MLD 都使用 ICMPv6 报文进行交互。

ICMPv6 消息由 IPv6 报文承载，其消息类型又分为错误消息（Error Message）和信息消息（Informational Message）两类。ICMPv6 消息通用格式如附图 4-1 所示：Type（类型字段）与 Code（代码字段）各占 8bit；Checksum（校验和字段）占 16bit，用于检查 ICMPv6 消息和 IPv6 报头的错误；Message Body（消息体字段）长度可变，用于携带消息的内容（消息体部分一般是尽可能多地引用原 IPv6 报文数据，但不能超过最小的 MTU 值。）

Type	Code	Checksum
Message Body		

附图 4-1　ICMPv6 消息通用格式

ICMPv6 报头中的类型字段用以标识消息类型：最高位是 0（即取值范围 0～127），表示该 ICMPv6 报文是一个错误消息；最高位为 1（即取值范围 128～255），表示该 ICMPv6 报文是一个信息消息。代码字段的取值取决于类型值，用于区分某一类型的多种消息。

IETF RFC 4443 定义的错误消息，即 ICMPv6 错误消息类型见附表 4-1，其主要包括目的地不可达（Destination Unreachable）、报文过大（Packet Too Big）、超时（Time Exceeded）与参数问题（Parameter Problem）4 类。

附表 4-1　ICMPv6 错误消息类型

类型值	错误消息	含义
1	目的地不可达	通知源节点，报文不能被正确发送至目的节点
2	报文过大	通知源节点，IPv6 报文大于链路的 MTU 值，报文需要分片后重传，并告知具体的 MTU 值

（续表）

类型值	错误消息	含义
3	超时	通知源节点，已超出 IPv6 报文的跳数限制
4	参数问题	通知源节点，在处理 IPv6 基本报头或扩展报头时发现错误
100、101	实验	实验用途
127	保留	保留

1．"目的地不可达"消息

当网络节点无法正确转发 IPv6 报文到目的地时，将产生一个 ICMPv6 "目的地不可达"的错误消息。不可达的原因则通过代码字段进一步说明：

- 代码值为 0 表示没有到达目的地的路由；
- 代码值为 1 表示管理上禁止与目的地通信；
- 代码值为 2 表示超出了源地址范围；
- 代码值为 3 表示地址不可达；
- 代码值为 4 表示端口不可达；
- 代码值为 5 表示源地址与入向/出向策略抵触；
- 代码值为 6 表示拒绝去往目的地的路由。

除了网络节点，IPv6 报文源节点的 IPv6 协议层也会产生此消息。例如应用程序发出一个 IPv6 报文，报文到达操作系统的网络层，网络层发现没有相应的路由到达目的地址，便会产生此报文告知上层协议。

2．"报文过大"消息

路由器在转发过程中，发现 IPv6 报文长度大于下一跳链路的 MTU 时，将产生此消息以通知源节点：所发送的 IPv6 报文过大。路径 MTU 发现协议就是基于此类 ICMPv6 错误消息来检测特定路径的 MTU 值。

"报文过大"错误消息的类型值为 2，消息格式包含一个 MTU 字段（由网络节点填写正确的 MTU 值）。与其他 ICMPv6 消息不同的是此类错误消息的目的地址是多播地址（其他类型的消息通常只采用单播地址）。

3．"超时"消息

"超时"错误消息的类型值为 3，主要有两种场景。

（1）跳数超限（Hop Limit exceeded In Transit）

"跳数超限"的代码值为 0。为避免出现数据环路（报文被无休止地转发）情况，在 IPv6 报文转发过程中，其报头的"跳数限制（Hop Limit）"值会被逐跳减 1。如果网络节点收到一个 IPv6 报文的"跳数限制（Hop Limit）"数值等于 0（或者减 1 后为 0），则必须丢弃该报文，并向源节点发送"跳数超限"错误消息。

（2）分段重组超时（Fragment Reassembly Time Exceeded）

"分段重组超时"的代码值为 1。在报文分片机制中，如果接收端收到第一个分片后，60s 内没有收到全部剩余的分片，则认为"分段重组超时"，随即会产生此类型的错误消息。

4. "参数问题"消息

"参数问题"错误消息的类型值为4，参数问题消息格式如附图4-2所示。路由器或主机在处理IPv6报头时，如果遇到错误字段，从而不能完整地处理整个报文，则会使用此类消息通知源节点。不同的代码值，代表不同的错误原因。

- 代码值为0表示错误的报头字段；
- 代码值为1表示不能识别的下一报头类型；
- 代码值为2表示不能识别的IPv6选项；
- SRv6新定义了代码值4，表示SR上层报头错误。

此类消息有一个32bit的指针字段，指示错误字段所在的位置（以byte为单位）。指针也可以指向ICMP报文之外，表示出错的部分超出了一条ICMPv6错误报文可以容纳的最大长度。

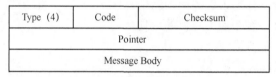

附图4-2　参数问题消息格式

参考文献

[1] CONTA A, DEERING S, et al. Internet control message protocol (ICMPv6) for the Internet protocol version 6 (IPv6) specification: RFC 4443[R]. 2006.

缩略语

缩写	英文全称	中文全称
ABR	Area Border Router	区域边界路由器
AC	Attachment Circuit	接入电路
ACL	Access Control List	访问控制列表
AFI	Address Family Identifier	地址族标识
AH	Authentication Header	认证报头
ALG	Application Level Gateway	应用层网关
API	Application Programming Interface	应用程序接口
APNIC	Asia-Pacific Network Information Center	亚太互联网络信息中心
AR	Augmented Reality	增强现实
ARP	Address Resolution Protocol	地址解析协议
ARPANET	Advanced Research Project Agency Network	ARPA 网
AS	Autonomous System	自治系统
AS	Automated Steering	自动引流
ASBR	AS Border Router	AS 边界路由器
ASCII	American Standard Code for Information Interchange	美国信息交换标准代码
ASIC	Application Specific Integrated Circuit	专用集成电路
AT	Access Type	接入类型
ATM	Asynchronous Transfer Mode	异步传输模式

（续表）

缩写	英文全称	中文全称
AT&T	American Telephone and Telegraph Company	美国电话电报公司
BAR	BIER Algorithm	BIER 算法
BBF	Broadband Forum	宽带论坛
BD	Broadcast Domain	广播域
BFD	Bidirectional Forwarding Detection	双向转发检测
BFIR	Bit-Forwarding Ingress Router	位转发入口路由器
BFER	Bit-Forwarding Egress Router	位转发出口路由器
BFR	Bit-Forwarding Router	位转发路由器
BFR-ID	Bit-Forwarding Router Identifier	位转发路由器标识
BGP	Border Gateway Protocol	边界网关协议
BGP4	BGP version4	BGP 版本四
BGP-LS	BGP Link State	BGP 链路状态
BGP-LU	BGP Labeled Unicast	BGP 标记单播
BIER	Bit Index Explicit Replication	位索引显式复制
BIFT	Bit Index Forwarding Table	位索引转发表
BMP	BGP Monitor Protocol	BGP 监控协议
BRAS	Broadband Remote Access Server	宽带远程接入服务器
BSL	Bit String Length	位串长度
B/S	Browser/Server	浏览器/服务器模式
BUM	Broadcast，Unknown-unicast，Multicast	广播、未知单播、多播
CAR	Committed Access Rate	承诺访问速率
CC	Continuity Check	连续性检测
CC	County Code	区县编码
CDN	Content Delivery Network	内容分发网络
CE	Customer Edge	用户边缘设备
CERNET	China Education and Research Network	中国教育和科研计算机网
CFM	Connectivity Fault Management	连通错误管理
CGN	Carrier-Grade NAT	运营级网络地址转换

（续表）

缩写	英文全称	中文全称
CLI	Command Line Interface	命令行界面
CNNIC	China Internet Network Information Center	中国互联网络信息中心
CMNET	China Mobile Network	中国移动互联网
CoA	Care of Address	代理地址或转交地址
CoS	Class of Service	服务类别
CP	Control Plane	控制平面
CP	Candidate Path	候选路径
CPE	Customer Premises Equipment	用户驻地设备
CPU	Central Processing Unit	中央处理器
CR	Core Router	核心路由器
CRH	Compressed Routing Header	压缩路由报头
CR-LDP	Constraint-based Routing Label Distribution Protocol	基于路由受限的标签分发协议
CRH-FIB	CRH Forwarding Information Base	CRH 转发信息库
CSPF	Constraint-based Shortest Path First	基于约束的最短路径优先
CT	Communication Technology	通信技术
C/S	Client/Server	客户/服务器
C/U	Control Plane/User Plane	控制平面/用户平面
CV	Connectivity Verification	连通性校验
DA	Destination Address	目的地址
DC	Data Center	数据中心
DDoS	Distributed Denial of Service	分布式拒绝服务
DF	Designated Forwarder	指定转发者
DHCP	Dynamic Host Configuration Protocol	动态主机配置协议
DIS	Designed Intermediate System	指定中间系统
DM	Delay Measurement	时延测量
DNS	Domain Name System	域名系统
DoS	Denial Of Service	拒绝服务
DP	Data Plane	数据平面

（续表）

缩写	英文全称	中文全称
DPI	Deep Packet Inspection	深度包检测
DSCP	Differentiated Services Code Point	区分服务代码点
EBGP	External Border Gateway Protocol	外部边界网关协议
ECMP	Equal-Cost Multi-Path	等价多路径
EFM	Ethernet in the First Mile	"最后一公里"以太网
E-LAN	Ethernet LAN	以太专网
E-Line	Ethernet Line	线型以太网
eNB	evolved Node B	演进 NB，指 4G 基站
ENLP	Explicit NULL Label Policy	显式空标签策略
EPE	Egress Peer Engineering	出口对等体工程
ERO	Explicit Route Object	显式路由对象
ESI	Ethernet Segment Identifier	以太网段标识符
ESP	Encapsulation Security Payload	封装安全负载
ET	Ethernet Tag	以太网标签
E-Tree	Ethernet Tree	树型以太网
EVI	EVPN Instance	EVPN 实例
EVPN	Ethernet VPN	以太网 VPN
F-BM	Forwarding Bit Mask	位转发掩码
FAD	Flexible Algorithm Definition	灵活算法定义
FCS	Frame Check Sequence	帧校验序列
FEC	Forwarding Equivalence Class	转发等价类
FIB	Forward Information DataBase	转发信息库
FIC	Fabric Interface Chip	交换矩阵接口芯片
Flex-Algo	Flexible Algorithm	灵活算法
FM	Fault Management	故障管理
FOV	Field Of View	视场，视野
FP	Forwarding Plane	转发平面
FRR	Fast Re-Route	快速重路由

（续表）

缩写	英文全称	中文全称
FW	Fire Wall	防火墙
Gbit/s	Gigabits per second	吉比特每秒
GE	Gigabit Ethernet	吉比特以太网，千兆比特以太网
gNB	next generation Node B	下一代 5G 基站
GRE	Generic Routing Encapsulation	通用路由封装
HMAC	Hash-based Message Authentication Message Code	散列消息认证码
H-VPLS	Hierachical Virtual Private LAN Service	层次化虚拟专用局域网业务
IANA	Internet Assigned Numbers Authority	因特网编号分配机构
IBGP	Internal Border Gateway Protocol	内部边界网关协议
ICMP	Internet Control Message Protocol	互联网控制消息协议
ICMPv6	Internet Control Message Protocol version 6	互联网控制消息协议版本六
ICP	Internet Content Provider	内容提供商
ICV	Integrity Check Value	完整性检查值
IDC	Internet Data Center	互联网数据中心
IEEE	Institute of Electrical and Electronics Engineers	电气电子工程师学会
IETF	Internet Engineering Task Force	互联网工程任务组
IHL	Internet Header Length	Internet 报头长度
IGMP	Internet Group Management Protocol	互联网组管理协议
IGP	Interior Gateway Protocol	内部网关协议
IoE	Internet of Everything	万物互联
IP	Internet Protocol	互联网协议
IPFIX	IP Flow Information Export	IP 数据流信息输出
IPFPM	IP Flow Performance Measurement	IP 流性能测量
IPLS	IP-Only LAN-Like Service	只支持 IP 的局域网业务
IPoE	IP over Ethernet	以太上的 IP 连接
IPS	Intrusion Prevention System	入侵防御系统
IPSec	Internet Protocol Security extensions	IP 安全扩展
IPTV	Internet Protocol Television	互联网电视

（续表）

缩写	英文全称	中文全称
IPv4	Internet Protocol version 4	第 4 版互联网协议
IPv6	Internet Protocol version 6	第 6 版互联网协议
IP RAN	IP-based Radio Access Network	基于 IP 的无线接入网
IRB	Integrated Routing and Bridging	集成路由和桥接
IS-IS	Intermediate System-Intermediate System	中间系统到中间系统
ISP	Internet Service Provider	互联网服务提供者
IT	Information Technology	信息技术
ITMS	Integrated Terminal Management System	终端综合管理系统
ITU-T	International Telecommunication Union Telecommunication Standardization Sector	国际电信联盟电信标准化部门
IWS	Internet World Stats	互联网世界统计
Kbit/s	Kilobits per second	千比特每秒，1Kbit/s=1024bit/s
km	kilometer	千米
LAN	Local Area Network	局域网
LDP	Label Distribution Protocol	标签分发协议
LFA	Loop Free Alternate	无环路备份
LFIB	Label Forwarding Information Base	标签转发表
LLNs	Low-Power and Lossy Networks	低功耗有损网络
LM	Loss Measurement	丢包测量
LPM	Longest Prefix Match	最长前缀匹配
LSA	Link State Advertisement	链路状态通告
LSP	Link State Protocol Data Unit	链路状态协议数据单元
LSP	Label Switch Path	标签交换路径
LSDB	Link State DataBase	链路状态数据库
L2TP	Layer two Tunneling Protocol	二层隧道协议
L2VPN	Layer two Virtual Private Network	二层虚拟专用网络
L3VPN	Layer three Virtual Private Network	三层虚拟专用网络
MAC	Media Access Control	媒体接入控制

（续表）

缩写	英文全称	中文全称
MAN	Metropolitan Area Network	城域网
Mbit/s	Megabits per second	兆比特每秒，1Mbit/s=1024Kbit/s
MEF	Metro Ethernet Forum	城域以太网论坛
MLD	Multicast Listener Discovery	多播监听者发现
MP-BGP	Multiprotocol Extensions for Border Gateway Protocol	多协议扩展边界网关协议
MPLS	Multi-Protocol Label Switching	多协议标签交换
MP2MP	Multi-Point to Mutli-Point	多点对多点
MR	Mixed Reality	混合现实
MRU	Maximum Receive Unit	最大接收单元
MSD	Maximum SID Depth	最大 SID 栈深
MSDP	Multicast Source Discovery Protocol	多播源发现协议
MTU	Maximum Transmission Unit	最大传输单元
MTDC	Multi-tenant Data Center	多租户数据中心
NAI	Node or Adjacency Identifier	节点或邻接标识符
NAPT	Network Address Port Translation	网络地址端口转换
NAT	Network Address Translation	网络地址转换
NDP	Neighbor Discovery Protocol	邻居发现协议
NETCONF	Network Configuration Protocol	网络配置协议
NFV	Network Function Virtualization	网络功能虚拟化
NH	Next Header	下一报头
NLRI	Network Layer Reachability Information	网络层可达信息
NP	Network Processor	网络处理器
NPU	Network Processor Unit	网络处理器单元
NSF	National Science Foundation	美国国家科学基金会
NSH	Network Service Header	网络业务报头
NT	Network Type	网络类型
OAM	Operation Administration and Maintenance	操作、管理和维护
ODN	On-Demand Next-Hop	按需下一跳

（续表）

缩写	英文全称	中文全称
OLT	Optical Line Terminal	光线路终端
ONF	Open Networking Foundation	开放网络基金会
OSI	Open System Interconnect	开放系统互联
OSPF	Open Shortest Path First	开放最短路径优先
OTT	Over The Top	过顶传球，指通过互联网提供各种应用服务
OWAMP	One-Way Active Measurement Protocol	单向主动测量协议
P2MP	Point to Multi-Point	点到多点
P2P	Point-to-Point	点到点
PB	Prefix of IPv6 Access Address Block	IPv6 接入地址块前缀
PBR	Policy Based Routing	策略路由
PCC	Path Computation Client	路径计算终端
PCE	Path Computation Element	路径计算单元
PCEP	Path Computation Element Protocol	路径计算单元协议
PCErr	PCEP Error	PCEP 错误消息
PCInitiate	Path Computation LSP Initiate Request	LSP 发起请求
PCRep	Path Computation Reply	路径计算答复
PCReq	Path Computation Request	路径计算请求
PCRpt	Path Computation State Report	PCEP 状态报告
PCUpd	Path Computation Update Request	PCEP 更新请求
PE	Provider Edge	运营商边缘
PHP	Penultimate Hop Popping	倒数第二跳弹出
PIM	Protocol Independent Multicast	协议无关多播
PIM-SM	Protocol Independent Multicast-Sparse Mode	稀疏模式协议无关多播
PLR	Point of Local Repair	本地修复节点
PLR	Packet Loss Ratio	丢包率
PM	Performance Measurement	性能测量
POD	Point of Delivery	交付单元

（续表）

缩写	英文全称	中文全称
PON	Passive Optical Network	无源光网络
PoP	Point of Presence	因特网接入点
PPP	Point-to-Point Protocol	点到点协议
PPPoE	PPP Over Ethernet	基于以太网承载 PPP
PPSI	Per-Path Service Instructions	基于路径的服务指令
PPVPN	Provider Provisioned Virtual Private Networks	运营商提供的 VPN
PSP	Penultimate Segment Pop of the SRH	倒数第二个 Segment 弹出 SRH
PSSI	Per-Segment Service Instructions	基于段的服务指令
PST	Path Setup Type	路径创建类型
PMSI	Provider Multicast Service Interface	运营商多播业务接口
PW	Pseudo Wire	伪线
QinQ	802.1Q in 802.1Q	802.1Q 嵌套 802.1Q
QoS	Quality of Service	服务质量
RD	Route Distinguisher	路由区分符
RIP	Routing Information Protocol	路由信息协议
RL	Repair List	修复路径
RLFA	Remote Loop Free Alternate	远端无环路备份
RIPng	RIP next generation	下一代 RIP
RP	Request Parameters	请求参数
RPL	Routing Protocol for Low-Power and Lossy Networks	低功耗有损网络路由协议
RR	Route Reflector	路由反射器
RR	Re-Route	重选路由
RRO	Reported Route Object	上报路由对象
RSVP-TE	Resource ReSerVation Protocol-Traffic Engineering	基于流量工程扩展的资源预留协议
RT	Route Target	路由目标
SA	Source Address	源地址
SA	Security Association	安全关联

（续表）

缩写	英文全称	中文全称
SAFI	Subsequent Address Family Identifier	子地址族标识
SBFD	Seamless BFD	无缝 BFD
SC	Service Chain	业务链
SD	Sub-domain	子域
SDN	Software Defined Networking	软件定义网络
SF	Service Function	业务功能单元
SFC	Service Function Chaining	业务功能链
SFF	Service Function Forwarder	业务功能转发器
SFP	Service Function Path	业务功能路径
SID	Segment Identifier	段标识符
SI	Service Index	业务索引
SI	G-SID Index	G-SID 索引
SI	Set Identifier	集合标识符
SL	Segment Left	剩余 Segment
SLA	Service Level Agreement	服务等级协议
SNMP	Simple Network Management Protocol	简单网络管理协议
SPF	Shortest Path First	最短路径优先
SPI	Service Path Identifier	业务路径标识
SR	Segment Routing	分段路由
SRH	Segment Routing Header	分段路由头
SR-TE	Segment Routing Traffic Engineering	段路由流量工程
SRLG	Shared Risk Link Groups	共享风险链路组
SRP	Stateful PCE Request Parameters	有状态 PCE 请求参数
STB	Set Top Box	机顶盒
TBD	To Be Determined	尚未确定
TC	Traffic Class	流量等级
TCP	Transmission Control Protocol	传输控制协议
TE	Traffic Engineering	流量工程

（续表）

缩写	英文全称	中文全称
TEDB	Traffic Engineering DataBase	流量工程数据库
TI-LFA	Topology Independent Loop Free Alternate	拓扑无关的无环路备份
TLS	Transparent LAN Services	透明局域网服务
TLV	Type Length Value	类型长度值
TM	Traffic Management	流量管理
TM	Throughput Measurement	吞吐量测量
ToS	Type of Service	服务类型
TPF	Tunnel Payload Forwarding	隧道载荷转发
TWAMP	Two-Way Active Measurement Protocol	双向主动测量协议
UCMP	Unequal-Cost Multi-Path	非等价多路径
UDP	User Datagram Protocol	用户数据报协议
ULH	Upper-Layer Header	上层报头
UP	User Plane	用户面
UPF	User Plane Function	用户平面功能模块
USD	Ultimate Segment Decapsulation	最后一个 Segment 解封装
USP	Ultimate Segment Pop of the SRH	最后一个 Segment 弹出 SRH
VAS	Value-Added Service	增值业务
vBRAS	Virtualized Broadband Remote Access Server	虚拟化宽带远程接入服务器
VLAN	Virtual LAN	虚拟局域网
VLLS	Virtual Leased Line Service	虚拟租用线路服务
VM	Virtual Machine	虚拟机
VoIP	Voice over Internet Protocol	IP 电话
VPLS	Virtual Private LAN Service	虚拟专用局域网业务
VPWS	Virtual Private Wire Service	虚拟专线业务
VPN	Virtual Private Network	虚拟专用网络
VR	Virtual Reality	虚拟现实
VR	Virtual Router	虚拟路由器
VR	Virtual Router	虚拟路由器

（续表）

缩写	英文全称	中文全称
VRF	VPN Routing and Forwarding tables	VPN 路由转发表
VxLAN	Virtual eXtensible Local Area Network	虚拟可扩展的局域网
VxLAN-GPE	Generic Protocol Encapsulation for VxLAN	VxLAN 通用协议封装
WAN	Wide Area Network	广域网
XaaS	Everything as a Service	一切皆服务
XR	eXtended Reality	扩展现实
YANG	Yet Another Next Generation Model	又一代模型
2B	To Business	政企客户
2C	To Customer	个人客户
2D	Two Dimensions	二维
2H	To Home	家庭客户
3D	Three Dimensions	三维
4K	4K resolution	4K 分辨率
5GC	5G Core Network	5G 核心网
8K	8K resolution	8K 分辨率